计算机辅助设计（AutoCAD平台）

AutoCAD 2010 试题汇编

（高级绘图员级）

国家职业技能鉴定专家委员会
计算机专业委员会 编写

北京希望电子出版社
Beijing Hope Electronic Press
www.bhp.com.cn

内容简介

本书包含计算机辅助设计（AutoCAD 平台）AutoCAD 2010 高级绘图员级试题库的全部试题，经国家职业技能鉴定专家委员会计算机专业委员会审定，考生考试时所做题目从中随机抽取。本书既可供正式考试使用，也可供考生考前练习使用，是参加计算机辅助设计 AutoCAD 2010 高级绘图员级考试的考生必备的资料。另外，本书也可供考评员和培训教师在组织培训时使用。本书还可供广大读者学习计算机辅助设计知识、自测计算机辅助设计操作技能时使用，也可作为普通高等院校、中等专业学校、技工学校、职业高中及社会培训机构进行计算机辅助设计应用技能培训与测评的首选教材。

为方便考生练习，全部的题库素材将在北京希望电子出版社微信公众号和北京希望电子出版社网站（www.bhp.com.cn）上提供。

需要本书或技术支持的读者，请与北京市海淀区中关村大街 22 号中科大厦 A 座 10 层（邮编：100190）发行部联系，电话：010-82620818（总机），传真：010-62543892，E-mail：bhpjc@bhp.com.cn。

图书在版编目（CIP）数据

计算机辅助设计（AutoCAD 平台）AutoCAD 2010 试题汇编 ：高级绘图员级 / 国家职业技能鉴定专家委员会计算机专业委员会编写. —北京 ：北京希望电子出版社, 2014.4

ISBN 978-7-83002-122-1

Ⅰ. ①计… Ⅱ. ①国… Ⅲ. ①计算机辅助设计—AutoCAD 软件—技术培训—试题 Ⅳ. ①TP391.72-44

中国版本图书馆 CIP 数据核字(2013)第 223866 号

出版：北京希望电子出版社

地址：北京市海淀区中关村大街 22 号
中科大厦 A 座 10 层

邮编：100190

网址：www.bhp.com.cn

电话：010-82620818（总机）转发行部
010-82626237（邮购）

传真：010-62543892

经销：各地新华书店

封面：张　洁

编辑：石文涛　刘　霞

校对：全　卫

开本：787mm×1092mm　1/16

印张：15

字数：356 千字

印刷：北京中科印刷有限公司

版次：2024 年 12 月 1 版 9 次印刷

定价：44. 80 元

国家职业技能鉴定专家委员会

计算机专业委员会名单

计算机辅助设计（AutoCAD 平台）

AutoCAD 2010

高级绘图员级考试

命题组成员

张忠将　张训军　徐建华

石文涛　刘　霞

出 版 说 明

本书包含计算机辅助设计（AutoCAD 平台）AutoCAD 2010 高级绘图员级考试的全部试题。书中试题根据计算机辅助设计模块（AutoCAD 平台）培训和考核标准及高级绘图员级考试大纲编写，经国家职业技能鉴定专家委员会计算机专业委员会审定。全书分为 8 个单元，共计 160 道试题，其中，第一单元为公共类试题，适用于机械和建筑专业；第二～四单元的前 10 题为机械类试题，后 10 题为建筑类试题；第五和第六单元为机械类试题；第七和第八单元为建筑类试题。

本书既可供正式考试时使用，也可供考生考前练习之用，是参加计算机辅助设计（AutoCAD 平台）AutoCAD 2010 高级绘图员级考试的考生人手一册的必备技术资料。同时，本书可供考评员和培训教师在组织培训、操作练习等方面使用，也可作为普通高等院校、中等专业学校、技工学校、职业高中及社会培训机构进行计算机辅助设计应用技能培训与测评的首选教材。

本书执笔人有张忠将、张兵兵、李敏、陈方转、计素改、王崧、王靖凯等。衷心感谢孙平、王雅男两位老师对本试题汇编的试题审定工作所付出的辛勤努力。

本书的不足之处敬请批评指正。

目　录

第一单元　基本图形和编辑命令的使用

1.1　第 1 题

建立新文件，完成以下操作。

1．**绘制基本图形**：绘制三个同心圆，直径分别为 9、21 和 28。使用捕捉象限点的方法，以大圆底部象限点为圆心绘制一直径为 4 的小圆，如图 1-01A 所示。

2．**复制图形**：使用阵列命令环形阵列小圆，数量为 6。

3．**编辑图形**：使用修剪命令修剪图形，完成作图，如图 1-01B 所示。

完成后将图形存入考生文件夹，命名为 Tcad1-01.dwg。

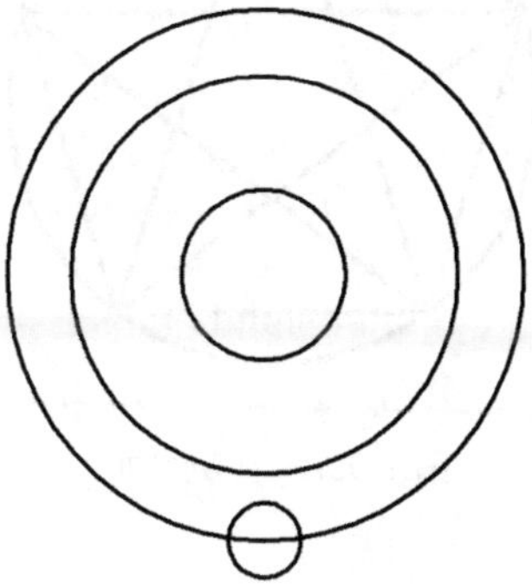

图 1-01A　绘制圆形

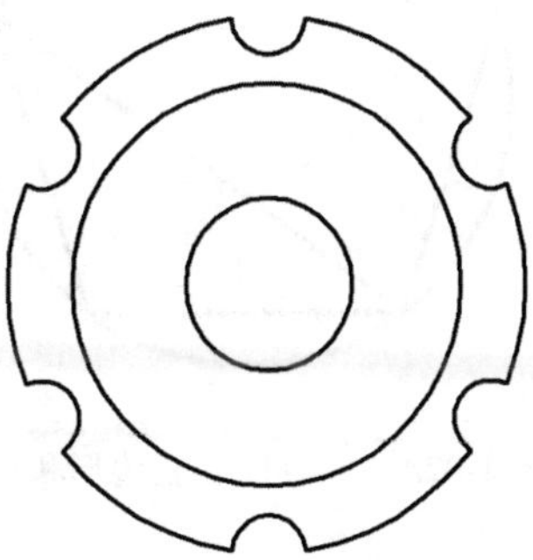

图 1-01B　完成后的图形

1.2　第 2 题

建立新文件，完成以下操作。

1．**绘制基本图形**：绘制直径为 180 的圆和内接于此圆的五边形，并绘制一条跨接五边形两个端点的线，如图 1-02A 所示。

2．**复制图形**：使用阵列命令，环形阵列已绘制的跨接五边形两端点的线，数量为 5 个，如图 1-02B 所示。

3．**编辑图形**：使用修剪命令将图形中多余的部分修剪掉，如图 1-02C 所示。

完成后将图形存入考生文件夹，命名为 Tcad1-02.dwg。

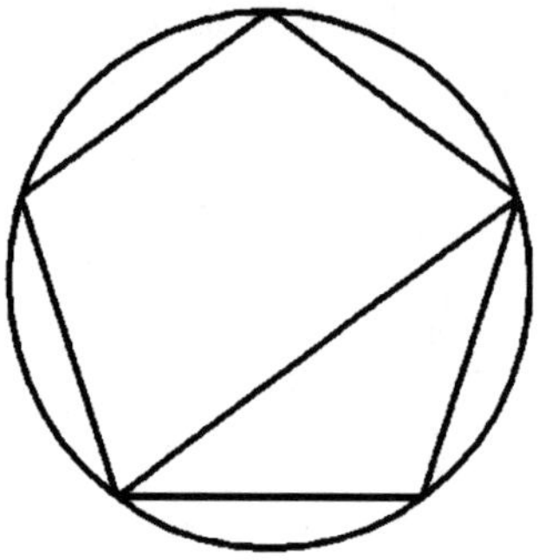

图 1-02A　绘制圆、五边形和线

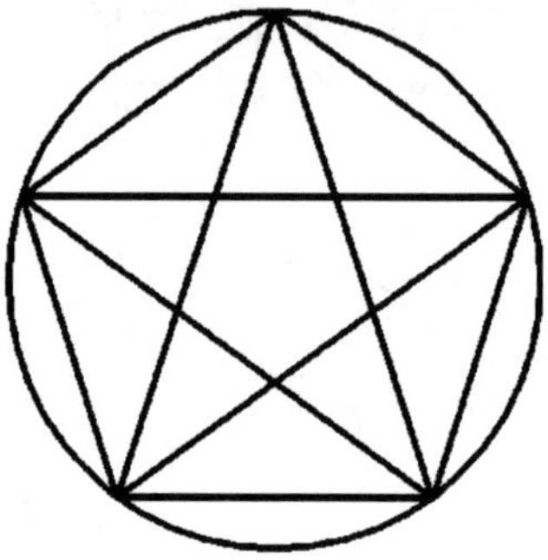

图 1-02B　阵列图形

图 1-02C　完成后的图形

1.3　第 3 题

建立新文件，完成以下操作。

1．绘制基本图形：绘制 6 个半径分别为 120、110、90、80、70、40 的同心圆。绘制一条以端点为圆心，另一端点在大圆上的垂线，并以该垂线与半径为 80 的圆的交点为圆心绘制一个半径为 10 的小圆，如图 1-03A 所示。

2．复制图形：使用阵列命令阵列复制垂线，数量为 20。绘制直线 a，并使用阵列命令阵列复制该直线，数量为 20。再阵列复制小圆，数量为 10，如图 1-03B 所示。

3．编辑图形：将半径分别为 120、110、80 的圆删除掉。使用修剪命令修剪图形中多余的部分。使用图案填充命令填充图形完成作图，如图 1-03C 所示。

完成后将图形存入考生文件夹，命名为 Tcad1-03.dwg。

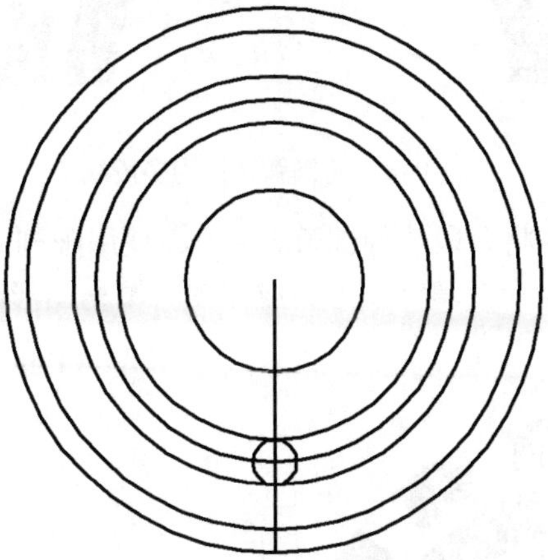

图 1-03A　绘制垂线和圆

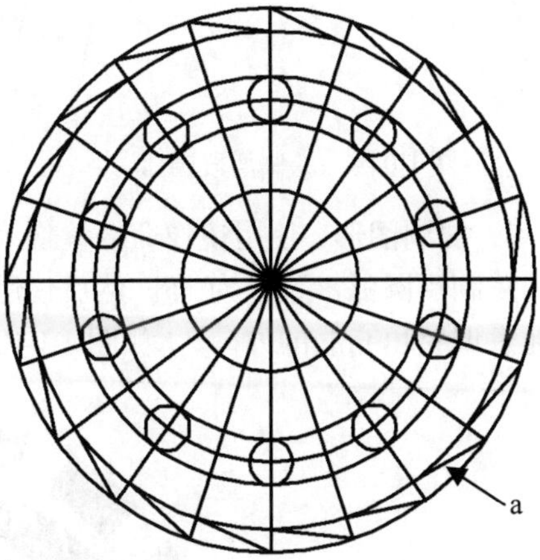

图 1-03B　绘制并阵列直线

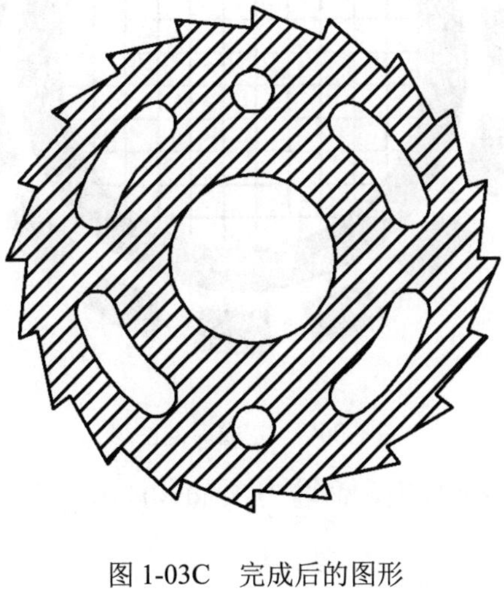

图 1-03C　完成后的图形

1.4 第 4 题

建立新文件，完成以下操作。

1．**绘制基本图形**：绘制两段圆弧，大圆弧半径为 60、弧度为 180°，小圆弧半径为 78、弧度为 16°，如图 1-04A 所示。

2．**编辑图形**：将两段圆弧都转换为多段线，并设置宽度，宽度都为 13，如图 1-04B 所示。

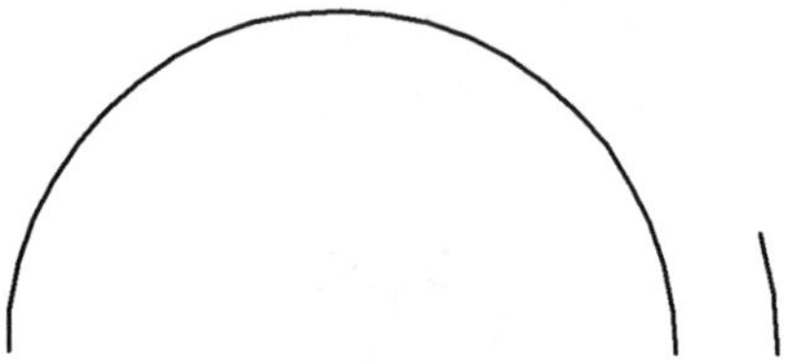

图 1-04A 绘制两段圆弧

图 1-04B 将圆弧转换为多段线

3．**复制图形**：使用镜像命令镜像大圆弧，并将两段镜像圆弧合并。再使用阵列命令阵列复制小圆弧，数量为 15。然后使用图案填充命令填充图形完成作图（填充图形时，应注意调整填充线的方向），如图 1-04C 所示。

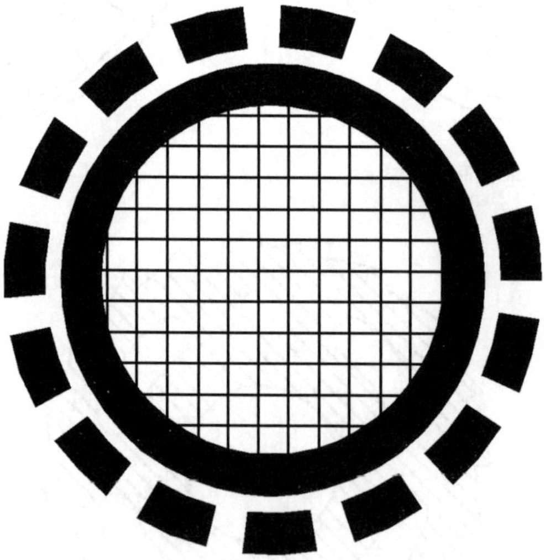

图 1-04C 完成后的图形

完成后将图形存入考生文件夹，命名为 Tcad1-04.dwg。

1.5　第 5 题

建立新文件，完成以下操作。

1．**绘制基本图形**：绘制 6 个直径分别为 45、90、450、500、615、630 的同心圆。绘制一条经过圆心和圆上部象限点的竖直直线，并绘制与此直线成 50° 角的直线。以斜向直线与直径为 500 的圆的交点为圆心，绘制半径为 5 的小圆，如图 1-05A 所示。使用圆弧命令，绘制经过上部交点，并与小圆相切的圆弧，圆弧半径都为 400。绘制经过小圆两个水平象限点的直线，并向上偏移出一条直线，偏移距离为 30，然后向两侧偏移竖直直线，偏移距离都为 5，如图 1-05B 所示。

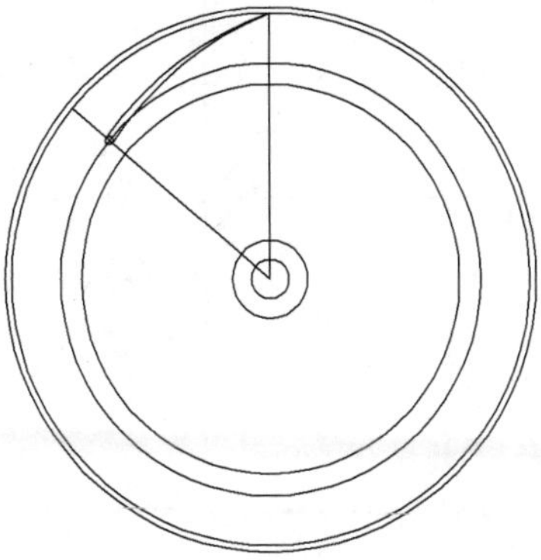

图 1-05A　绘制直线和同心圆

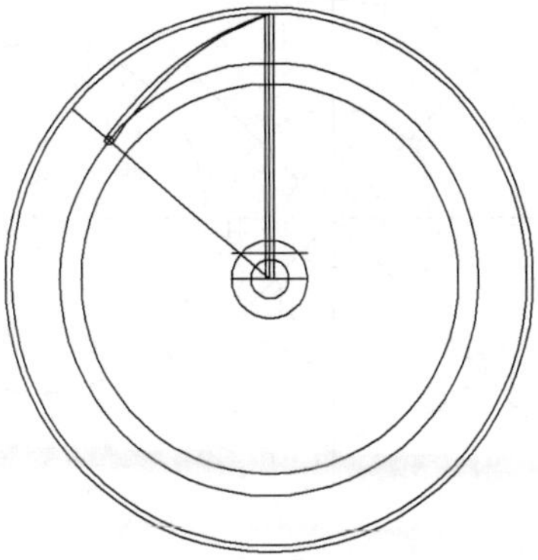

图 1-05B　绘制图形

2．**编辑图形**：使用修剪命令修剪图形，并删除直径为 615 和 500 的圆，如图 1-05C 所示。

3．**复制图形**：使用阵列命令阵列复制图形，数量为 10，完成作图，如图 1-05D 所示。完成后将图形存入考生文件夹，命名为 Tcad1-05.dwg。

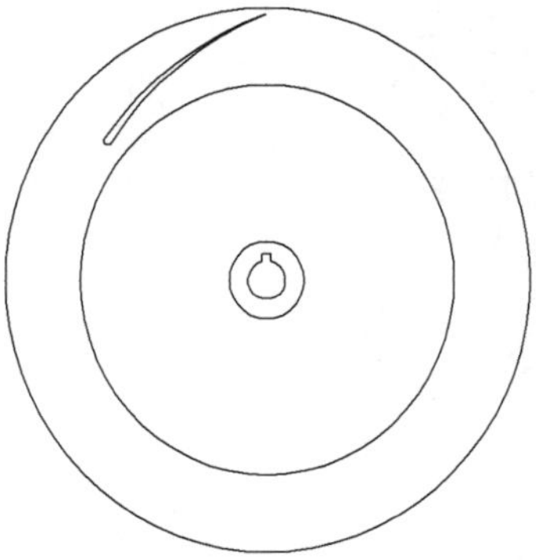

图 1-05C　修剪图形

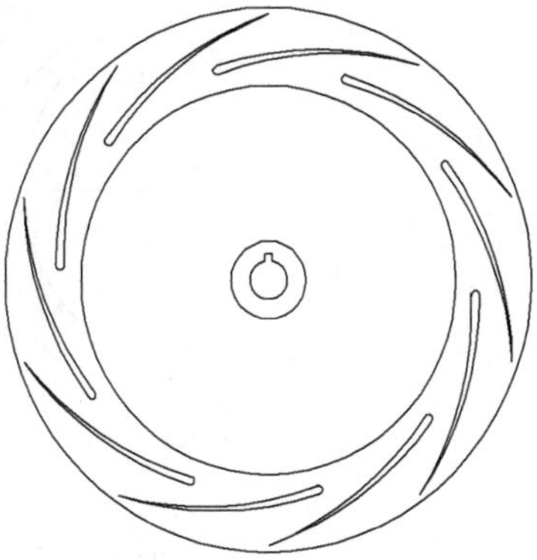

图 1-05D　完成后的图形

1.6 第 6 题

建立新文件，完成以下操作。

1．**绘制基本图形**：绘制两条相互垂直的直线，并执行 45° 角的旋转复制操作。绘制以直线交点为圆心，直径分别为 8、14、30 和 60 的同心圆。在距离圆心右侧 42 个图形单位处，绘制直径为 48 的圆。再在右下角直线和半径 30 的圆的交点处绘制直径为 6 的圆，如图 1-06A 所示。

2．**编辑图形**：使用复制、修剪和删除命令编辑图形，得到如图 1-06B 所示图形。

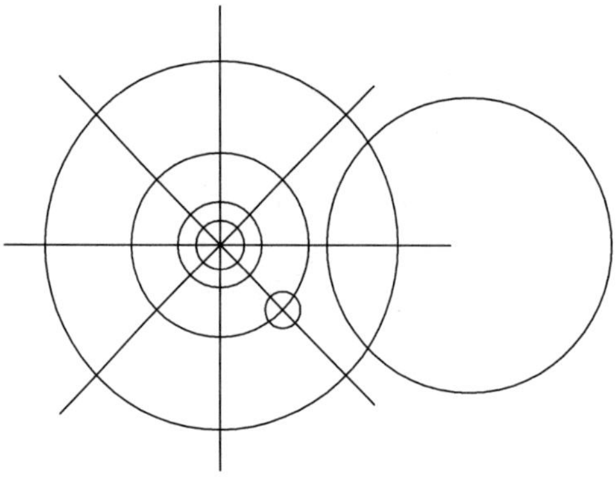

图 1-06A　绘制直线和圆

图 1-06B　修剪圆

3．**复制图形**：使用阵列命令复制修剪后得到的图形，再将已绘制的相交直线的线型设置为 CENTER2，线型的“全局比例因子”设置为 0.2，完成图形的绘制，如图 1-06C 所示。

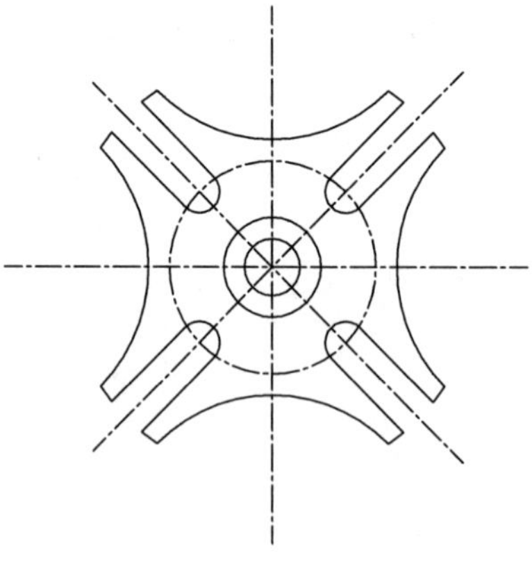

图 1-06C　阵列图形并设置直线线型

完成后将图形存入考生文件夹，命名为 Tcad1-06.dwg。

1.7　第 7 题

建立新文件，完成以下操作。

1．**绘制基本图形**：绘制直径分别为 600、1500 和 2400 的同心圆，并绘制经过圆心和大圆两个象限点的直线，再绘制一条多段线，多段线的宽度起点为 80，终点为 0，长度为 450，如图 1-07A 所示。

2．**编辑图形**：使用原有图线，以及绘制辅助线的方式，使用修剪命令对图形进行修剪，并将多段线移动到直径为 1500 的圆弧的端点处，并进行旋转，如图 1-07B 所示。

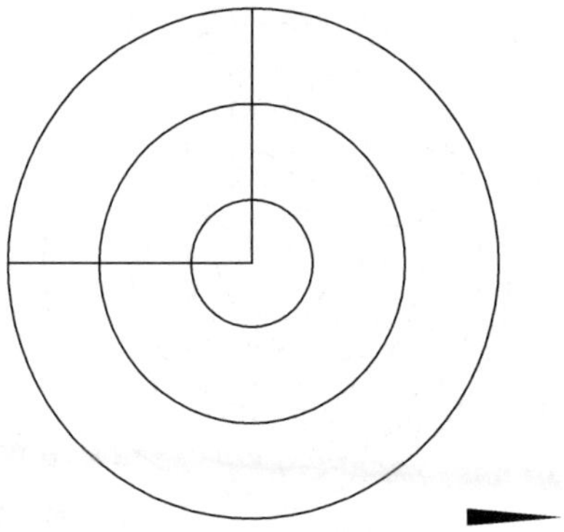

图 1-07A　绘制圆、直线和多段线

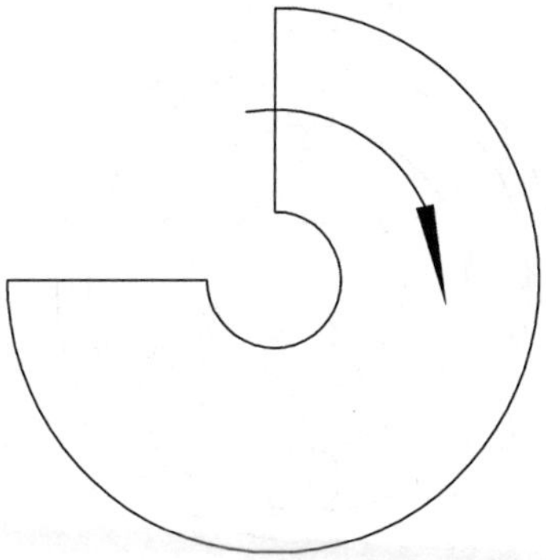

图 1-07B　修剪图线并移动多段线

3．**复制图形**：阵列复制竖直直线，阵列项目间角度为 16°，数量为 7。再偏移大圆和小圆，偏移距离都为 60 个图形单位。然后通过绘制辅助线的方式，对偏移后的圆进行适当的修剪。完成操作后，将辅助线删除即可，完成图形的绘制，如图 1-07C 所示。

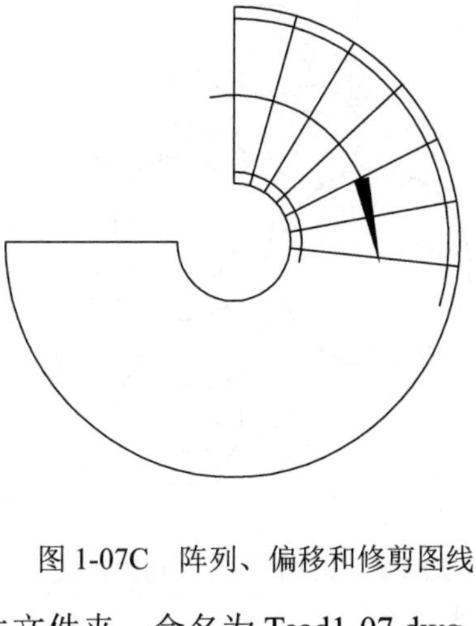

图 1-07C　阵列、偏移和修剪图线

完成后将图形存入考生文件夹，命名为 Tcad1-07.dwg。

1.8　第 8 题

建立新文件，完成以下操作。

1．**绘制基本图形**：绘制半径为 20、30、50、70、80 的同心圆。绘制以两条端点为圆心，并分别与竖直直线成 58° 和 30° 角的直线（作为辅助线）；以半径为 50 的圆的上端象限点为圆心，绘制半径为 7.5 的圆，再捕捉半径为 50 和 70 圆的下端象限点，绘制直线和圆，如图 1-08A 所示。以直线和圆的交点为圆心（或通过修剪直线后，以其中点为圆心），绘制半径为 7.5、15 和 20 的圆，并删除辅助线，如图 1-08B 所示。

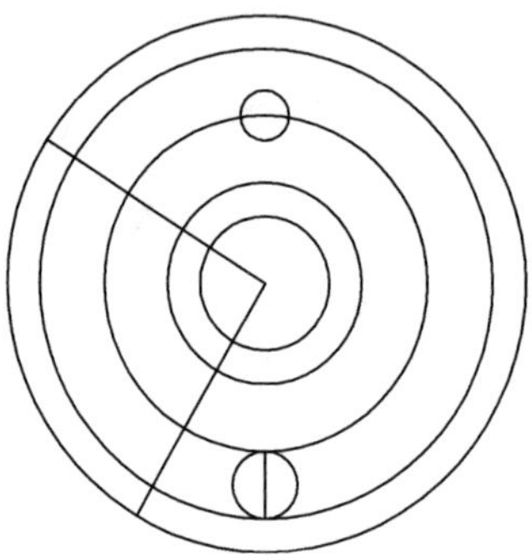

图 1-08A　绘制圆和直线

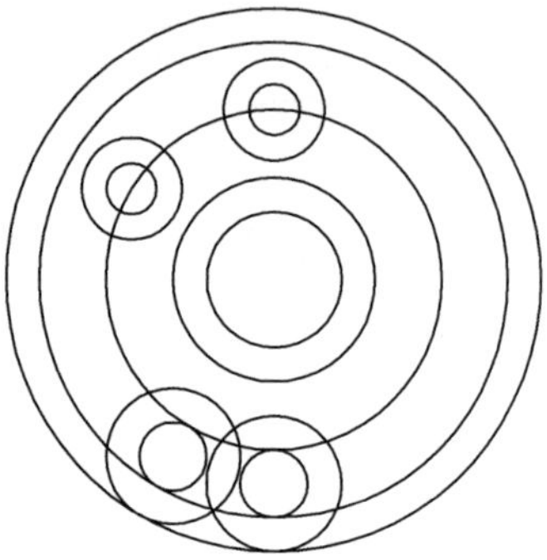

图 1-08B　绘制圆

2．**编辑图形**：修剪图形，得到如图 1-08C 所示图形；然后使用“切点、切点、半径”方式绘制三个圆（半径自上而下分别为 14、30、14），以及与两个圆都相切的直线，如图 1-08D 所示；对图形进行修剪，完成图形的绘制，如图 1-08E 所示。

图 1-08C　修剪图形

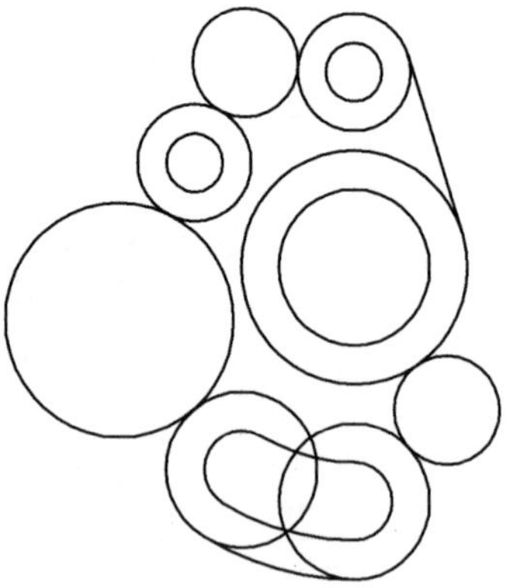

图 1-08D　绘制相切圆和相切直线

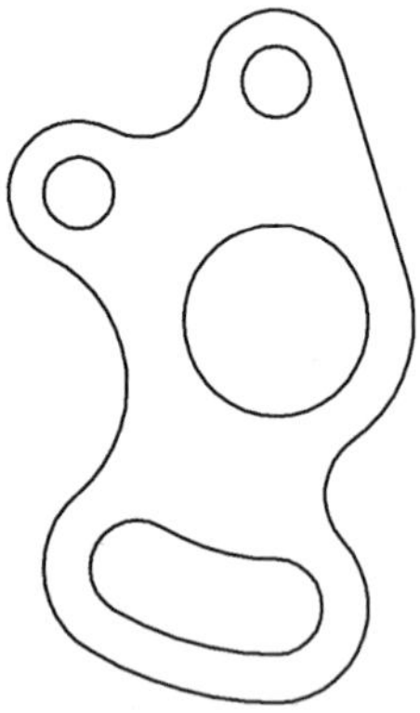

图 1-08E　完成后的图形

完成后将图形存入考生文件夹，命名为 Tcad1-08.dwg。

1.9　第 9 题

建立新文件，完成以下操作。

1．绘制基本图形：绘制半径为 220 和 168 的圆，两圆圆心之间的水平距离为 10 个图形单位，如图 1-09A 所示；再使用样条曲线绘制如图 1-09B 所示的图形（大致如“草茎”的样子即可）；再绘制多个椭圆（尺寸自定），如图 1-09C 所示（作为“叶子”）。

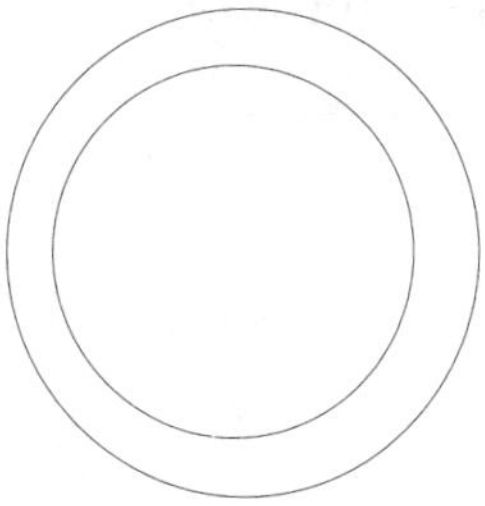

图 1-09A　绘制圆

图 1-09B　绘制样条曲线

图 1-09C　绘制多个椭圆

2．复制图形：绘制圆和椭圆，并阵列外部的椭圆（或圆），完成多个“花朵”图形的绘制，如图 1-09D 所示（三个花朵，大圆的大小分别为 19、17 和 13，椭圆的大小和阵列个数不限，按需要绘制即可）。

图 1-09D　绘制圆、椭圆并进行阵列

3．编辑图形：复制多个“花朵”图形到样条曲线附近，再将两个大圆移动到合适的位置处，完成整个图形的绘制，如图 1-09E 所示。

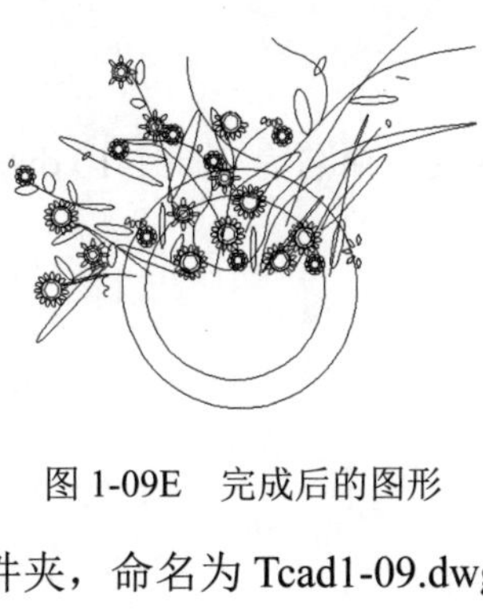

图 1-09E　完成后的图形

完成后将图形存入考生文件夹，命名为 Tcad1-09.dwg。

1.10 第 10 题

建立新文件，完成以下操作。

1．**绘制基本图形**：绘制直线，长度为 91.8，并向上偏移出两根直线，偏移距离为 22；然后绘制半径为 3 的圆（圆的左侧象限点与直线左侧端点重合），以及经过圆心的竖向直线（比圆略长），然后复制多个圆和竖向直线，复制圆的底部间距为 6 和 12.3，顶部间距为 9.15 和 12.3，如图 1-10A 所示；然后绘制与所绘圆相切的多条直线，如图 1-10B 所示。

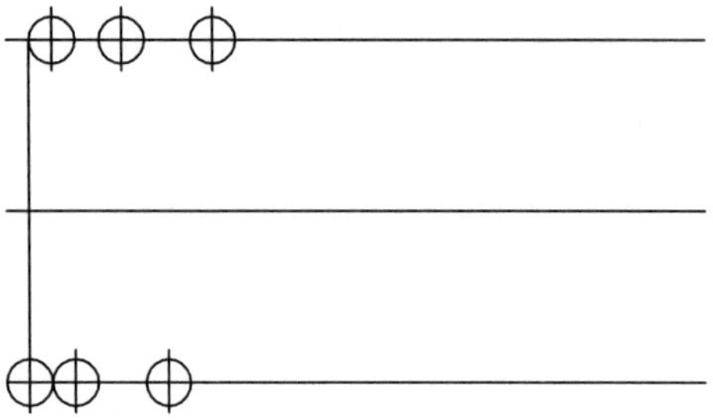

图 1-10A 绘制直线和圆

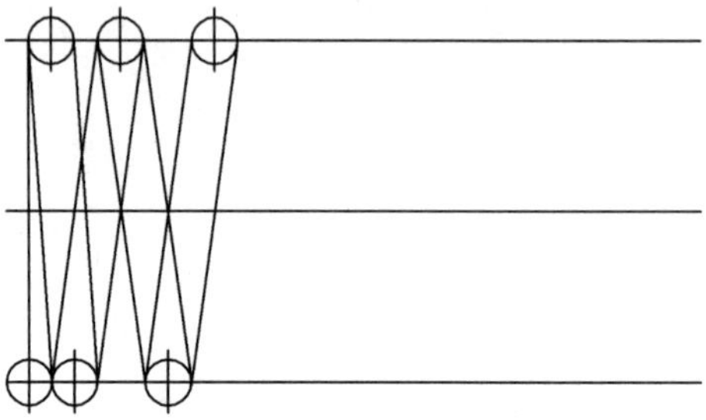

图 1-10B 绘制相切线

2．**复制图形**：以长直线的中点为镜像点，镜像已绘制的除长直线外的所有图形，并在底部向左侧复制一个圆，复制距离为 12.3，再绘制与小圆相切的直线，如图 1-10C 所示。

3．**编辑图形**：使用修剪命令，按需要修剪多余的直线，并填充中间两个圆；然后将所有直线的线型设置为 CENTER，完成整个图形的绘制，如图 1-10D 所示。

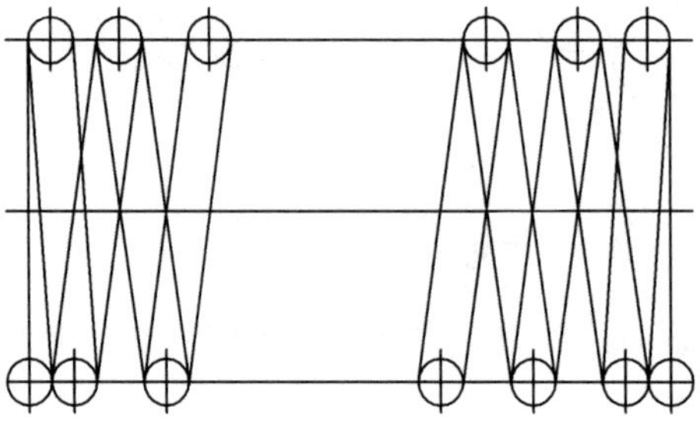

图 1-10C 镜像图形

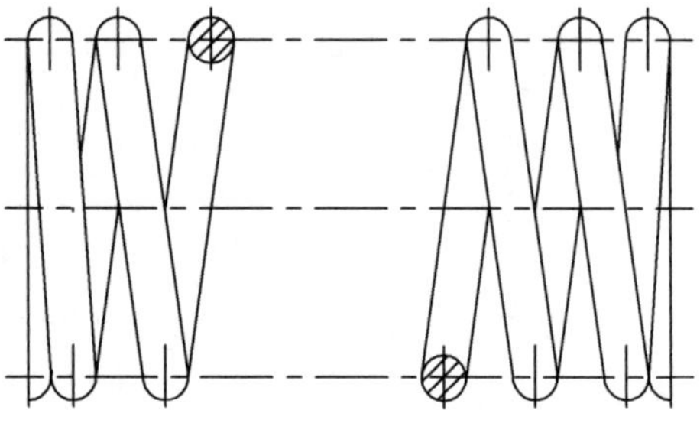

图 1-10D 完成后的图形

完成后将图形存入考生文件夹，命名为 Tcad1-10.dwg。

1.11　第 11 题

建立新文件，完成以下操作。

1．**绘制基本图形**：绘制 90×30 的矩形，以及两条经过矩形边线中点的直线（长度超出矩形一定距离即可），如图 1-11A 所示；然后以两条直线的交点为圆心绘制三个半径分别为 20、25 和 28 的圆，如图 1-11B 所示。

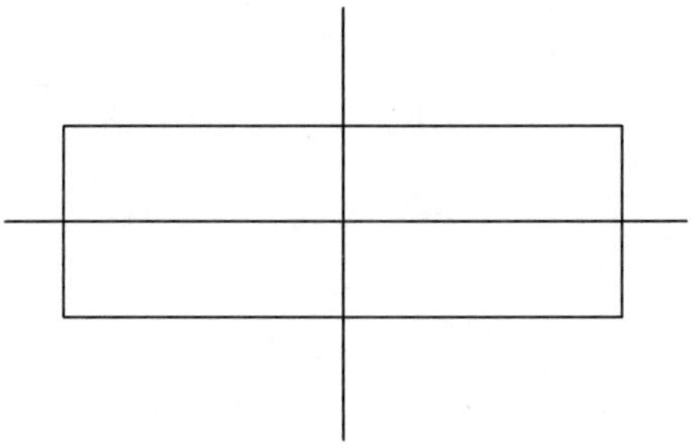

图 1-11A　绘制矩形和直线

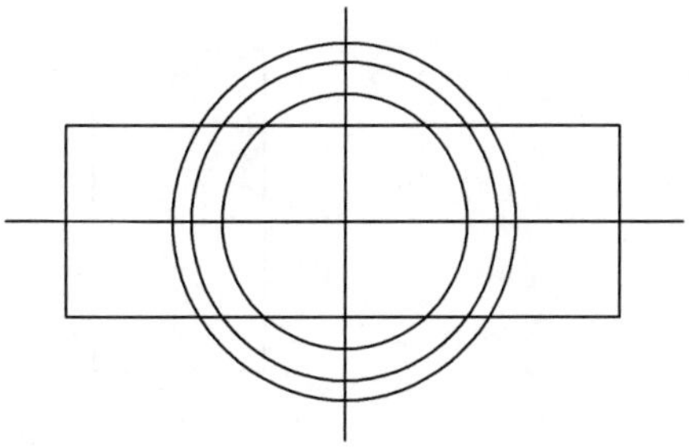

图 1-11B　绘制圆

2．**复制图形**：打开 C:\2010CADTK\Unit1 中的图形文件 Scad1-11.dwg，复制其中的图形到当前文件中，并将其移动到如图 1-11C 所示的位置；然后向右偏移竖直直线 40，以其与横向直线的交点为圆心绘制半径为 7 的圆，以及横向直线；以大圆圆心为中心点旋转复制的图形 65°，并绘制直线，再进行圆周阵列操作，如图 1-11D 所示。

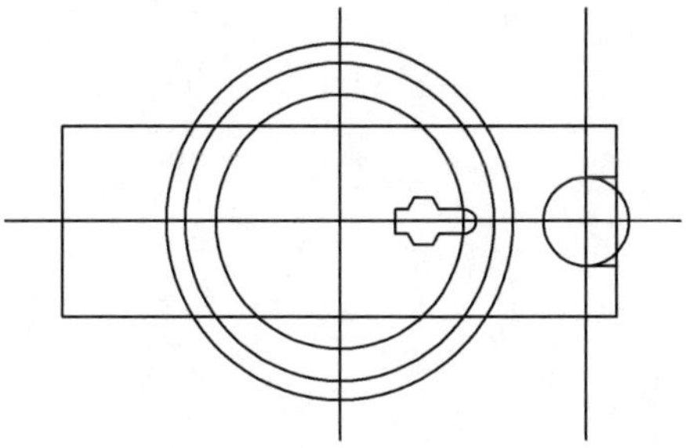

图 1-11C　复制、偏移图形并绘制圆和直线

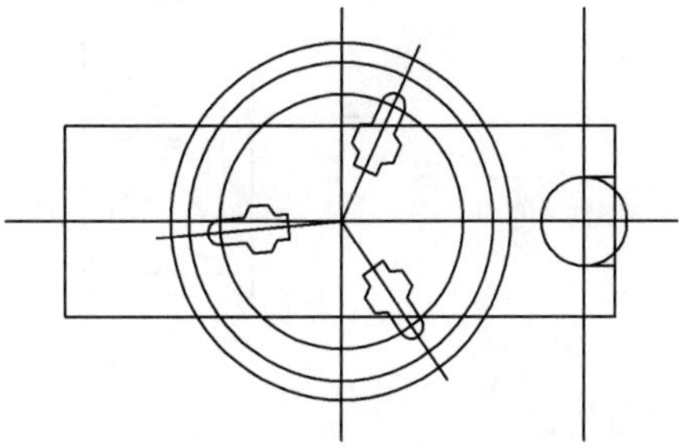

图 1-11D　旋转和阵列图形

3．**编辑图形**：使用修剪命令，按需要修剪图形，并执行半径为 3 的圆角操作；再镜像右侧的图形，并执行修剪操作；然后将所有直线（除矩形线）和半径为 20 的圆的线型都设置为 CENTER，完成整个图形的绘制，如图 1-11E 所示。

完成后将图形存入考生文件夹，命名为 Tcad1-11.dwg。

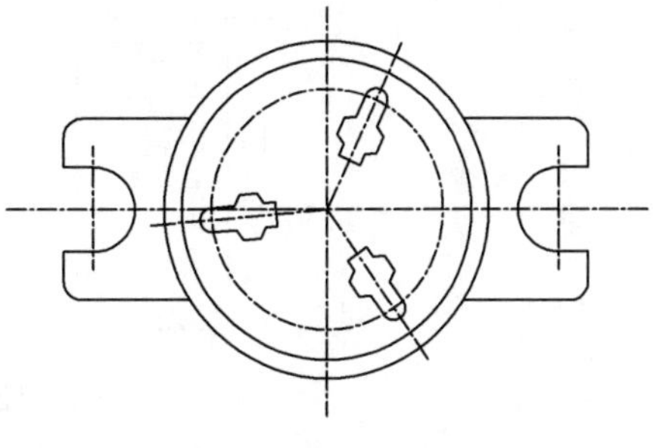

图 1-11E　修剪等操作后完成的图形

1.12　第 12 题

建立新文件，完成以下操作。

1．**绘制基本图形**：绘制大小分别为 390×12、75×140、50×15、50×60、12×4、3×12 的矩形，如图 1-12A 所示。

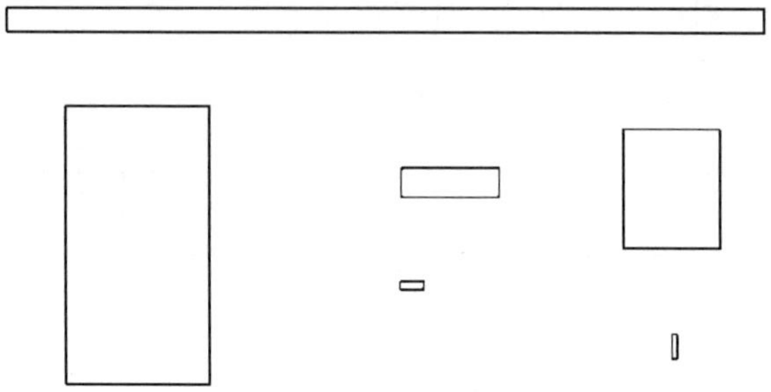

图 1-12A　绘制矩形

2．**编辑图形**：移动矩形到如图 1-12B 所示位置。其中 75×140 和 390×12 矩形左侧边线的距离为 38，代表抽屉、柜门和把手的矩形应居中对齐，抽屉距离桌面为 6，抽屉把手距离抽屉上边线的距离为 3，柜门距离底部边线的距离为 9，柜门把手距离柜门右边线的距离为 6。

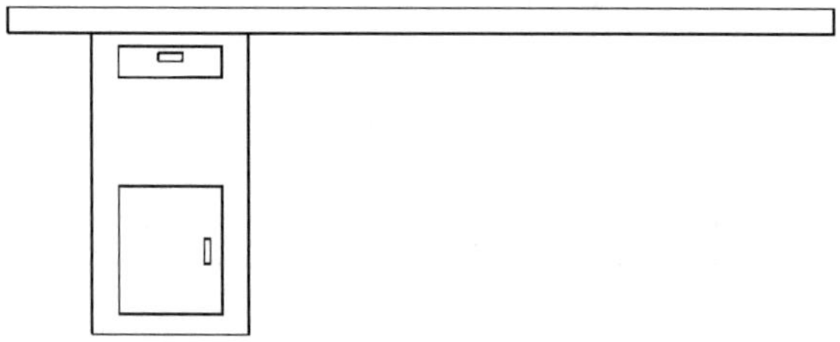

图 1-12B　移动矩形

3．**复制图形**：阵列抽屉和其把手矩形，阵列距离为 21；然后镜像左侧图形，完成图形的绘制，如图 1-12C 所示。

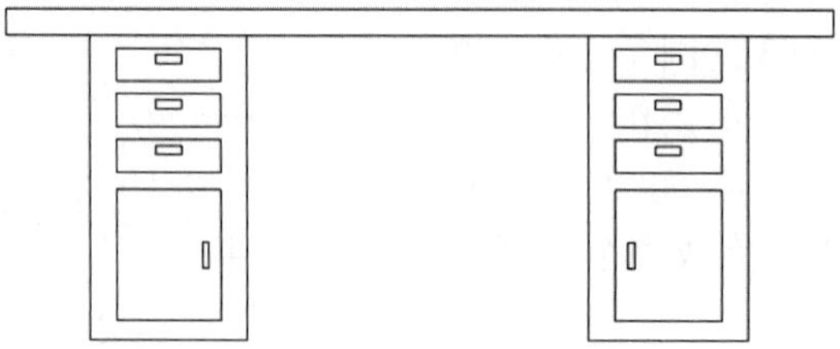

图 1-12C　完成后的图形

完成后将图形存入考生文件夹，命名为 Tcad1-12.dwg。

1.13　第 13 题

建立新文件，完成以下操作。

1．绘制图形：绘制半径分别为 70、80、252、270、288 的同心圆；再绘制大小为 50×140 的矩形，并以其右下角角点为基准点移动到同心圆圆心处；再以矩形左上角角点为圆心，绘制半径分别为 120、150 和 180 的圆，如图 1-13A 所示。

2．编辑图形：使用修剪命令，按需要修剪图形，将半径为 270 的圆和半径为 150 的圆弧的线型都设置为 CENTER，如图 1-13B 所示。

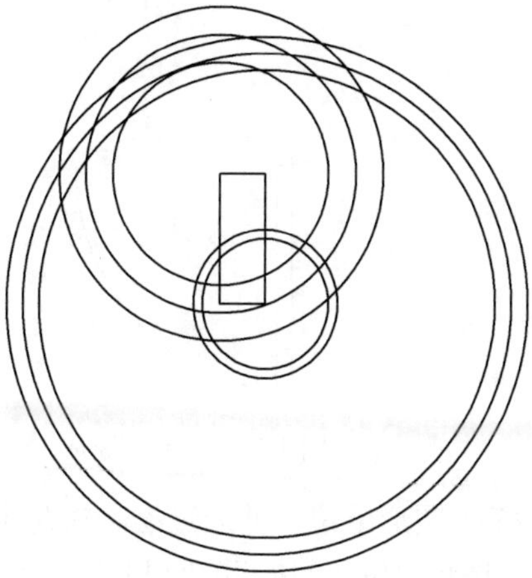

图 1-13A　绘制圆和矩形

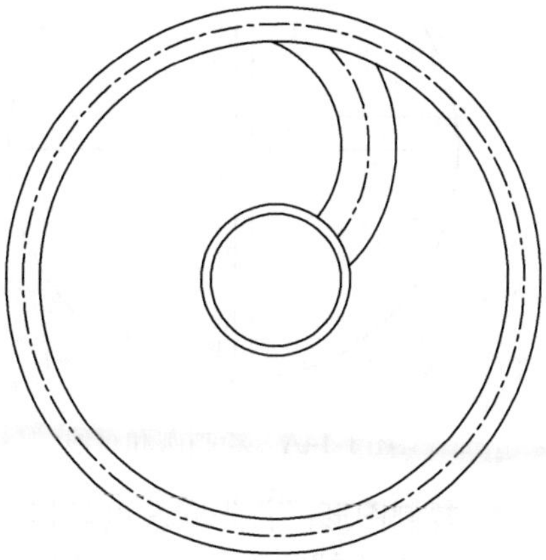

图 1-13B　修剪图形

3．复制图形：圆周阵列三条圆弧，数量为 3，完成图形的绘制，如图 1-13C 所示。

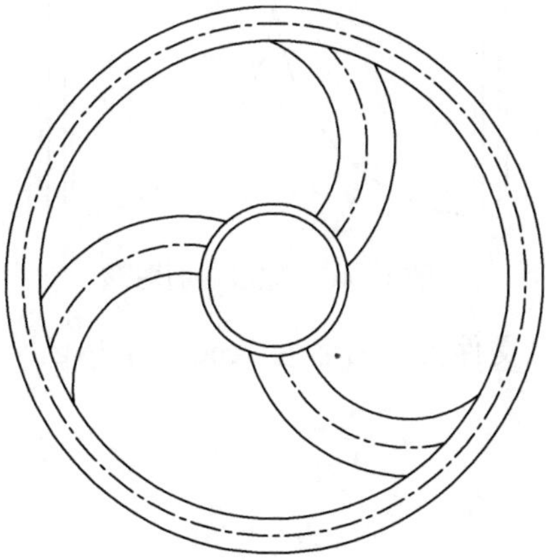

图 1-13C　完成后的图形

完成后将图形存入考生文件夹，命名为 Tcad1-13.dwg。

1.14 第 14 题

建立新文件，完成以下操作。

1．**绘制基本图形**：绘制半径为 700 的圆，并绘制经过圆象限点的水平和竖直直线，并向左右两侧偏移竖直直线，距离都为 50，再向上偏移水平直线，距离为 100，如图 1-14A 所示。

2．**编辑图形**：使用修剪命令，按需要修剪图形，如图 1-14B 所示。

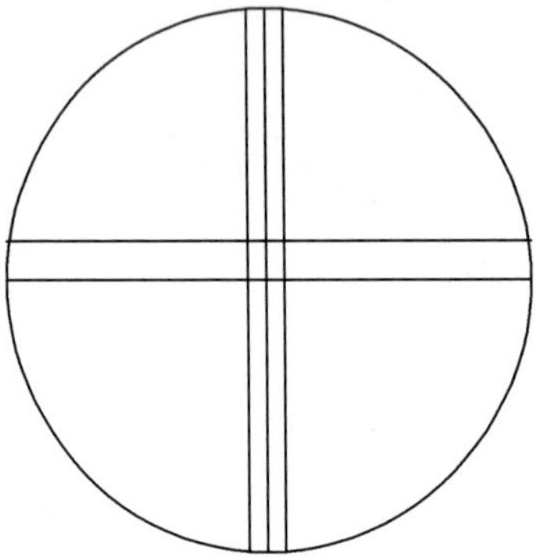

图 1-14A 绘制圆和直线

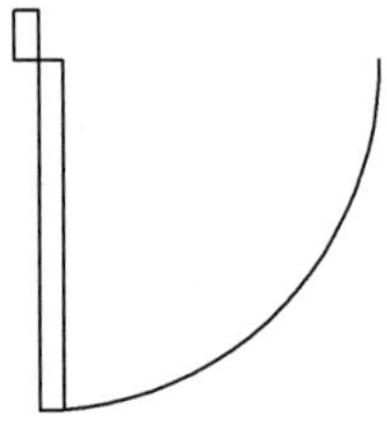

图 1-14B 修剪图形

3．**复制图形**：首先向左侧偏移左侧竖向直线 25 个图形单位，并通过绘制辅助线和修剪等方式，令辅助线下端距离圆弧底部象限点 90 个图形单位，修剪后的线段长度为 265 个图形单位，然后镜像出另外一侧的线段，再选中整个图形执行镜像操作，完成图形的绘制，如图 1-14C 所示。

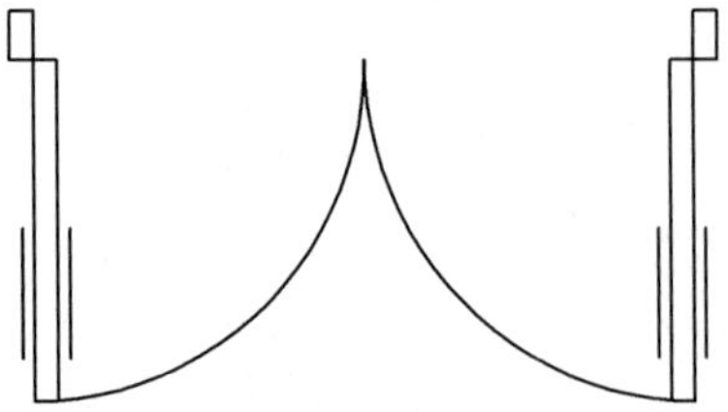

图 1-14C 完成后的图形

完成后将图形存入考生文件夹，命名为 Tcad1-14.dwg。

1.15　第 15 题

建立新文件，完成以下操作。

1．**绘制基本图形**：绘制两条竖向直线和一条水平直线，两条竖向直线间的距离为 52，直线的长度可后期调整；然后以直线右侧交点为圆心，绘制直径分别为 12、20 和 30 的圆；再以左侧直线交点为圆心绘制直径为 5、9 和 64 的圆；再旋转复制左侧竖向直线-8° 和 103°，再在直线和圆的交点处绘制半径为 4 和 7 的圆；再将横竖向直线和直径为 64 的圆的线型设置为 CENTER2，如图 1-15A 所示。

2．**复制图形**：首先以半径为 7 的圆为边界对直径为 64 的圆进行修剪，得到圆弧，并删除斜向的线，再通过捕捉圆心和象限点的方式偏移圆弧（将偏移后的圆弧的线型设置为 Bylayer），得到其余圆弧，如图 1-15B 所示。

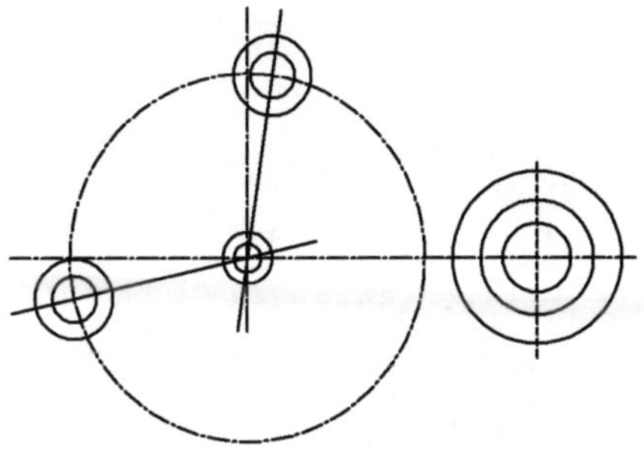

图 1-15A　绘制圆和直线

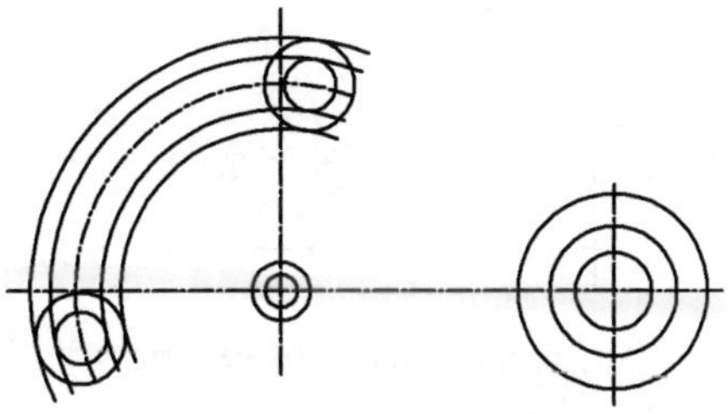

图 1-15B　修剪和复制图形

3．**编辑图形**：使用修剪命令，按需要修剪图形，再绘制经过右侧圆心并与左侧圆弧相切的直线，以及与上部圆弧和右侧圆弧相切的圆（半径为 30），并绘制与右侧圆弧和所绘制的直线相切的圆（半径为 8），如图 1-15C 所示；再使用修剪命令，按需要修剪图形，如图 1-15D 所示，完成图形的绘制。

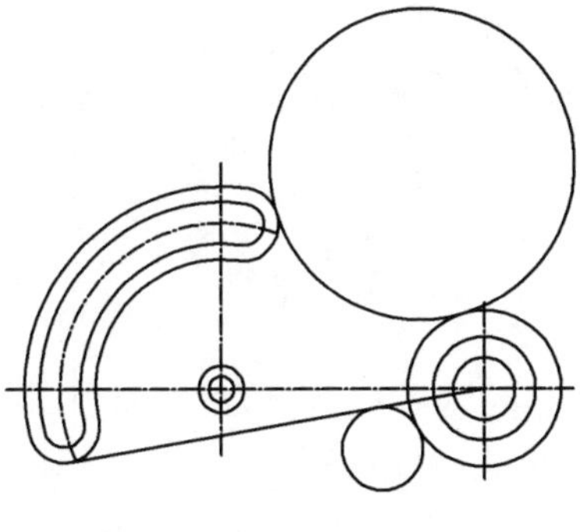

图 1-15C　修剪并绘制相切直线和圆

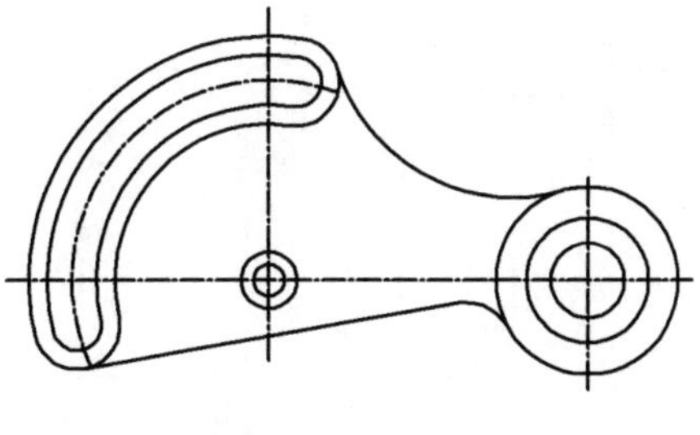

图 1-15D　完成后的图形

完成后将图形存入考生文件夹，命名为 Tcad1-15.dwg。

1.16　第 16 题

建立新文件，完成以下操作。

1．**绘制基本图形**：绘制大小为 400×2250 和 2040×1500 的矩形，并通过捕捉左侧中点将其移动到重合的位置，如图 1-16A 所示。

2．**编辑图形**：使用修剪命令，使用横向矩形修剪竖向矩形；再将横向矩形分解为线，并移动左侧的边线，向右移动 20 个图形单位，再偏移移动后的左侧边线 372.5 个图形单位，如图 1-16B 所示。

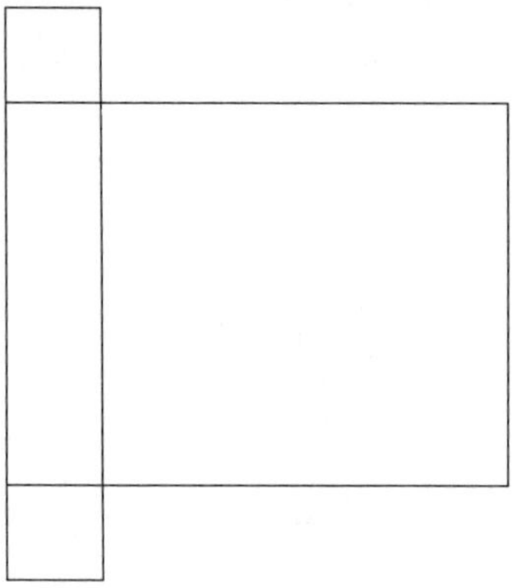

图 1-16A　绘制矩形

图 1-16B　修剪图形

3．**复制图形**：绘制一条斜向的与水平线呈 83° 的线，并使用矩形边界对其进行修剪；再以此线为镜像线，镜像左侧相邻的竖向直线，然后使用直线连接镜像线和斜线顶部端点，如图 1-16C 所示。使用图案填充命令填充图形，完成图形的绘制，如图 1-16D 所示。

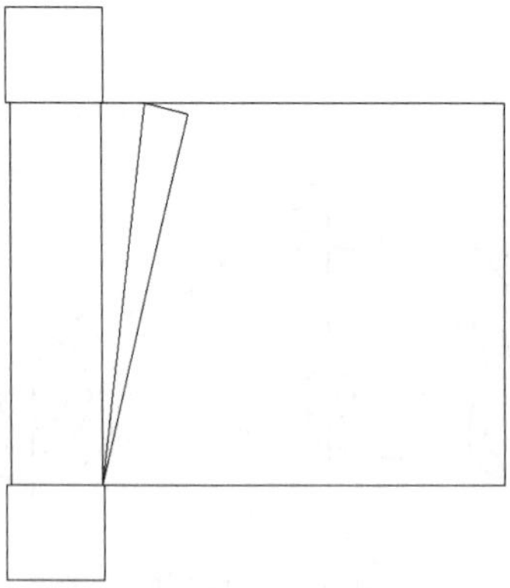

图 1-16C　绘制线并镜像

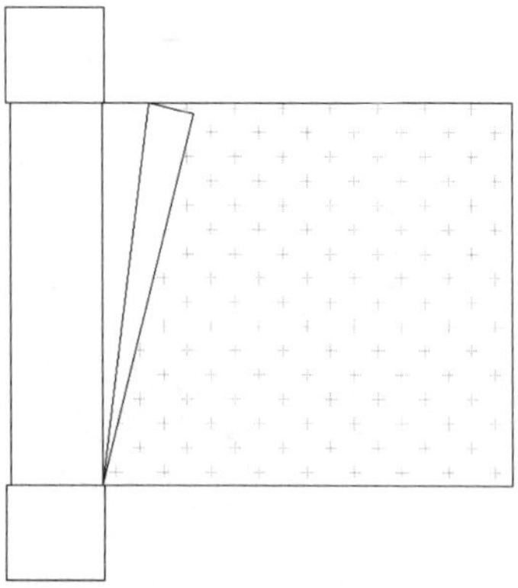

图 1-16D　完成后的图形

完成后将图形存入考生文件夹，命名为 Tcad1-16.dwg。

1.17　第 17 题

建立新文件，完成以下操作。

1. 绘制基本图形： 绘制垂直相交的两条直线（横向线的长度为 196）；再以直线交点为圆心绘制半径分别为 8、16、25、30 和 50 的圆；再按图 1-17A 所示在圆的左下部绘制直线，其中两条水平线距离上部直线的距离分别为 120 和 140，底部水平线的长度为 100，竖向线距离右侧竖向点划线的距离分别为 8、38 和 85，代表孔的两条虚线段与孔中心线的距离为 7；再按照图示将部分图线的线型设置为 CENTER，部分图线的线型设置为 DASHED。

2. 移动、复制图形： 使用移动、直线、镜像命令将图 1-17A 编辑成如图 1-17B 所示的图形。

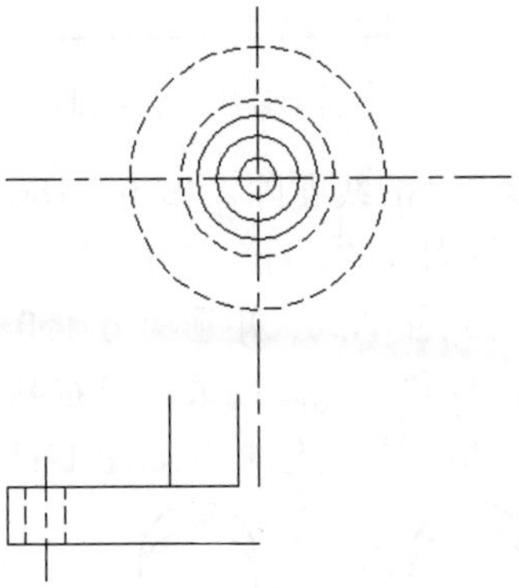

图 1-17A　绘制图形

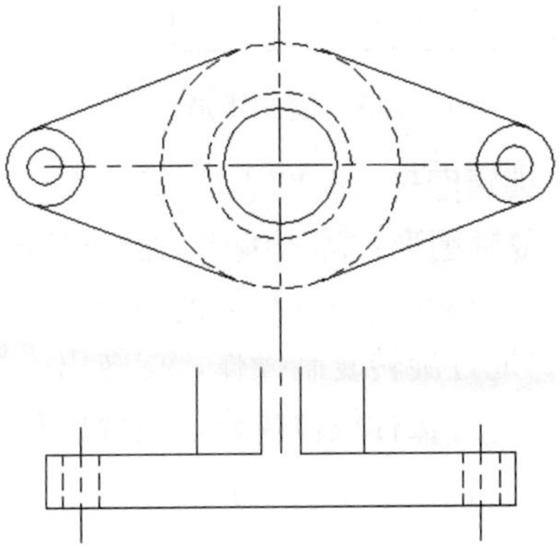

图 1-17B　使用移动、直线、镜像命令编辑图形

3. 编辑图形： 使用旋转、延伸命令编辑图形（旋转的角度为 35°），如图 1-17C 所示；使用圆角、修剪命令编辑图形完成作图（圆角半径为 5），如图 1-17D 所示。

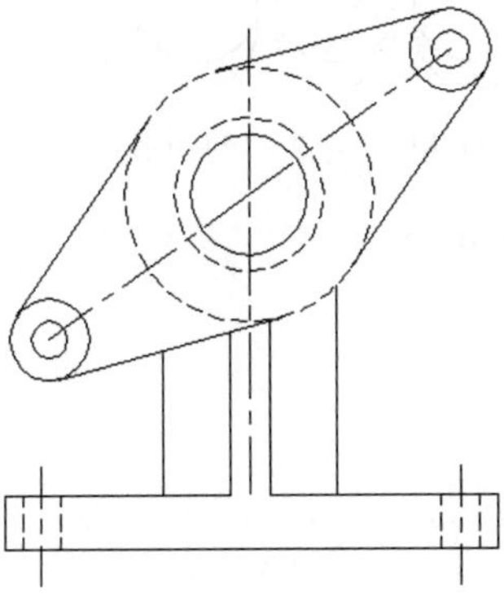

图 1-17C　旋转、延伸命令编辑图形

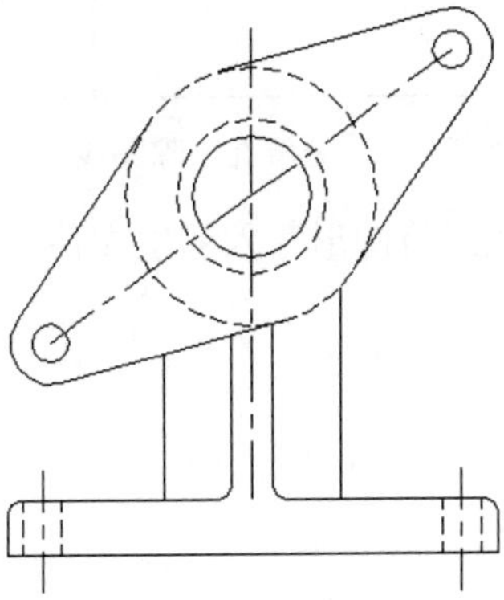

图 1-17D　完成后的图形

完成后将图形存入考生文件夹，命名为 Tcad1-17.dwg。

1.18　第 18 题

建立新文件，完成以下操作。

1. **绘制基本图形**：绘制 516×235 和 1852×793 大小的矩形，如图 1-18A 所示（两个矩形的相对位置，不做具体要求，不重叠即可）；然后在小矩形的上端绘制两段圆弧，圆弧的半径分别为 275 和 260，如图 1-18B 所示。

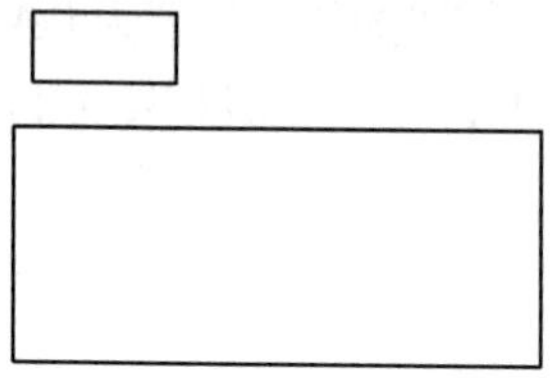

图 1-18A　绘制矩形

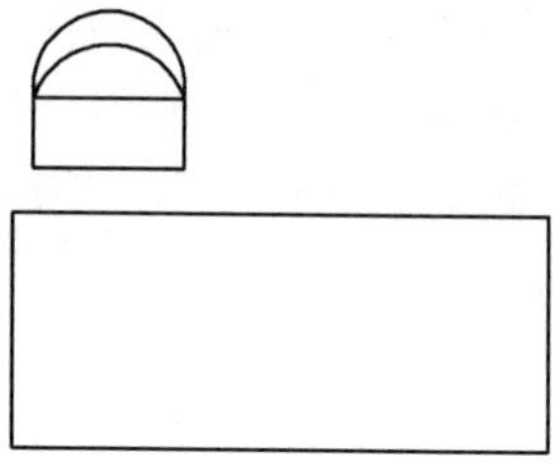

图 1-18B　绘制圆弧

2. **编辑图形**：分解小矩形，并将分解后小矩形顶部的线删除，如图 1-18C 所示。

3. **复制图形**：阵列编辑后的小矩形和由两段圆弧构成的椅子，阵列间距为 600，数量为 3 个，然后选中阵列后的图形，通过捕捉中点将其移动到大矩形上方 150 个图形单位处；再通过旋转复制操作，旋转出一把椅子，并同样移动到距离大矩形右侧 150 个图形单位处；再执行镜像操作，镜像出对面的椅子，完成图形的绘制，如图 1-18D 所示。

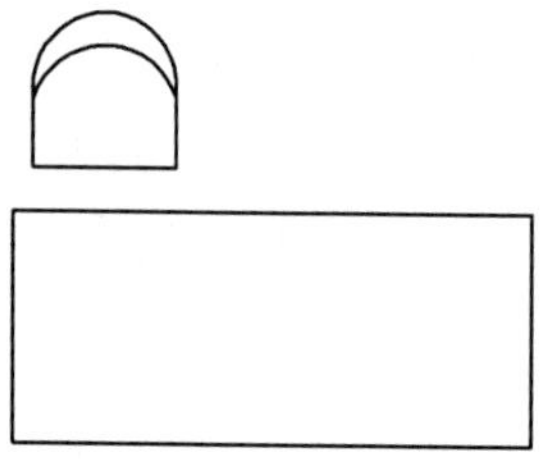

图 1-18C　分解并删除图线

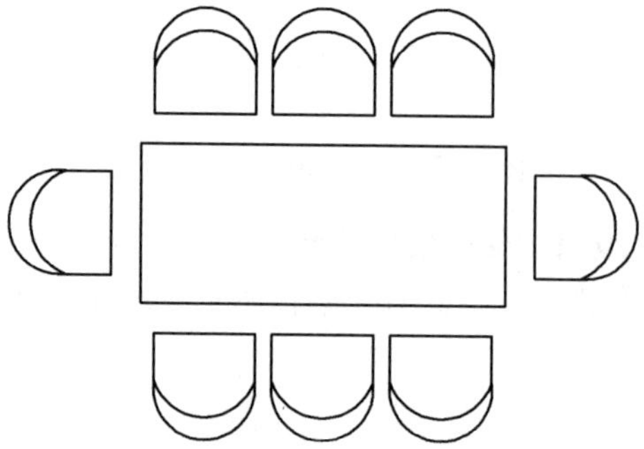

图 1-18D　完成后的图形

完成后将图形存入考生文件夹，命名为 Tcad1-18.dwg。

1.19　第 19 题

建立新文件，完成以下操作。

1. **绘制基本图形**：绘制一条水平直线和三条竖直直线，其中水平直线的长度为 105，三条竖直直线，一条位于水平直线的中点处，另外两条位于两侧 35 个图形单位处；然后在水平直线中点处绘制半径为 12 的圆，并旋转复制中部的竖直直线，旋转角度为-15°和-75°，并将绘制的线的线型都设置为 CENTER，如图 1-19A 所示。然后绘制大小分别为 102×54、38×5 的矩形，及 4×10 的矩形 2 个（左侧 4×10 的矩形下部需要绘制圆弧，并进行适当的修剪），分别置于距离大矩形两侧 5 个图形单位处；再在两侧水平线和竖直线交点处绘制半径为 4 的圆，在中间交点处绘制半径为 10 和 14 的圆，以及其他小圆，如图 1-19B 所示。

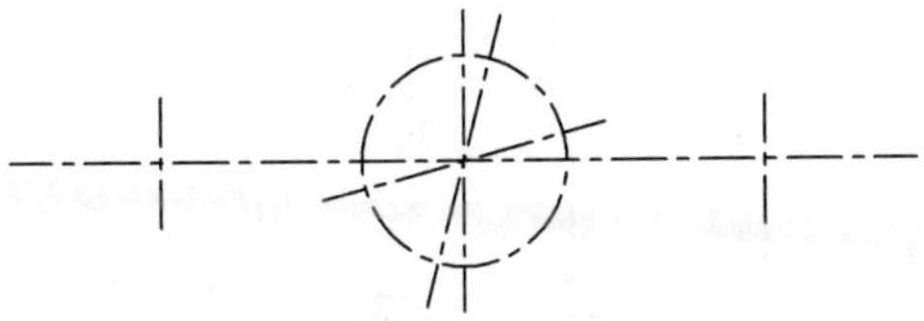

图 1-19A　绘制圆和直线

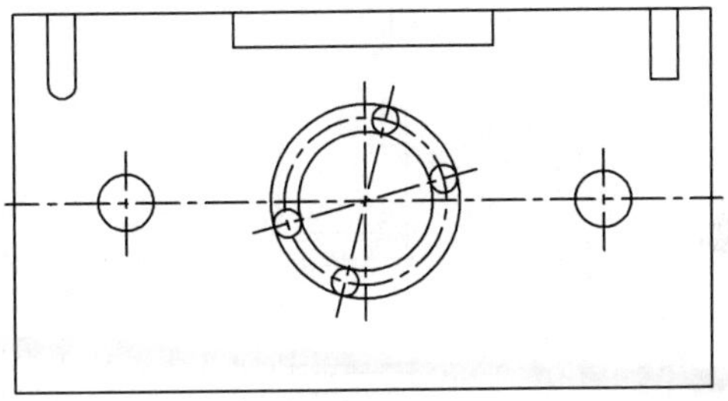

图 1-19B　绘制矩形、圆和圆弧等图形

2. **复制图形**：打开 C:\2010CADTK\Unit1 中的图形文件 Scad1-19.dwg，将其中的图形复制到距离水平中心线上方 8 个图形单位、右侧矩形线 4 个图形单位处（以右侧顶点为定位点）；再对复制的图形执行阵列操作，阵列间距和数量均为 6；再对上部小矩形执行阵列操作，阵列间距为 9，数量为 4；然后执行镜像操作，如图 1-19C 所示。

3. **编辑图形**：使用修剪命令，对图形进行修剪，删除不必要的线；再使用倒角命令，对中部凹处的四个角执行倒角操作，倒角使用“距离-距离”方式（长度都为 1），完成图形的绘制，如图 1-19D 所示。

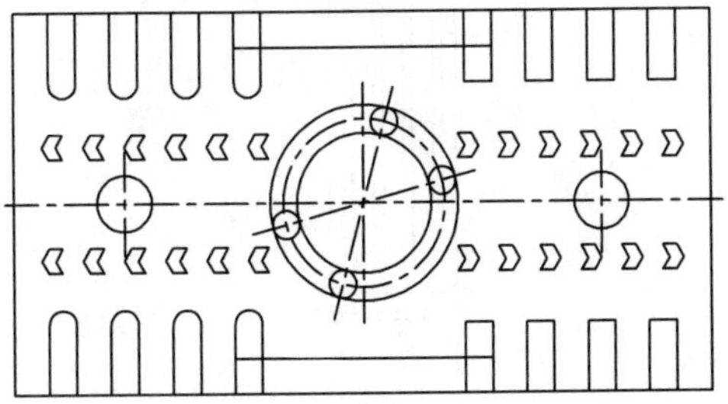

图 1-19C　阵列图形

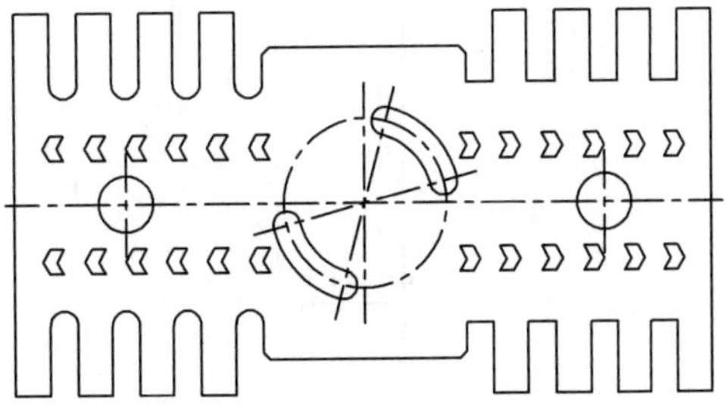

图 1-19D　完成后的图形

完成后将图形存入考生文件夹，命名为 Tcad1-19.dwg。

1.20　第 20 题

建立新文件，完成以下操作。

1. **绘制基本图形**：打开 C:\2010CADTK\Unit1 中的图形文件 Scad1-20.dwg，将其图形复制到新创建的文件中，如图 1-20A 所示；然后在图形顶部右侧绘制一段圆弧，圆弧半径为 425，再在中部绘制一个椭圆，椭圆短半径长度为 60，以及下部的两个圆（底部圆，圆心位于底部矩形上边线上），如图 1-20B 所示。

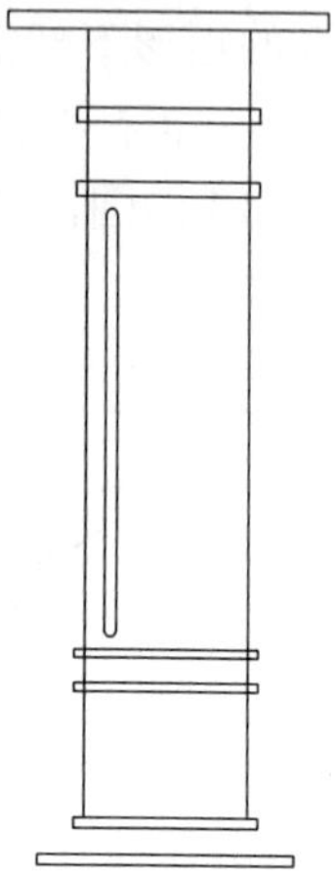

图 1-20A　复制的图形文件

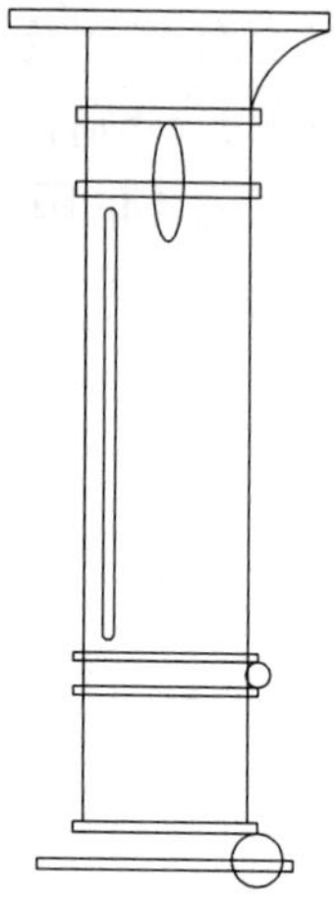

图 1-20B　绘制图形

2. **编辑图形**：使用修剪命令，对图形进行适当修剪，如图 1-20C 所示。

3. **复制图形**：使用阵列命令阵列修剪后的椭圆弧（或直接进行复制），完成后，对椭圆多余的部分进行适当的修剪；再对中间的竖向条纹执行阵列命令，阵列间距为 150 个图形单位；最后对部分图形执行镜像命令，完成图形的绘制，如图 1-20D 所示。

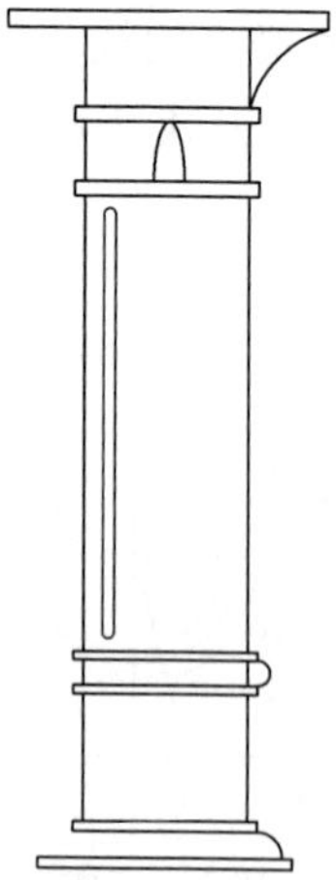

图 1-20C　修剪图形

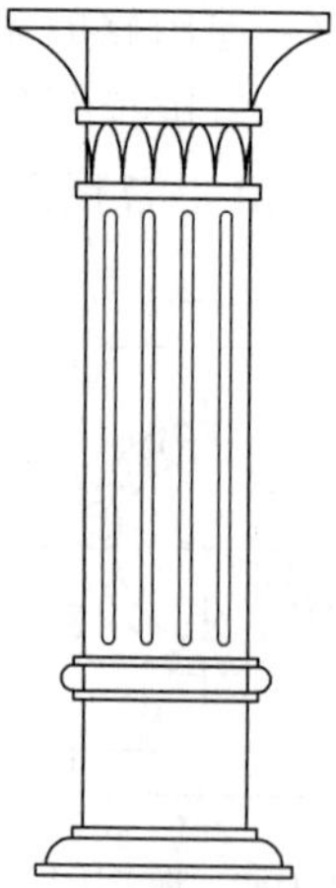

图 1-20D　完成后的图形

完成后将图形存入考生文件夹，命名为 Tcad1-20.dwg。

第二单元　平面精确绘图与尺寸标注

2.1　第 1 题（机械类）

按图形尺寸精确绘图（如图 2-01 所示），绘图方法和图形编辑方法不限，未明确线宽处使用默认线宽，按本题图示标注图形。建立新文件，完成以下操作。

1．**设置绘图环境**：建立合适的图限及栅格，并完成如下操作。

- 设置线型：添加线型 CENTER，使用该线型绘制中心线。
- 设置文字样式：新建文字样式“长仿宋”，选用“仿宋_GB2312”字体，宽度因子设置为 0.70，倾斜角度设置为 10。
- 设置标注样式：新建标注样式“尺寸”，选用“仿宋_GB2312”字体，文字高度和箭头大小均为 3.50，并选择正确的文字对齐方式。

2．**精确绘图**：根据试题中的尺寸，利用绘图和修改命令精确绘图。

3．**尺寸标注**：使用创建的文字和标注样式，正确标注图形。

完成后将图形存入考生文件夹，命名为 Tcad2-01.dwg。

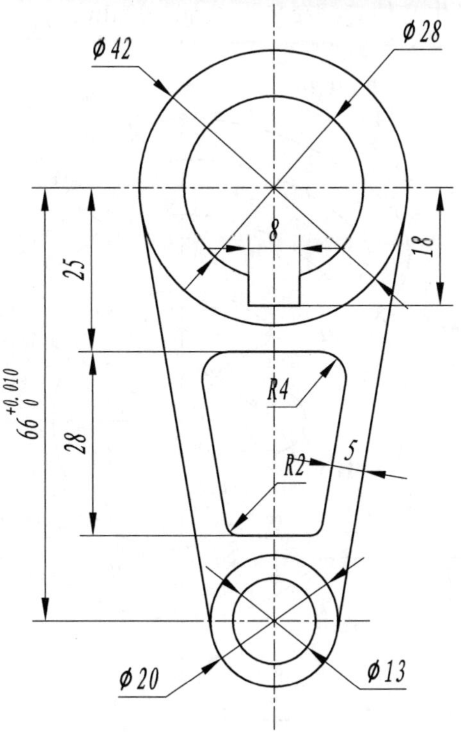

图 2-01　完成后的图形

2.2　第 2 题（机械类）

按图形尺寸精确绘图（如图 2-02 所示），绘图方法和图形编辑方法不限，按本题图示标注图形。建立新文件，完成以下操作。

1．**设置绘图环境**：建立合适的图限及栅格，并完成如下操作。

- 设置线型：添加线型 ACAD_ISO04W100，全局比例因子设置为 0.30，使用该线型绘制中心线。
- 设置文字样式：新建文字样式“长仿宋”，选用“仿宋_GB2312”字体，宽度因子设置为 0.75，倾斜角度设置为 10。
- 设置标注样式：新建标注样式“尺寸”，选用新创建的文字样式“长仿宋”，文字高度为 2.50，箭头大小为 2，并选择正确的文字对齐方式。

2．**精确绘图**：

- 根据试题中的尺寸，利用绘图和修改命令精确绘图。
- 图中 ACAD_ISO04W100 线型和标注线的线宽为 0.18 mm，颜色为“洋红”，其余实线的线宽为 0.35 mm。

3．**尺寸标注**：使用创建的文字和标注样式，正确标注图形，标注线和文字的颜色设置为“颜色 42”。

完成后将图形存入考生文件夹，命名为 Tcad2-02.dwg。

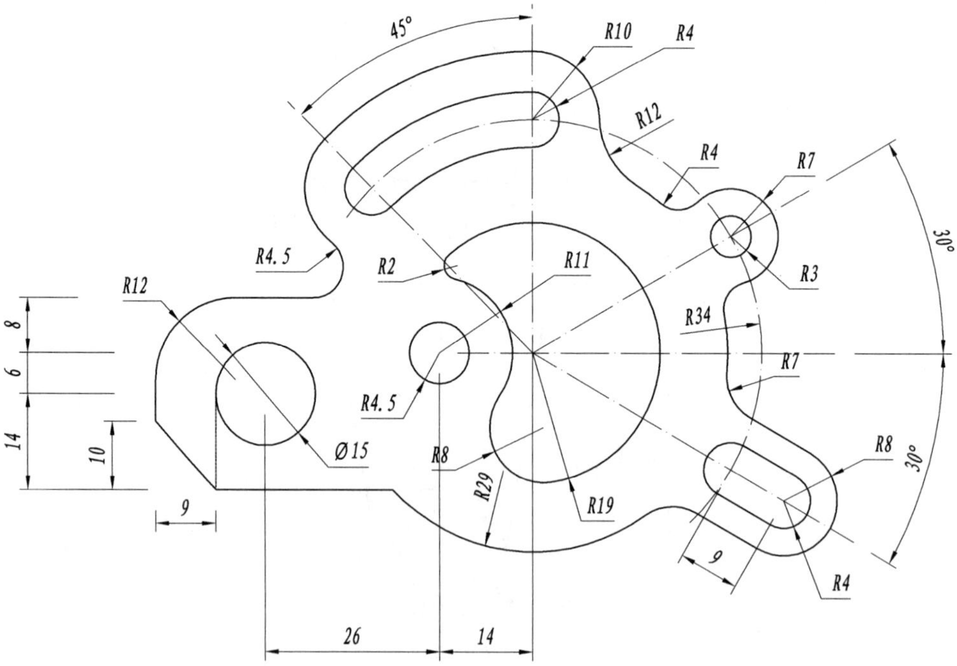

图 2-02　完成后的图形

2.3　第 3 题（机械类）

按图形尺寸精确绘图（如图 2-03 所示），绘图方法和图形编辑方法不限，未明确线宽处线宽为 0.18 mm，按本题图示标注图形。建立新文件，完成以下操作。

1．**设置绘图环境**：建立合适的图限及栅格，并完成如下操作。

- 设置文字样式：修改文字样式 Standard，选用“宋体”字体，宽度因子设置为 1，倾斜角度设置为 10。
- 设置标注样式：新建标注样式“尺寸”，文字高度设置为 2.60，箭头大小设置为 2，其他选项根据绘图需要进行设置；再新建单独的“半径”和“角度”样式，这两个子样式的文字对齐方式都为“水平”，只是角度标注的文字位置，在“水平”和“垂直”方向上都“居中”。

2．**精确绘图**：

- 根据试题中的尺寸，利用绘图和修改命令精确绘图。
- 图中零件轮廓线的线宽为 0.50 mm，圆心位置处相交的直线的线宽为 0.25 mm。

3．**尺寸标注**：使用创建的文字和标注样式，正确标注图形，标注线和文字的颜色设置为“绿色”。

完成后将图形存入考生文件夹，命名为 Tcad2-03.dwg。

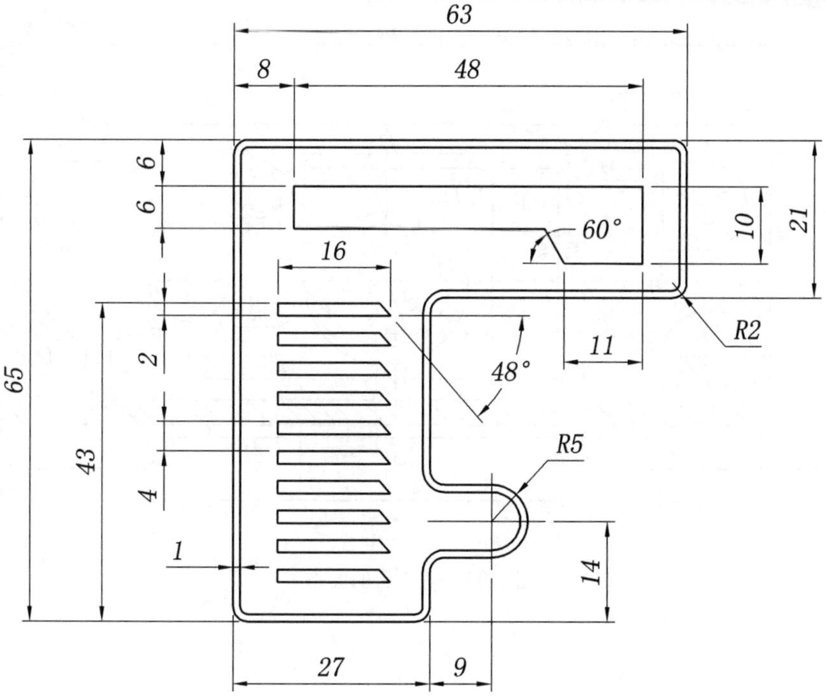

图 2-03　完成后的图形

2.4 第 4 题（机械类）

按图形尺寸精确绘图（如图 2-04 所示），绘图方法和图形编辑方法不限，未明确线宽处线宽为 0 mm，按本题图示标注图形。建立新文件，完成以下操作。

1．**设置绘图环境**：建立合适的图限及栅格，并完成如下操作。

- 设置线型：添加线型 CENTER，全局比例因子设置为 0.10，使用该线型绘制中心线。
- 设置文字样式：修改文字样式 Standard，选用“黑体”字体，宽度因子设置为 0.80，倾斜角度设置为 10。
- 设置标注样式：新建“样式”标注样式，文字高度和箭头大小均为 2，并选择正确的文字对齐方式。

2．**精确绘图**：

- 根据试题中的尺寸，利用绘图、修改和填充命令精确绘图。
- 图中零件轮廓线的线宽为 0.50 mm，其余图线的线宽为 0.30 mm，未注圆角半径为 3。

3．**尺寸标注**：使用创建的文字和标注样式，正确标注图形。

完成后将图形存入考生文件夹，命名为 Tcad2-04.dwg。

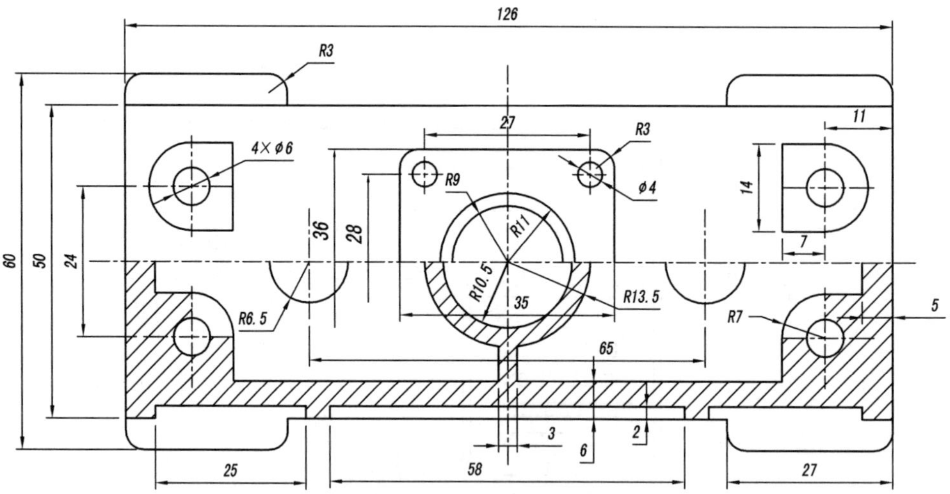

图 2-04 完成后的图形

2.5　第 5 题（机械类）

按图形尺寸精确绘图（如图 2-05 所示），绘图方法和图形编辑方法不限，未明确线宽处线宽为 0 mm，按本题图示标注图形。建立新文件，完成以下操作。

1. **设置绘图环境**：建立合适的图限及栅格，并完成如下操作。
   - 设置线型：添加线型 CENTER2，全局比例因子设置为 0.20，使用该线型绘制中心线。
   - 设置文字样式：新建文字样式“长仿宋”，选用“仿宋_GB2312”字体，宽度因子设置为 0.75，倾斜角度设置为 10。
   - 设置标注样式：新建标注样式“尺寸”，文字高度设置为 4，箭头大小设置为 3，其余选项根据需要设置。
2. **精确绘图**：
   - 根据试题中的尺寸，利用绘图、修改和填充命令精确绘图。
   - 图中零件轮廓线的宽度设置为 0.50 mm，其余图线的宽度设置为 0.18 mm。
3. **尺寸标注**：使用创建的文字和标注样式，正确标注图形。

完成后将图形存入考生文件夹，命名为 Tcad2-05.dwg。

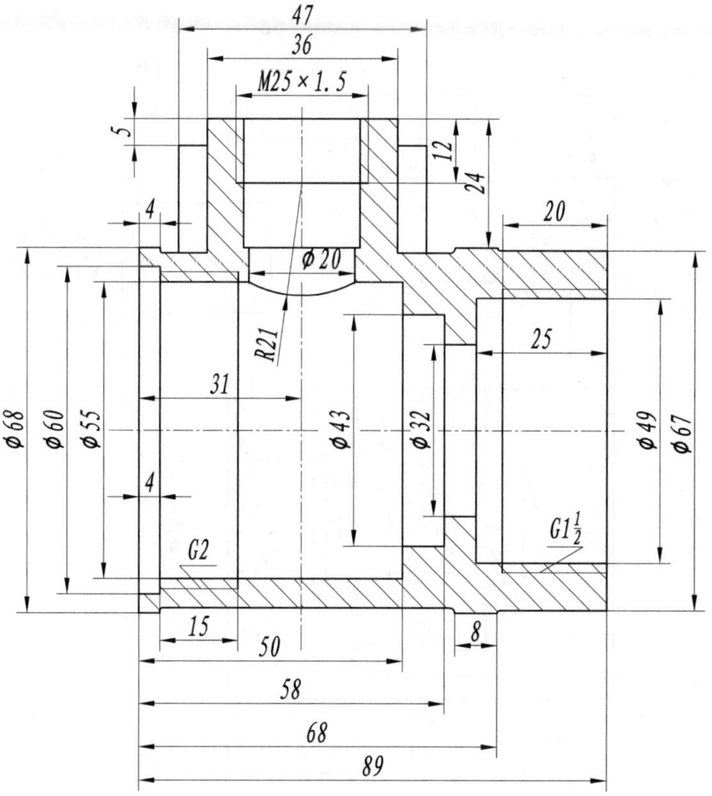

图 2-05　完成后的图形

2.6　第 6 题（机械类）

按图形尺寸精确绘图（如图 2-06 所示），绘图方法和图形编辑方法不限，未明确线宽处线宽为 0 mm，按本题图示标注图形。建立新文件，完成以下操作。

1．**设置绘图环境**：建立合适的图限及栅格，并完成如下操作。

- 设置线型：添加线型 CENTER2，使用该线型绘制中心线。
- 设置文字样式：修改文字样式 Standard，选用“仿宋_GB2312”字体，宽度因子设置为 1，倾斜角度设置为 10。
- 设置标注样式：修改“ISO-25”尺寸样式，文字高度设置为 3.5，箭头大小设置为 3，其余选项根据需要设置。

2．**精确绘图**：

- 根据试题中的尺寸，利用绘图、修改和填充命令精确绘图。
- 图中零件轮廓线的宽度设置为 0.60 mm，其余图线的宽度设置为 0.25 mm，未注的圆角半径都为 3。

3．**尺寸标注**：使用创建的文字和标注样式，正确标注图形。

完成后将图形存入考生文件夹，命名为 Tcad2-06.dwg。

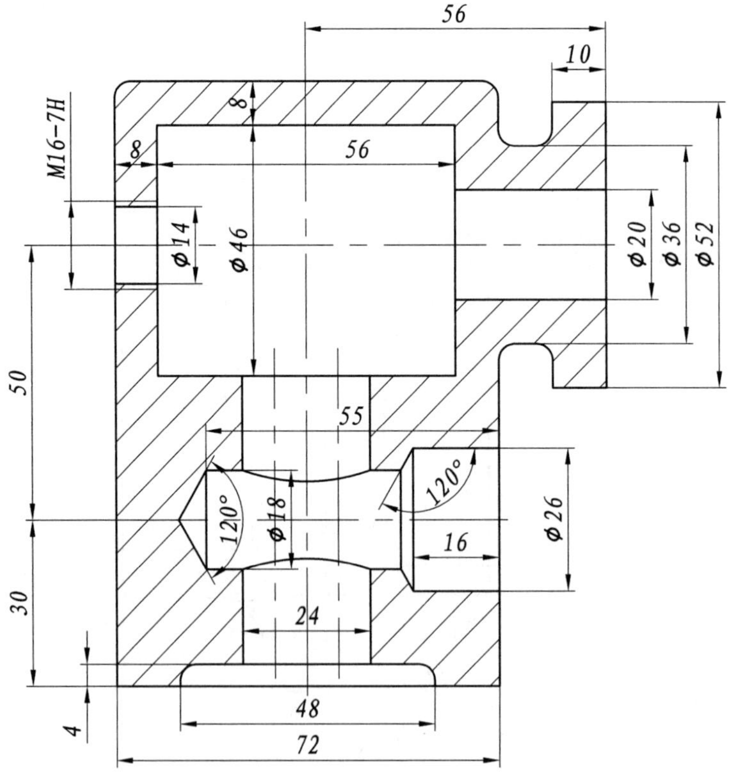

图 2-06　完成后的图形

2.7　第 7 题（机械类）

按图形尺寸精确绘图（如图 2-07 所示），绘图方法和图形编辑方法不限，未明确线宽处线宽为 0 mm，按本题图示标注图形。建立新文件，完成以下操作。

1．**设置绘图环境**：建立合适的图限及栅格，并完成如下操作。

- 设置线型：添加线型 CENTER，全局比例因子设置为 0.20，使用该线型绘制中心线。
- 设置文字样式：修改文字样式 Standard，选用“仿宋_GB2312”字体，宽度因子设置为 1，倾斜角度设置为 15。
- 设置标注样式：新建标注样式“标注”，文字高度设置为 2.60，箭头大小设置为 1.50，并根据需要新建“半径”和“角度”标注子样式，其余选项根据需要设置。

2．**精确绘图**：

- 根据试题中的尺寸，利用绘图和修改命令精确绘图。
- 图中零件轮廓线的宽度设置为 0.35 mm，其余图线的宽度设置为 0.18 mm。

3．**尺寸标注**：使用创建的文字和标注样式，正确标注图形。

完成后将图形存入考生文件夹，命名为 Tcad2-07.dwg。

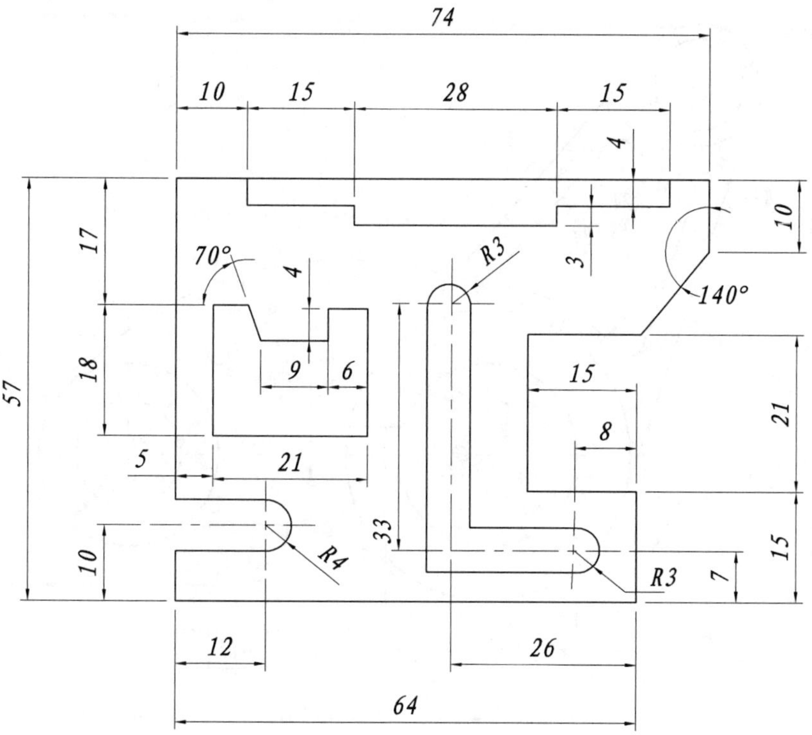

图 2-07　完成后的图形

2.8　第 8 题（机械类）

按图形尺寸精确绘图（如图 2-08 所示），绘图方法和图形编辑方法不限，未明确线宽处线宽为 0 mm，按本题图示标注图形。建立新文件，完成以下操作。

1. **设置绘图环境**：建立合适的图限及栅格，并完成如下操作。
   - 设置线型：添加线型 ACAD_ISO04W100，使用该线型绘制中心线。
   - 设置文字样式：新建文字样式“长仿宋”，选用“仿宋_GB2312”字体，宽度因子设置为 0.80，倾斜角度设置为 10。
   - 设置标注样式：新建标注样式“尺寸”，文字高度设置为 5，箭头大小设置为 4，其余选项根据需要设置。
2. **精确绘图**：
   - 根据试题中的尺寸，利用绘图和修改命令精确绘图。
   - 图中零件轮廓线的宽度设置为 0.50 mm，其余图线的宽度设置为 0.20 mm。
3. **尺寸标注**：使用创建的文字和标注样式，正确标注图形。

完成后将图形存入考生文件夹，命名为 Tcad2-08.dwg。

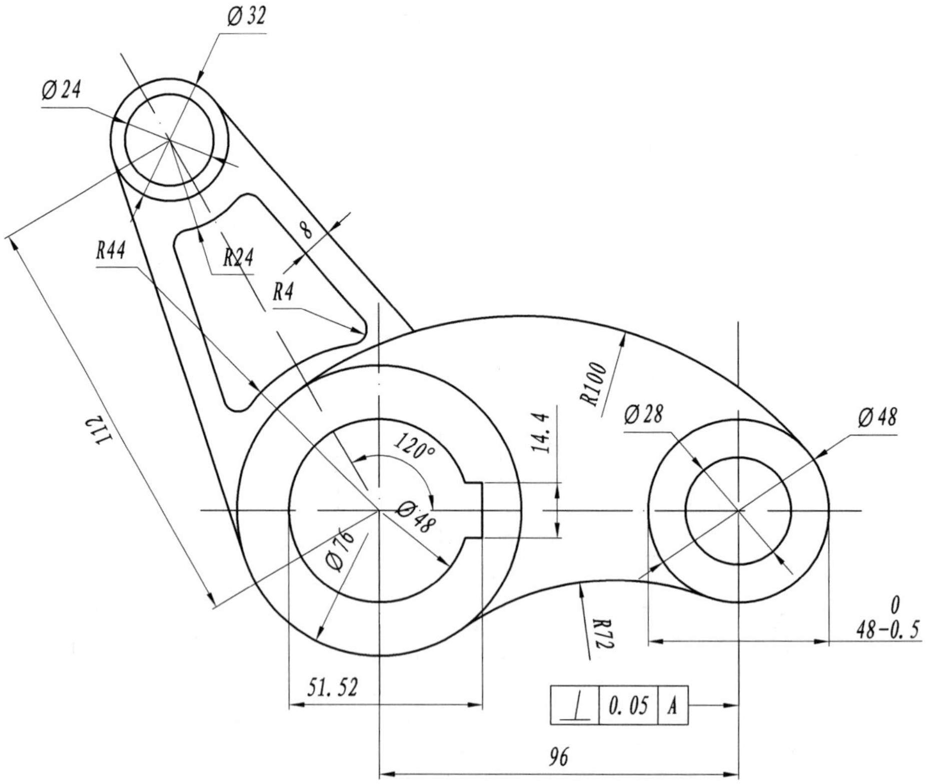

图 2-08　完成后的图形

2.9　第 9 题（机械类）

按图形尺寸精确绘图（如图 2-09 所示），绘图方法和图形编辑方法不限，未明确线宽处线宽为 0 mm，按本题图示标注图形。建立新文件，完成以下操作。

1．**设置绘图环境**：建立合适的图限及栅格，并完成如下操作。

- 设置线型：添加线型 CENTER，使用该线型绘制中心线。
- 设置文字样式：新建文字样式“文字标注”，选用“仿宋_GB2312”字体，宽度因子设置为 1，倾斜角度设置为 10。
- 设置标注样式：新建标注样式“标注”，文字高度设置为 3.50，箭头大小设置为 3，其余选项根据需要设置。

2．**精确绘图**：

- 根据试题中的尺寸，利用绘图、修改和填充命令精确绘图。
- 图中零件轮廓线的宽度设置为 0.60 mm，其余图线的宽度设置为 0.25 mm。

3．**尺寸标注**：使用创建的文字和标注样式，正确标注图形。

完成后将图形存入考生文件夹，命名为 Tcad2-09.dwg。

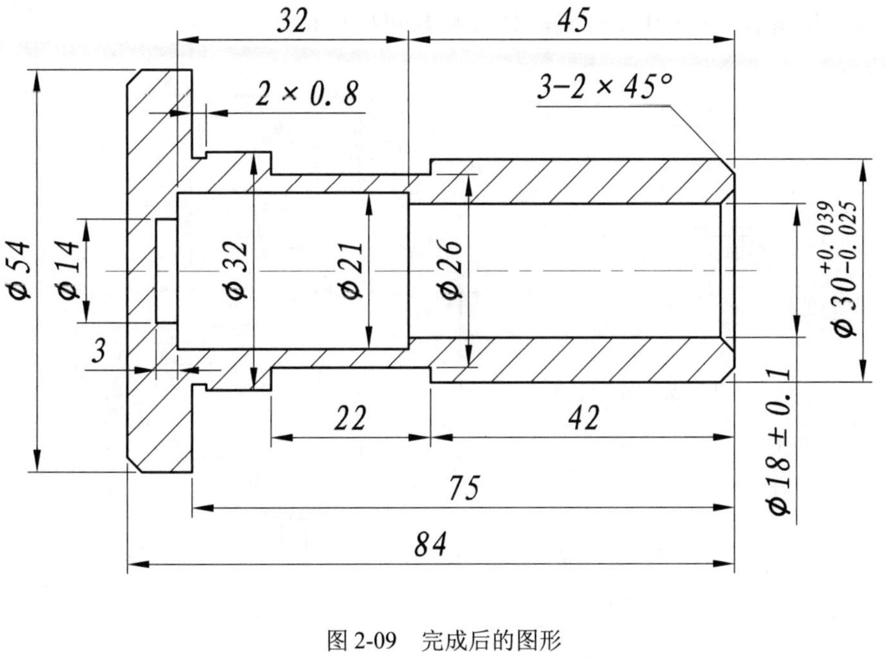

图 2-09　完成后的图形

2.10　第 10 题（机械类）

按图形尺寸精确绘图（如图 2-10 所示），绘图方法和图形编辑方法不限，未明确线宽处线宽为 0 mm，按本题图示标注图形。建立新文件，完成以下操作。

1. **设置绘图环境**：建立合适的图限及栅格，并完成如下操作。
   - 设置线型：添加线型 CENTER，使用该线型绘制中心线；添加线型 DASHED，使用该线型绘制虚线；全局比例因子设置为 0.30。
   - 设置文字样式：新建文字样式“机械字体”，选用“仿宋_GB2312”字体，宽度因子设置为 0.80，倾斜角度设置为 15。
   - 设置标注样式：新建标注样式“机械标注”，文字高度设置为 3.30，箭头大小设置为 2.30，并根据需要新建“角度”子标注样式，其余选项根据需要设置。
2. **精确绘图**：
   - 根据试题中的尺寸，利用绘图、修改和填充命令精确绘图。
   - 图中零件轮廓线的宽度设置为 0.30 mm，其余图线的宽度设置为 0.15 mm。
3. **尺寸标注**：使用创建的文字和标注样式，正确标注图形。

完成后将图形存入考生文件夹，命名为 Tcad2-10.dwg。

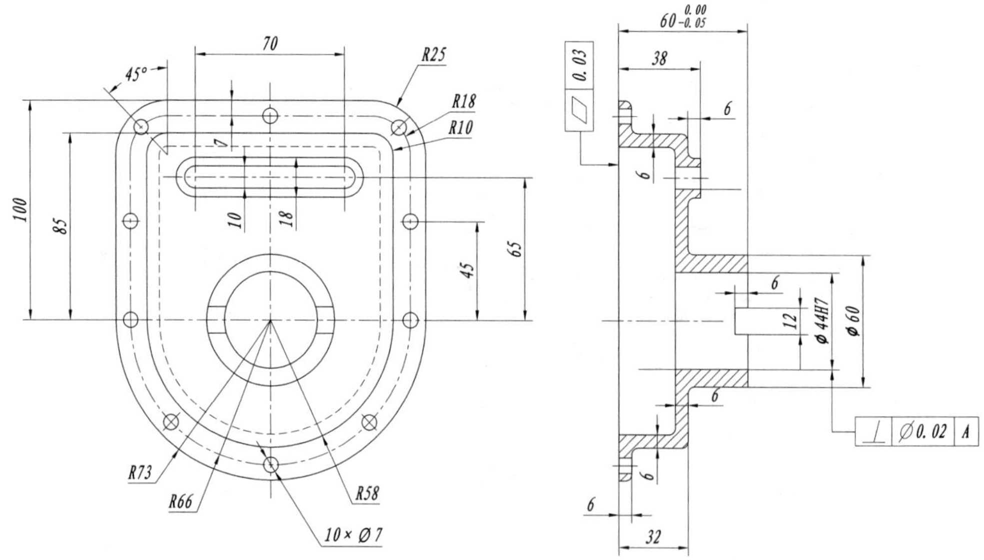

图 2-10　完成后的图形

2.11　第 11 题（建筑类）

按图形尺寸精确绘图（如图 2-11 所示），绘图方法和图形编辑方法不限，未明确线宽处线宽为 0.18 mm，图示中有未标注尺寸的地方，按建筑有关规范自行定义尺寸，按本题图示标注图形（标注尺寸的比例为 100）。建立新文件，完成以下操作。

1．**设置绘图环境**：建立合适的图限及栅格，并完成如下操作。

- 设置线型：添加线型 ACAD_ISO10W100，全局比例因子设置为 50，使用该线型绘制轴线。
- 设置文字样式：新建文字样式“长仿宋”，选用“仿宋_GB2312”字体，宽度因子设置为 0.80，倾斜角度设置为 10。
- 设置标注样式：新建标注样式“建筑尺寸标注”，选用新创建的“长仿宋”字体，文字高度设置为 2，箭头大小设置为 1，文字颜色设置为黑色，并选用正确的建筑标记箭头，其他选项根据需要设置。

2．**精确绘图**：

- 根据试题中的尺寸（注意注释尺寸与实际绘图尺寸之间的比例），利用绘图和修改命令精确绘图。
- 图中墙线的线宽为 0.70 mm，其余图线的线宽为 0.18 mm。
- 图中柱子的大小为 400×400，墙的厚度为 240，阳台墙的厚度为 120。
- 将图中“窗户”和“门”图形的颜色设置为蓝色，轴线设置为红色。

3．**尺寸标注**：使用创建的文字和标注样式，正确标注图形，标注线的颜色设置为绿色。

完成后将图形存入考生文件夹，命名为 Tcad2-11.dwg。

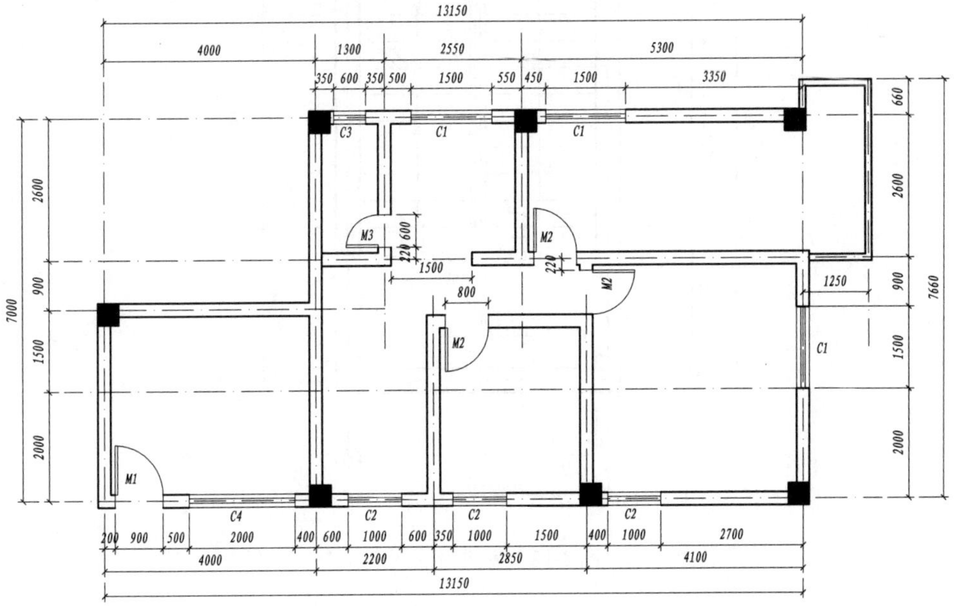

图 2-11　完成后的图形

2.12　第 12 题（建筑类）

按图形尺寸精确绘图（如图 2-12 所示），绘图方法和图形编辑方法不限，未明确线宽处使用默认线宽，按本题图示标注图形（图示中有未标注尺寸的地方，按建筑有关规范自行定义尺寸）。建立新文件，完成以下操作。

1. **设置绘图环境**：建立合适的图限及栅格，并完成如下操作。
   - 设置线型：添加线型 CENTER，全局比例因子设置为 400，使用该线型绘制轴线。
   - 设置文字样式：新建文字样式“长仿宋”，选用“仿宋_GB2312”字体，宽度因子设置为 0.70。
   - 设置标注样式：新建标注样式“尺寸”，选用新创建的“长仿宋”字体，文字高度设置为 300，箭头大小设置为 200，并选用正确的建筑标记箭头，其他选项根据需要设置。

2. **精确绘图**：根据试题中的尺寸，图中墙线的线宽为 0.70 mm，使用绘图和修改命令精确绘图。

3. **尺寸标注**：使用创建的文字和标注样式，正确标注图形。

完成后将图形存入考生文件夹，命名为 Tcad2-12.dwg。

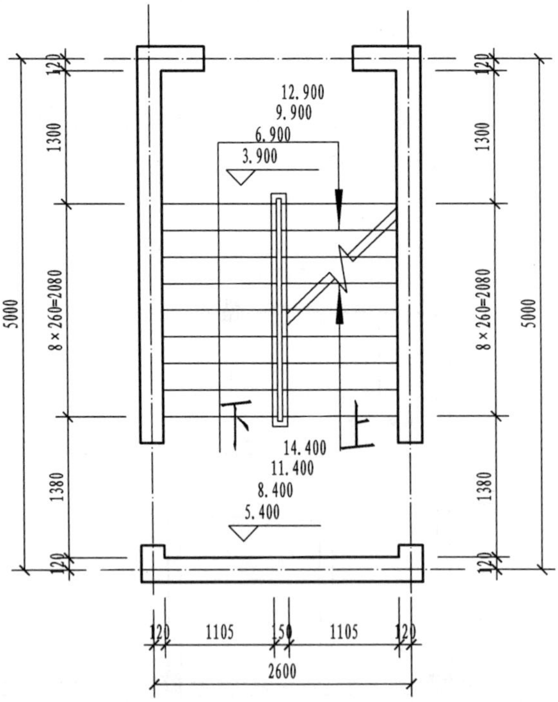

图 2-12　完成后的图形

2.13　第 13 题（建筑类）

按图形尺寸精确绘图（如图 2-13 所示），绘图方法和图形编辑方法不限，未明确线宽处线宽为 0.25 mm，图示中有未标注尺寸的地方，按建筑有关规范自行定义尺寸，按本题图示标注图形（标注尺寸的比例为 50）。建立新文件，完成以下操作。

1．**设置绘图环境**：建立合适的图限及栅格，并完成如下操作。

- 设置线型：添加线型 HIDDEN，全局比例因子设置为 30，使用该线型绘制从此方向看不到的外墙轮廓。
- 设置文字样式：新建文字样式“尺寸文字”，选用“宋体”字体，宽度因子设置为 0.80。
- 设置标注样式：新建标注样式“建筑标注”，选用新创建的“尺寸文字”字体，文字高度设置为 7，箭头大小设置为 5，并选用正确的建筑标记箭头，其他选项根据需要设置。

2．**精确绘图**：

- 根据试题中的尺寸（注意注释尺寸与实际绘图尺寸之间的比例），利用绘图和修改命令精确绘图。
- 图中墙线线宽设置为 0.70 mm，其余图线的线宽设置为 0.35 mm。

3．**尺寸标注**：使用创建的文字和标注样式，正确标注图形。

完成后将图形存入考生文件夹，命名为 Tcad2-13.dwg。

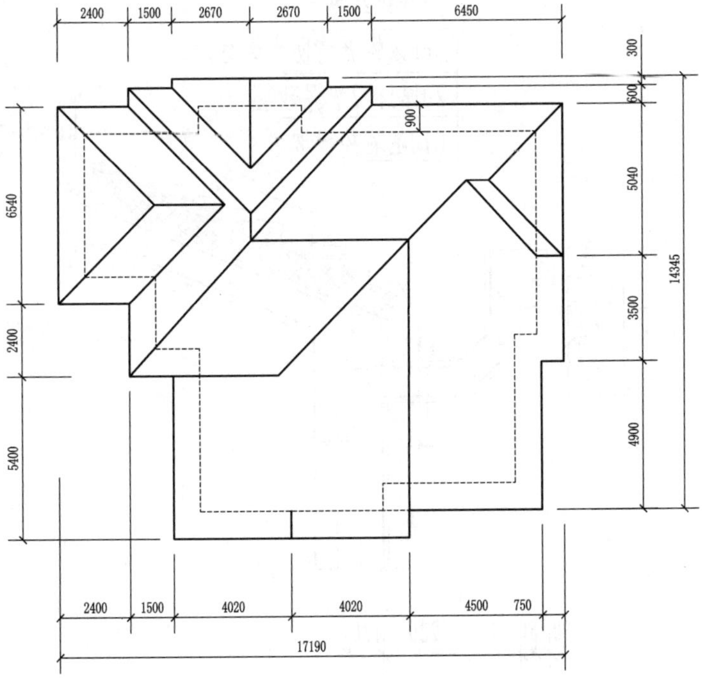

图 2-13　完成后的图形

2.14　第 14 题（建筑类）

按图形尺寸精确绘图（如图 2-14 所示），绘图方法和图形编辑方法不限，未明确线宽处线宽为 0.2 mm，图示中有未标注尺寸的地方，按建筑有关规范自行定义尺寸，按本题图示标注图形。建立新文件，完成以下操作。

1. **设置绘图环境**：建立合适的图限及栅格，并完成如下操作。
   - 设置线型：添加线型 ACAD_ISO04W100，全局比例因子设置为 10，使用该线型绘制下水口的中心线。
   - 设置文字样式：新建文字样式“长仿宋”，选用“仿宋_GB2312”字体，宽度因子设置为 0.70。
   - 设置标注样式：新建标注样式“标注”，选用新创建的“长仿宋”字体，文字高度设置为 300，箭头大小设置为 200，并选用正确的建筑标记箭头，其他选项根据需要设置。
2. **精确绘图**：
   - 根据试题中的尺寸，利用绘图、修改和填充命令精确绘图。
   - 图中墙线线宽为 0.70 mm，其余线宽为 0.35 mm。
3. **尺寸标注**：使用创建的文字和标注样式，正确标注图形。

完成后将图形存入考生文件夹，命名为 Tcad2-14.dwg。

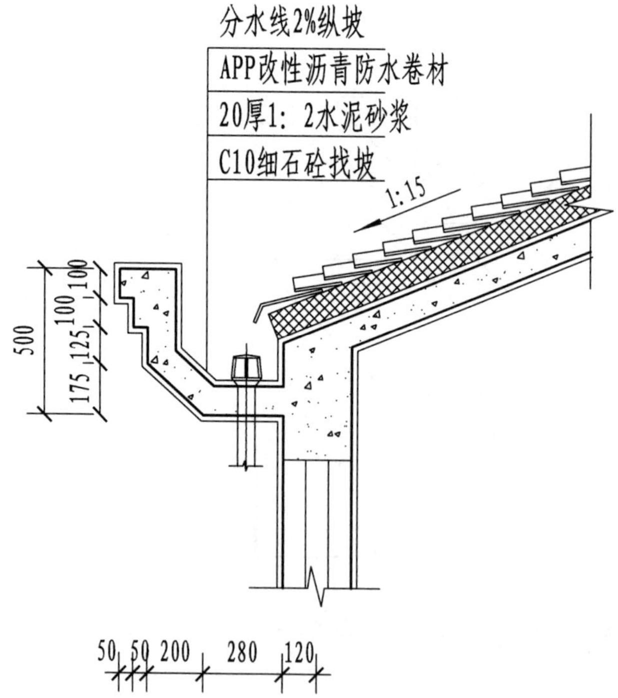

图 2-14　完成后的图形

2.15　第 15 题（建筑类）

按图形尺寸精确绘图（如图 2-15 所示），绘图方法和图形编辑方法不限，未明确线宽处线宽为 0.50 mm，图示中有未标注尺寸的地方，按建筑有关规范自行定义尺寸，按本题图示标注图形（测量单位的比例为 100）。建立新文件，完成以下操作。

1．**设置绘图环境**：建立合适的图限及栅格，并完成如下操作。

- 设置线型：添加线型 CENTER2，使用该线型绘制轴线。
- 设置文字样式：修改文字样式 Standard，选用“仿宋_GB2312”字体，倾斜角度设置为 10。
- 设置标注样式：修改系统默认添加的“ISO-25”标注样式，文字高度和箭头大小均设置为 2.50，并选用正确的建筑标记箭头，其他选项根据需要设置。

2．**精确绘图**：

- 根据试题中的尺寸（注意注释尺寸与实际绘图尺寸之间的比例），利用绘图和修改命令精确绘图。
- 图中墙线宽度设置为 1.00 mm，其余线的宽度设置为 0.50 mm。

3．**尺寸标注**：使用创建的文字和标注样式，正确标注图形。

完成后将图形存入考生文件夹，命名为 Tcad2-15.dwg。

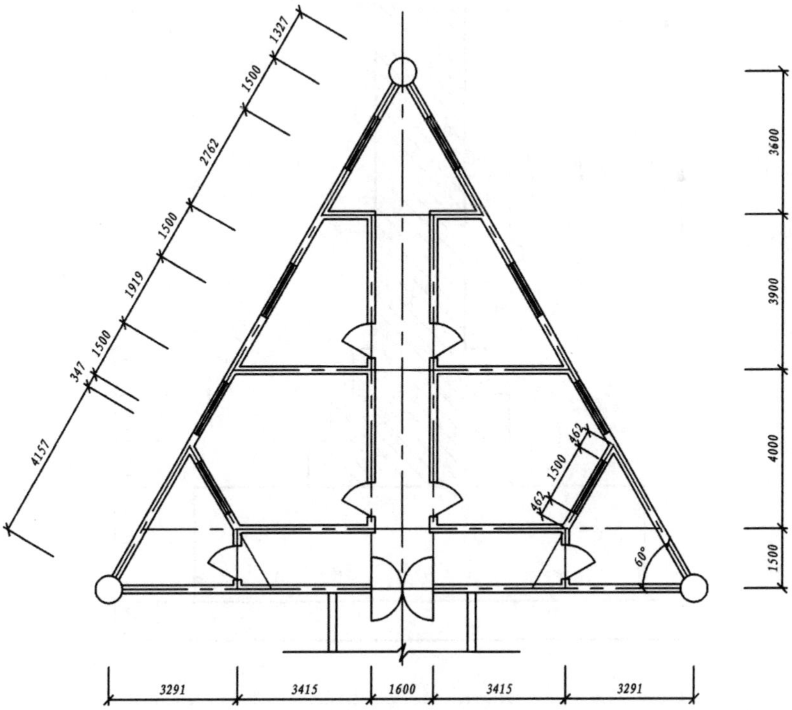

图 2-15　完成后的图形

2.16 第 16 题（建筑类）

按图形尺寸精确绘图（如图 2-16 所示），绘图方法和图形编辑方法不限，未明确线宽处线宽为 0.20 mm，图示中有未标注尺寸的地方，按建筑有关规范自行定义尺寸，按本题图示标注图形。建立新文件，完成以下操作。

1. **设置绘图环境**：建立合适的图限及栅格，并完成如下操作。
   - 设置文字样式：修改文字样式 Standard，选用“仿宋_GB2312”字体，宽度因子设置为 1，倾斜度设置为 10。
   - 设置标注样式：修改标注样式 ISO-25，文字高度设置为 5，箭头大小设置为 3，标注全局比例设置为 8，并选用正确的建筑标记箭头，其他选项根据需要设置。
2. **精确绘图**：
   - 根据试题中的尺寸，利用绘图、修改和填充命令精确绘图。
   - 图中墙线线宽为 0.80 mm，其余线宽为 0.40 mm。
3. **尺寸标注**：使用创建的文字和标注样式，正确标注图形。

完成后将图形存入考生文件夹，命名为 Tcad2-16.dwg。

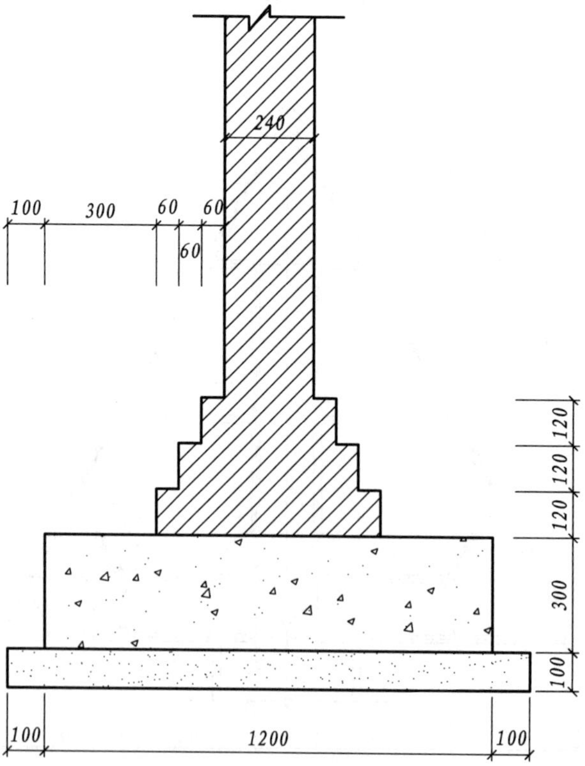

图 2-16 完成后的图形

2.17　第 17 题（建筑类）

按图形尺寸精确绘图（如图 2-17 所示），绘图方法和图形编辑方法不限，未明确线宽处线宽为 0.18 mm，图示中有未标注尺寸的地方，按建筑有关规范自行定义尺寸，按本题图示标注图形。建立新文件，完成以下操作。

1. **设置绘图环境**：建立合适的图限及栅格，并完成如下操作。
   - 设置线型：添加线型 CENTER，全局比例因子设置为 5，使用该线型绘制轴线。
   - 设置文字样式：修改文字样式 Standard，选用“仿宋_GB2312”字体，宽度因子设置为 0.75。
   - 设置标注样式：修改标注样式“ISO-25”，文字高度设置为 50，箭头大小设置为 30，并选用正确的建筑标记箭头，其他选项根据需要设置。
2. **精确绘图**：
   - 根据试题中的尺寸，利用绘图、修改和填充命令精确绘图。
   - 图中墙线线宽为 0.70 mm，其余线宽为 0.35 mm。
3. **尺寸标注**：使用创建的文字和标注样式，正确标注图形。

完成后将图形存入考生文件夹，命名为 Tcad2-17.dwg。

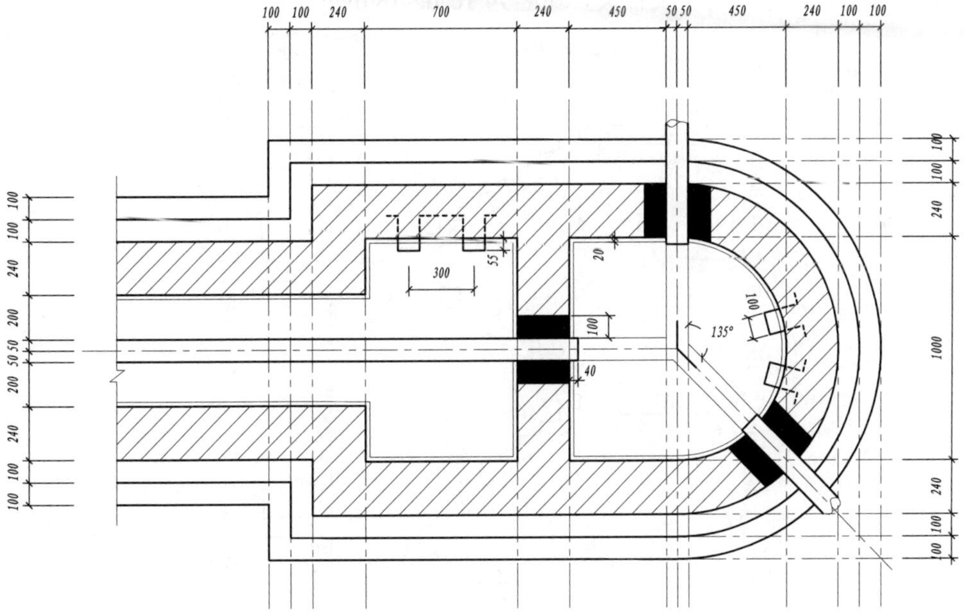

图 2-17　完成后的图形

2.18 第 18 题（建筑类）

按图形尺寸精确绘图（如图 2-18 所示），绘图方法和图形编辑方法不限，未明确线宽处线宽为 0 mm，图示中有未标注尺寸的地方，按建筑有关规范自行定义尺寸，按本题图示标注图形。建立新文件，完成以下操作。

1. **设置绘图环境**：建立合适的图限及栅格，并完成如下操作。
   - 设置线型：添加线型 CENTER，全局比例因子设置为 10，使用该线型绘制轴线。
   - 设置文字样式：修改文字样式 Standard，选用“仿宋_GB2312”字体，倾斜度设置为 10。
   - 设置标注样式：新建标注样式“楼梯剖面标注”，文字高度设置为 125，箭头大小设置为 100，并选用正确的建筑标记箭头，其他选项根据需要设置。
2. **精确绘图**：
   - 根据试题中的尺寸，利用绘图、修改和填充命令精确绘图。
   - 图中墙线线宽为 0.50 mm，其余线宽为 0.25 mm。
3. **尺寸标注**：使用创建的文字和标注样式，正确标注图形。

完成后将图形存入考生文件夹，命名为 Tcad2-18.dwg。

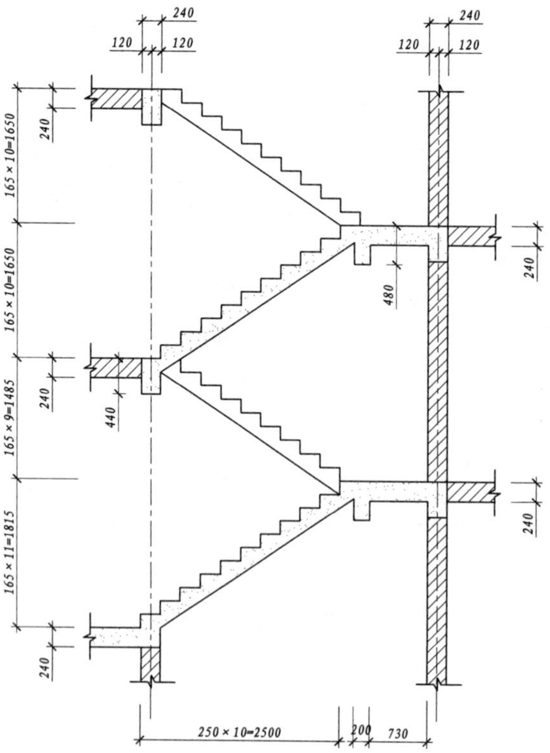

图 2-18 完成后的图形

2.19 第 19 题（建筑类）

按图形尺寸精确绘图（如图 2-19 所示），绘图方法和图形编辑方法不限，未明确线宽处线宽为 0.20 mm，图示中有未标注尺寸的地方，按建筑有关规范自行定义尺寸，按本题图示标注图形。建立新文件，完成以下操作。

1．**设置绘图环境**：建立合适的图限及栅格，并完成如下操作。

- 设置线型：添加线型 DASHDOT2，全局比例因子设置为 50，使用该线型绘制轴线。
- 设置文字样式：修改文字样式“Standard”，选用“仿宋_GB2312”字体，宽度因子设置为 0.70，倾斜度设置为 10。
- 设置标注样式：新建标注样式“标注”，文字高度设置为 300，箭头大小设置为 150，并选用正确的建筑标记箭头，其他选项根据需要设置。

2．**精确绘图**：

- 根据试题中的尺寸，利用绘图和修改命令精确绘图。
- 图中墙线线宽为 0.70 mm，其余线宽为 0.30 mm。墙厚为 240。

3．**尺寸标注**：使用创建的文字和标注样式，正确标注图形。

完成后将图形存入考生文件夹，命名为 Tcad2-19.dwg。

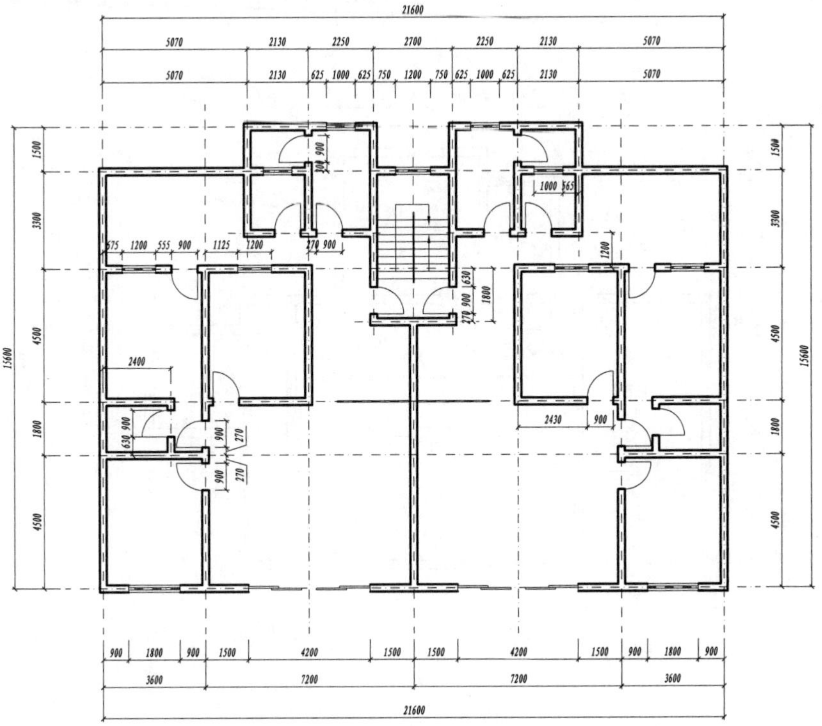

图 2-19 完成后的图形

2.20　第 20 题（建筑类）

按图形尺寸精确绘图（如图 2-20 所示），绘图方法和图形编辑方法不限，未明确线宽处线宽为 0.18 mm，图示中有未标注尺寸的地方，按建筑有关规范自行定义尺寸，按本题图示标注图形。建立新文件，完成以下操作。

1．**设置绘图环境：** 建立合适的图限及栅格，并完成如下操作。

- 设置线型：添加线型 CENTER，全局比例因子设置为 15，用该线型绘制轴线。
- 设置文字样式：新建文字样式 Standard，选用“仿宋_GB2312”字体，宽度因子设置为 0.70，倾斜度设置为 10。
- 设置标注样式：修改标注样式“ISO-25”，文字高度设置为 200，箭头大小设置为 150，并选用正确的建筑标记箭头，其他选项根据需要设置。

2．**精确绘图：**

- 根据试题中的尺寸，利用绘图和修改命令精确绘图。
- 图中墙线线宽为 0.60 mm，其余线宽为 0.18 mm。墙厚为 180。
- 图中床、马桶、浴缸、洗手盆等图形的尺寸和位置，不做具体要求，大概相似即可。

3．**尺寸标注：** 使用创建的文字和标注样式，正确标注图形。

完成后将图形存入考生文件夹，命名为 Tcad2-20.dwg。

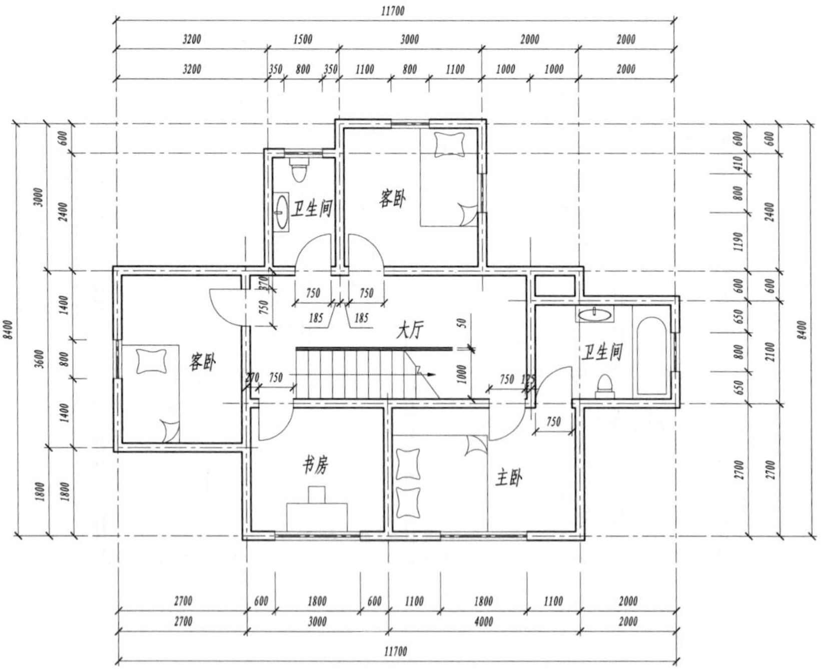

图 2-20　完成后的图形

第三单元　图层与块的应用

3.1　第 1 题（机械类）

打开 C:\2010CADTK\Unit3 中的图形文件 Scad3-01.dwg，完成以下操作。

1．创建和设置图层：

- 创建“中心线”图层：颜色设置为红色，线型设置为 CENTER2，线宽设置为 0.35 mm，并将图形中的所有中心线移动到此图层。
- 创建“轮廓线”图层：线宽设置为 0.70 mm，并将图形中的所有轮廓线移动到此图层。
- 创建“尺寸线”图层：颜色设置为绿色，线宽设置为 0.35 mm，并将图形中的所有标注移动到此图层。

2．创建块和管理块：

- 在 0 图层中绘制块图形（“粗糙度”符号）。
- 在块图形中插入属性。
- 将块图形定义成块。

3．插入块： 如图 3-01 所示，在指定位置插入块。

完成后将图形存入考生文件夹，命名为 Tcad3-01.dwg。

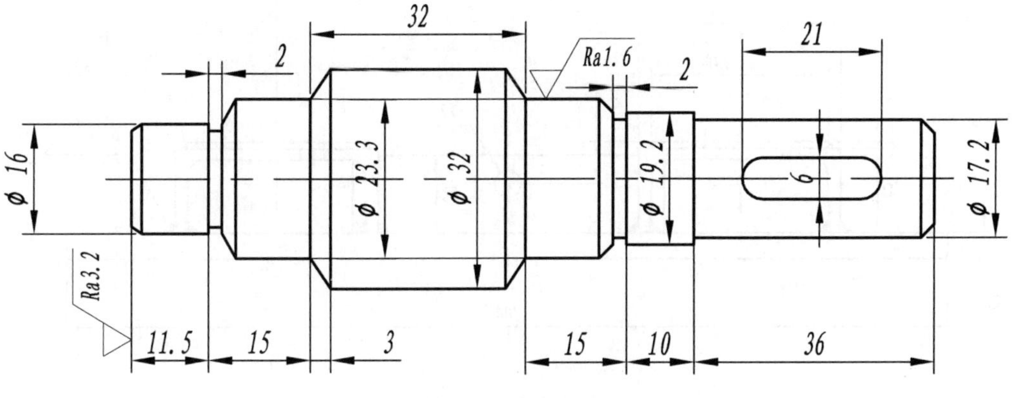

图 3-01　完成后的图形

3.2 第 2 题（机械类）

打开 C:\2010CADTK\Unit3 中的图形文件 Scad3-02.dwg，完成以下操作。

1．创建和设置图层：

- 创建“中心线”图层：颜色设置为红色，线型设置为 CENTER，并将图形中的所有中心线移动到此图层。
- 创建“轮廓线”图层：线宽设置为 0.50 mm，并将图形中的所有轮廓线移动到此图层。
- 创建“虚线”图层：线型设置为 HIDDEN，颜色设置为洋红，并将图形中的所有虚线移动到此图层。
- 创建“标注层”图层：颜色设置为绿色，并将图形中的所有标注移动到此图层。

2．创建块和管理块：

- 在 0 图层中绘制块图形（一个为常用角焊符号，一个为圆周满焊符号）。
- 在块图形中插入属性。
- 将块图形定义成块。

3．插入块： 如图 3-02 所示，在指定位置插入块。

完成后将图形存入考生文件夹，命名为 Tcad3-02.dwg。

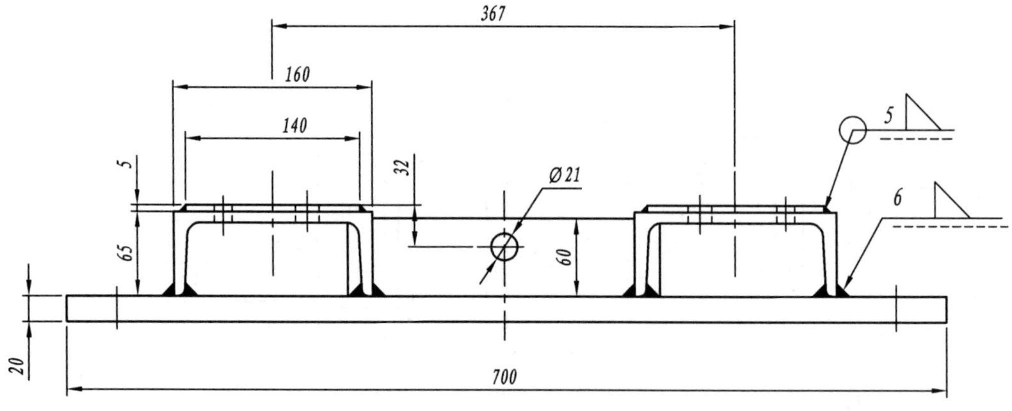

图 3-02　完成后的图形

3.3　第 3 题（机械类）

打开 C:\2010CADTK\Unit3 中的图形文件 Scad3-03.dwg，完成以下操作。

1．创建和设置图层：

- 创建“中心线”图层：颜色设置为红色，线型设置为 CENTER2，并将图形中的所有中心线移动到此图层。
- 创建“尺寸”图层：颜色设置为蓝色，并将图形中的所有的标注移动到此图层。

2．创建块和管理块：

- 在 0 图层中绘制块图形（“基准”符号）。
- 在块图形中插入属性。
- 将块图形定义成块。

3．插入块：如图 3-03 所示，在指定位置插入块。

完成后将图形存入考生文件夹，命名为 Tcad3-03.dwg。

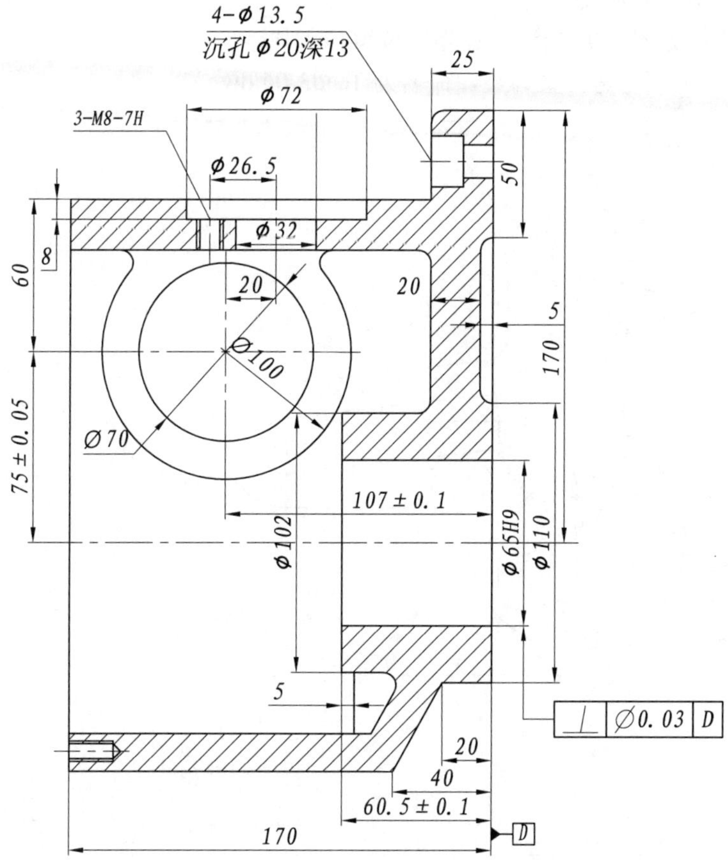

图 3-03　完成后的图形

3.4 第 4 题（机械类）

打开 C:\2010CADTK\Unit3 中的图形文件 Scad3-04.dwg，完成以下操作。

1. 创建和设置图层：

- 创建“点划线”图层：颜色设置为洋红，线型设置为 ACAD_ISO04W100，线宽设置为 0.25 mm，并将图形中的所有中心线移动到此图层。
- 创建“粗实线”图层：线宽设置为 0.70 mm，并将图形中的所有轮廓线移动到此图层。
- 创建“标注”图层：颜色设置为绿色，并将图形中的所有标注移动到此图层。

2. 创建块和管理块：

- 在 0 图层中绘制块图形，所绘图形主要包括标题栏和图框，以及标题栏中的部分文字内容。
- 在块图形中插入属性（需添加多个属性，如图名、比例、重量、材料标记等，应不小于 3 个属性值）。
- 将块图形定义成块。

3. 插入块： 如图 3-04 所示，在指定位置插入块。

完成后将图形存入考生文件夹，命名为 Tcad3-04.dwg。

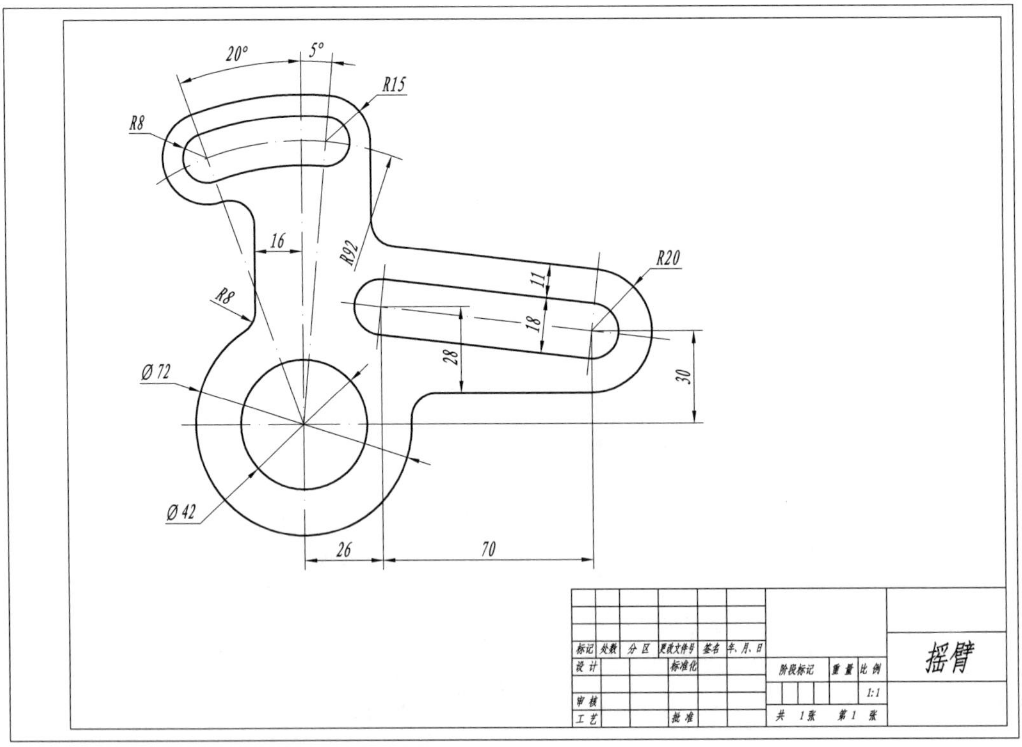

图 3-04 完成后的图形

3.5 第 5 题（机械类）

打开 C:\2010CADTK\Unit3 中的图形文件 Scad3-05.dwg，完成以下操作。

1．创建和设置图层：

- 创建“中心线”图层：颜色设置为红色，线型设置为 ACAD_ISO04W100，全局比例因子设置为 0.50，并将图形中的所有中心线移动到此图层。
- 创建“轮廓线”图层：线宽设置为 0.70 mm，并将所有轮廓线移动到此图层。
- 创建“标注”图层：颜色设置为绿色，并将所有标注移动到此图层。
- 创建“填充”图层：颜色设置为青色，并将填充线移动到此图层。

2．创建块和管理块：

- 在 0 图层中绘制块图形（“斜度”符号和“锥度”符号）。
- 在块图形中插入属性。
- 将块图形定义成块。

3．插入块：如图 3-05 所示，在指定位置插入块。

完成后将图形存入考生文件夹，命名为 Tcad3-05.dwg。

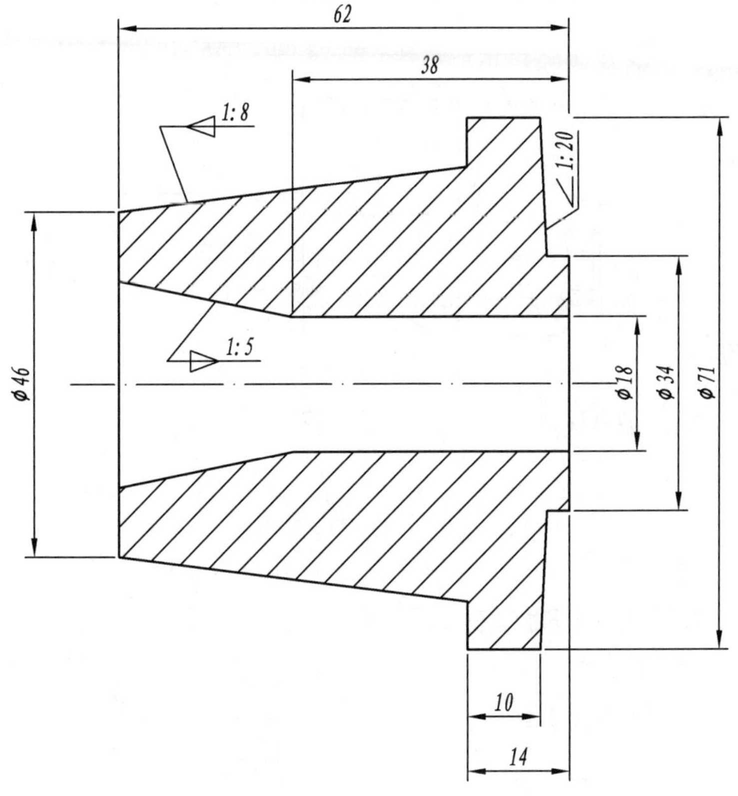

图 3-05 完成后的图形

3.6 第 6 题（机械类）

打开 C:\2010CADTK\Unit3 中的图形文件 Scad3-06.dwg，完成以下操作。

1. **创建和设置图层：**
   - 创建“点划线”图层：颜色设置为红色，线型设置为 ACAD_ISO04W100，将图形中的所有中心线移动到此图层。
   - 创建“粗实线”图层：线宽设置为 0.50 mm，并将所有轮廓线移动到此图层。
   - 创建“尺寸”图层：颜色设置为绿色，并将所有标注移动到此图层。
   - 创建“细实线”图层：线宽设置为 0.20 mm，将填充线和其余图线等移动到此图层。
2. **创建块和管理块：**
   - 在 0 图层中绘制块图形（零件明细表）。
   - 在块图形中插入属性。
   - 将块图形定义成块。
3. **插入块：**如图 3-06 所示，在指定位置插入块。

完成后将图形存入考生文件夹，命名为 Tcad3-06.dwg。

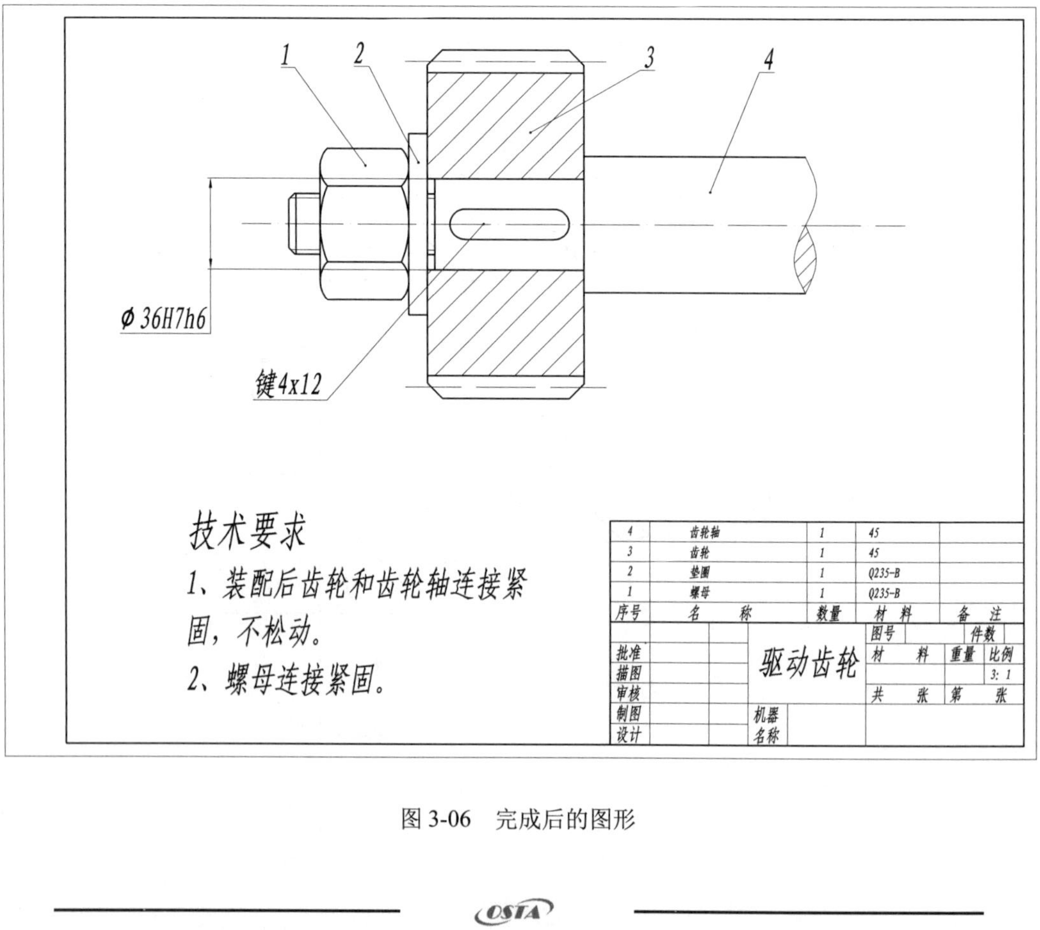

图 3-06 完成后的图形

3.7　第 7 题（机械类）

打开 C:\2010CADTK\Unit3 中的图形文件 Scad3-07.dwg，完成以下操作。

1．创建和设置图层：

- 创建“中心线”图层：颜色设置为红色，线型设置为 CENTER，全局比例因子设置为 0.30，并将图形中的所有中心线移动到此图层。
- 创建“轮廓线”图层：线宽设置为 0.50 mm，并将所有轮廓线移动到此图层。
- 创建“尺寸线”图层：颜色设置为绿色，并将所有标注移动到此图层。
- 创建“虚线”图层：颜色设置为洋红，线型设置为 DASHED，并将所有虚线移动到此图层。

2．创建块和管理块：

- 在 0 图层中绘制块图形（两个“粗糙度”符号和一个“基准”符号）。
- 在块图形中插入属性。
- 将块图形定义成块。

3．插入块：如图 3-07 所示，在指定位置插入块。

完成后将图形存入考生文件夹，命名为 Tcad3-07.dwg。

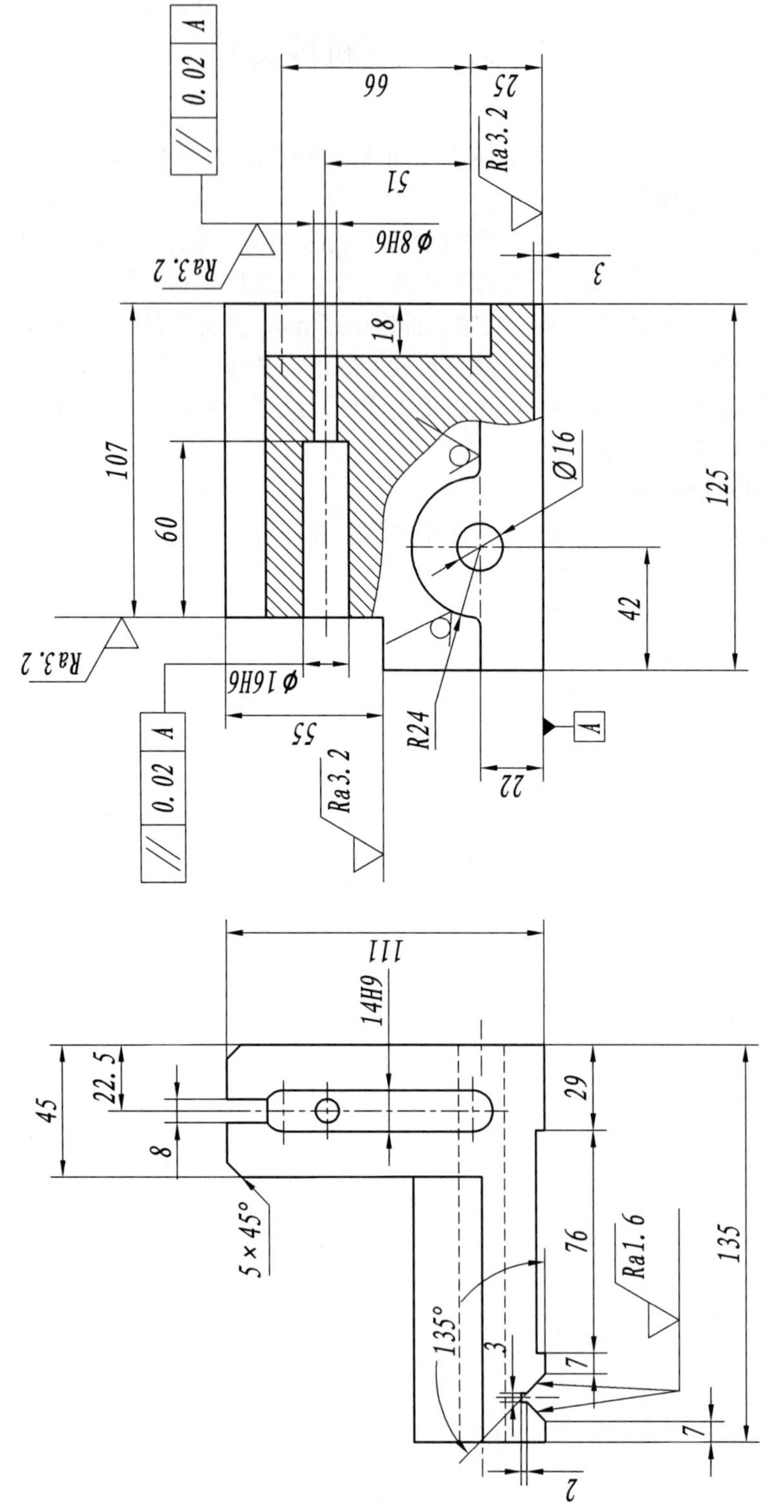
0.02
A
66
25
51
Ra3.2
φ8H6
3
18
107
60
Ø16
125
42
φ16H6
55
R24
22
111
14H9
45
22.5
8
29
76
Ra1.6
135
5×45°
135°
7
2

图 3-07　完成后的图形

3.8　第 8 题（机械类）

打开 C:\2010CADTK\Unit3 中的图形文件 Scad3-08.dwg，完成以下操作。

1．创建和设置图层：

- 创建“中心线”图层：颜色设置为红色，线型设置为 CENTER，全局比例因子设置为 0.30，并将图形中的所有中心线移动到此图层。
- 创建“轮廓线”图层：线宽设置为 0.60 mm，并将所有轮廓线移动到此图层。
- 创建“尺寸线”图层：颜色设置为蓝色，并将所有标注移动到此图层。
- 创建“剖面线”图层：颜色设置为青色，并将剖面线移动到此图层。

2．创建块和管理块：

- 在 0 图层中绘制块图形（“粗糙度”符号）。
- 在块图形中插入属性。
- 将块图形定义成块。

3．插入块：如图 3-08 所示，在指定位置插入块。

完成后将图形存入考生文件夹，命名为 Tcad3-08.dwg。

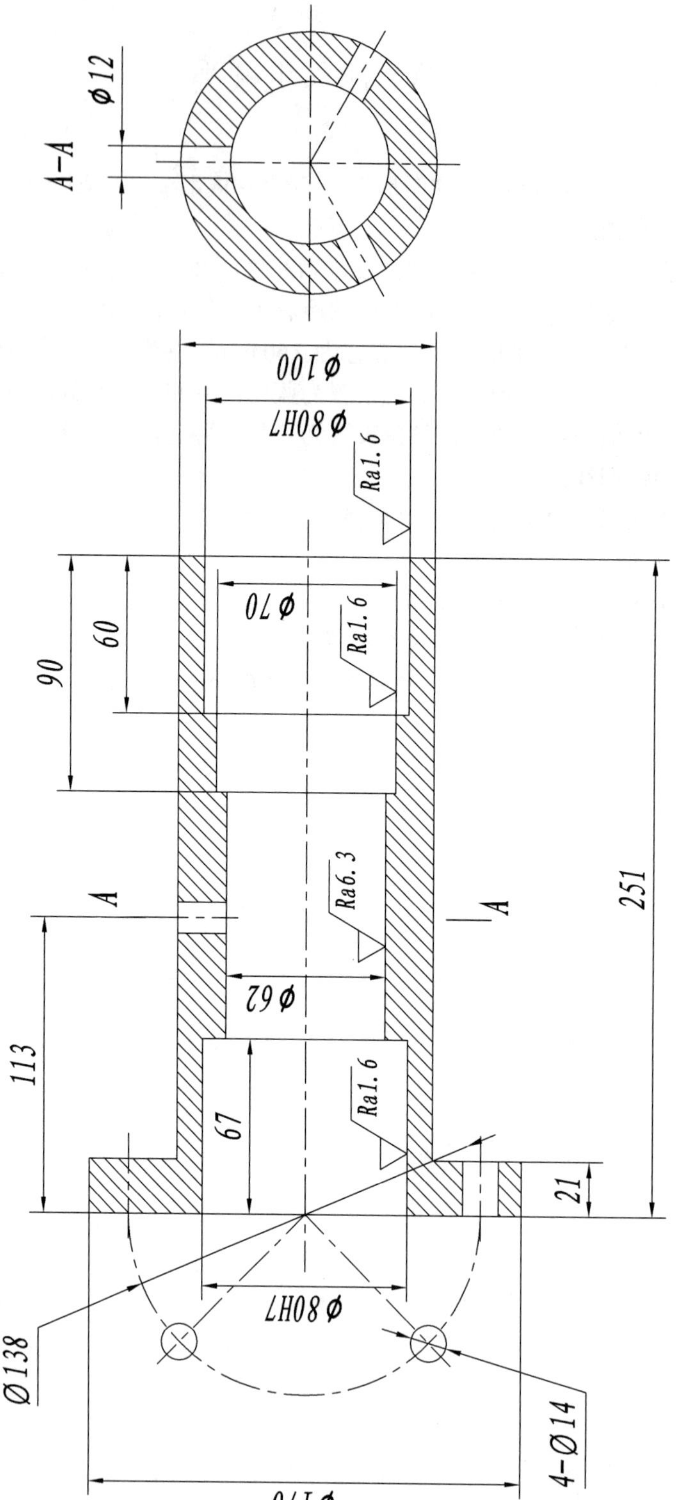
A-A
Ø12
Ø100
Ø80H7
Ra1.6
90
60
Ø70
Ra1.6
251
A
A
Ra6.3
113
Ø62
67
Ra1.6
21
Ø80H7
Ø138
4-Ø14
Ø170

图 3-08　完成后的图形

3.9 第 9 题（机械类）

打开 C:\2010CADTK\Unit3 中的图形文件 Scad3-09.dwg，完成以下操作。

1．创建和设置图层：

- 创建“中心线”图层：颜色设置为红色，线型设置为 CENTER，全局比例因子设置为 0.20，并将图形中的所有中心线移动到此图层。
- 创建“轮廓”图层：线宽设置为 0.70 mm，并将所有轮廓线移动到此图层。
- 创建“标注”图层：颜色设置为绿色，并将所有标注移动到此图层。
- 创建“细线”图层：并将填充线和其余图线移动到此图层。

2．创建块和管理块：

- 在 0 图层中绘制块图形（“图框”、“齿轮参数”和“粗糙度”符号）。
- 在块图形中插入属性。
- 将块图形定义成块。

3．插入块：如图 3-09 所示，在指定位置插入块。

完成后将图形存入考生文件夹，命名为 Tcad3-09.dwg。

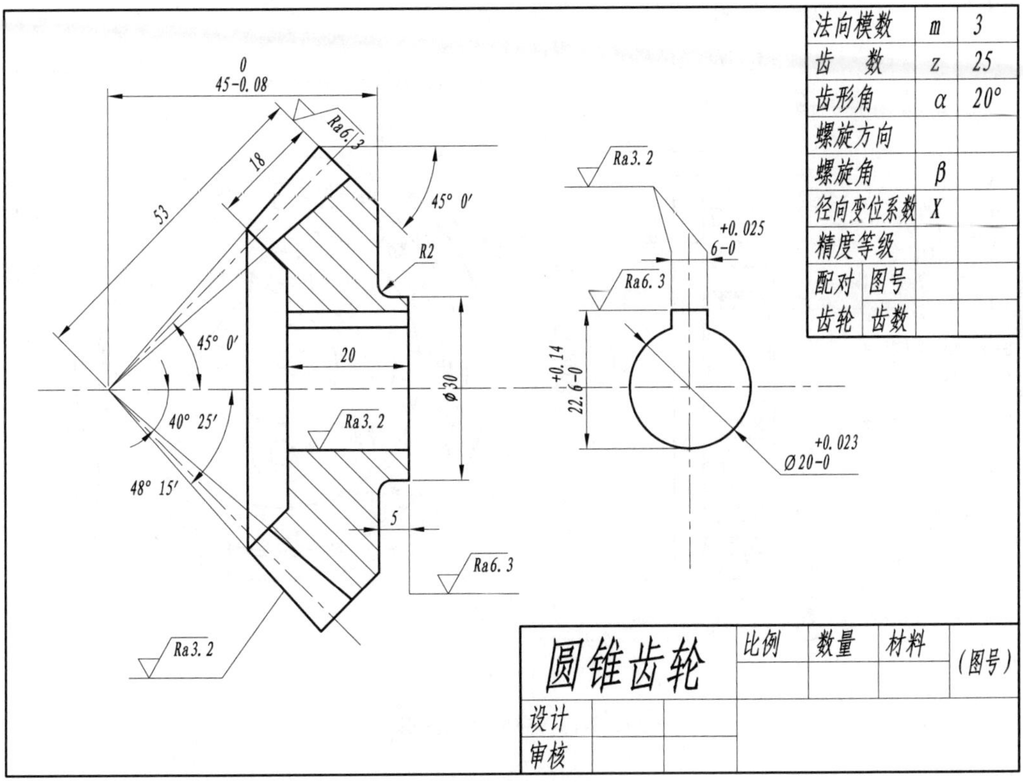

图 3-09 完成后的图形

3.10 第 10 题（机械类）

打开 C:\2010CADTK\Unit3 中的图形文件 Scad3-10.dwg，完成以下操作。

1．创建和设置图层：

- 创建“中心线”图层：颜色设置为红色，线型设置为 CENTER，全局比例因子设置为 0.50，并将图形中的所有中心线移动到此图层。
- 创建“轮廓线”图层：线宽设置为 0.53 mm，并将所有轮廓线移动到此图层。
- 创建“尺寸线”图层：颜色设置为绿色，并将所有标注移动到此图层。
- 创建“剖面线”图层：颜色设置为青色，并将剖面线移动到此图层。

2．创建块和管理块：

- 在 0 图层中绘制块图形（“基准”和两个“粗糙度”符号）。
- 在块图形中插入属性。
- 将块图形定义成块。

3．插入块： 如图 3-10 所示，在指定位置插入块。

完成后将图形存入考生文件夹，命名为 Tcad3-10.dwg。

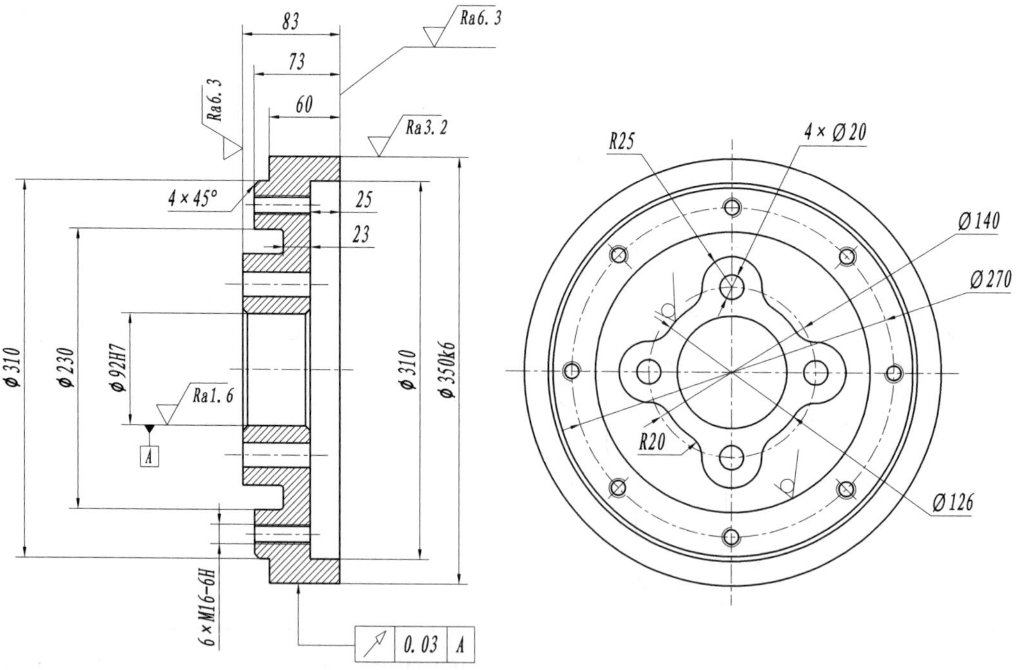

图 3-10　完成后的图形

3.11　第 11 题（建筑类）

打开 C:\2010CADTK\Unit3 中的图形文件 Scad3-11.dwg，完成以下操作。

1．创建和设置图层：

- 创建“墙”图层：线宽设置为 0.70 mm，并将图形中的所有墙线移动到此图层。
- 创建“尺寸”图层：颜色设置为绿色，并将图形中的所有标注移动到此图层。
- 创建“门窗”图层：颜色设置为蓝色，并将图形中的所有门窗图形移动到此图层。

2．创建块和管理块：

- 在 0 图层中绘制块图形（创建“标高”和“轴号”块）。
- 在块图形中插入属性。
- 将块图形定义成块。

3．插入块： 如图 3-11 所示，在指定位置插入块。

完成后将图形存入考生文件夹，命名为 Tcad3-11.dwg。

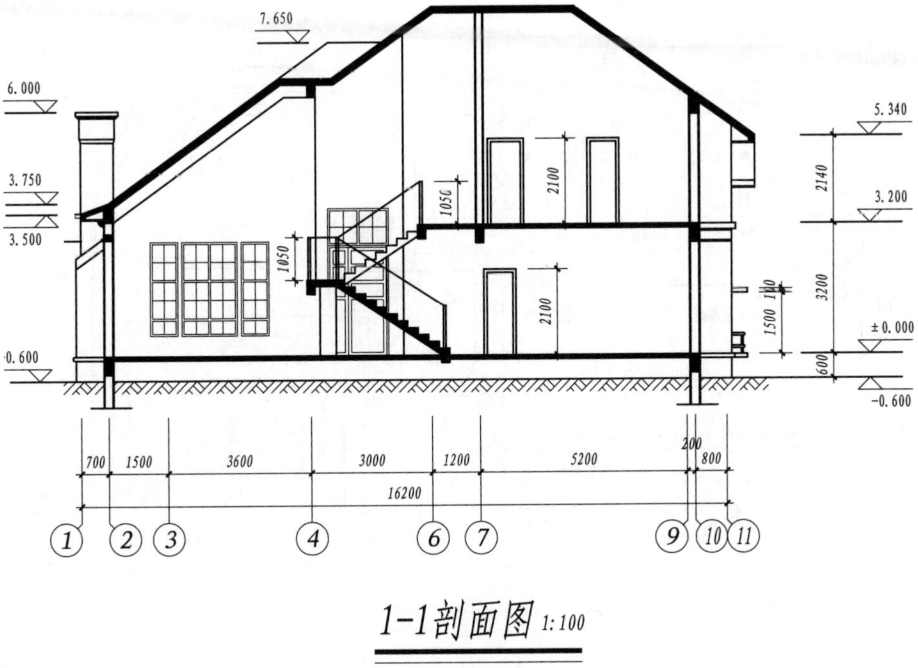

图 3-11　完成后的图形

3.12 第 12 题（建筑类）

打开 C:\2010CADTK\Unit3 中的图形文件 Scad3-12.dwg，如图 3-12A 所示，完成以下操作。

1．创建和设置图层：

- 创建“轴线”图层：颜色设置为红色，线型设置为 CENTER2，并将图形中的所有轴线移动到此图层。
- 创建“建筑”图层：线宽设置为 0.50 mm，并将图形中的所有建筑物的轮廓线移动到此图层。
- 创建“道路”图层：并将图形中的所有道路图线移动到此图层。
- 创建“绿化”图层：设置颜色为绿色，并将所有绿化图形移动到此图层。

2．创建块和管理块：将图形下方的图形定义成块，并命名为“树”，再在 0 图层中，创建指北针图块。

3．插入块：如图 3-12B 所示，在指定位置插入块，将指北针图块置于 0 图层，将“树”图块置于“绿化”图层，并进行适当复制或阵列，完成图形的绘制。

完成后将图形存入考生文件夹，命名为 Tcad3-12.dwg。

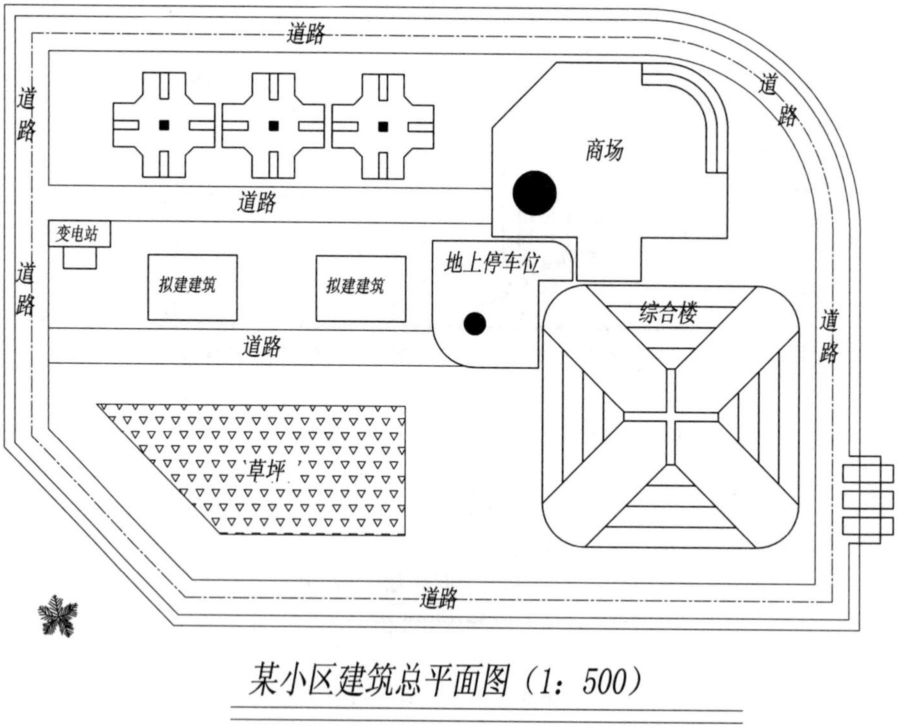

图 3-12A 打开的素材文件

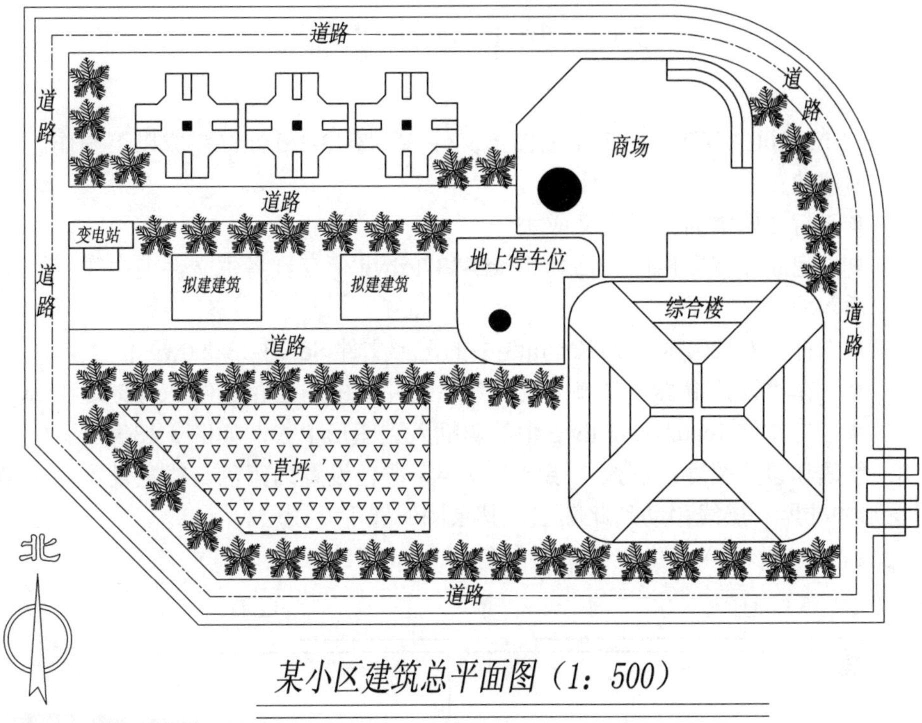

图 3-12B　完成后的图形

3.13　第 13 题（建筑类）

打开 C:\2010CADTK\Unit3 中的图形文件 Scad3-13-1.dwg，完成以下操作。

1．创建块：

- 将文件中的图形定义成块。
- 完成后将文件以文件名 Tcad3-13-1.dwg 保存到考生文件夹中。

2．插入块：

- 打开 C:\2010CADTK\Unit3 中的图形文件 Scad3-13-2.dwg。
- 在“设计中心”窗口中找到考生文件夹中的已存文件 Tcad3-13-1.dwg。
- 将文件 Tcad3-13-1.dwg 中的块插入到图形中去，如图 3-13 所示。

3．创建和设置图层：创建“层线”图层，颜色设置为蓝色，线宽设置为 0.70 mm，并将图形中的所有层线移动到此图层。其余图层置于 0 图层。

完成后将图形存入考生文件夹，命名为 Tcad3-13-2.dwg。

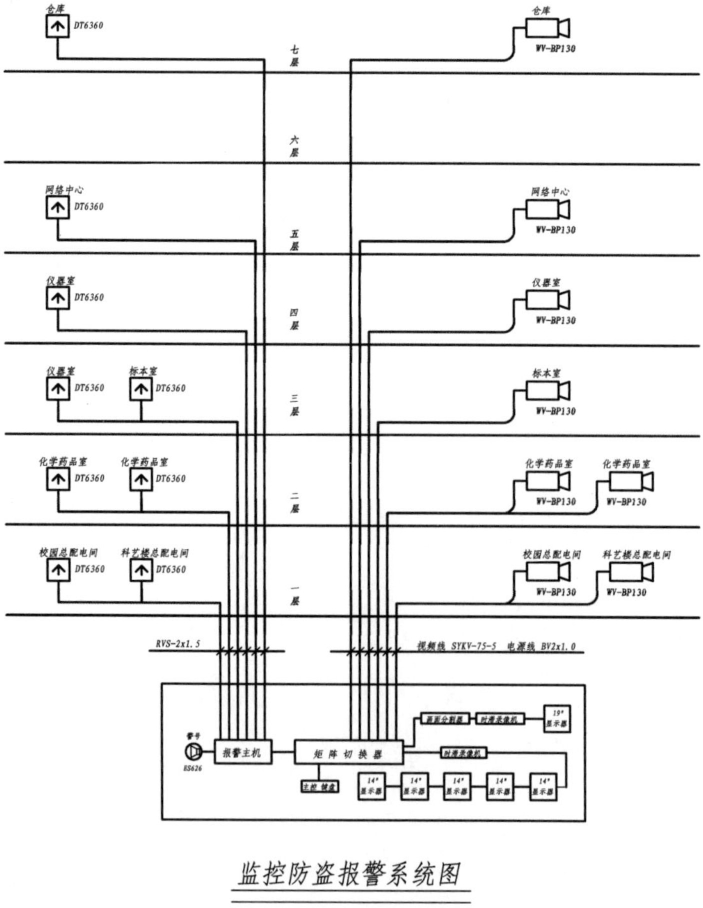

图 3-13　完成后的图形

3.14　第 14 题（建筑类）

打开 C:\2010CADTK\Unit3 中的图形文件 Scad3-14-1.dwg，完成以下操作。

1．创建和设置图层：

- 创建“轮廓”图层：线宽设置为 0.70 mm，并将图形中墙的轮廓线移动到此图层。
- 创建“标注”图层：颜色设置为绿色，并将图形中的所有标注移动到此图层。
- 创建“家具”图层：颜色设置为蓝色。

2．插入块：执行插入块操作，分别选择 C:\2010CADTK\Unit3 中的图形文件 Scad3-14-2.dwg、Scad3-14-3.dwg、Scad3-14-4.dwg、Scad3-14-5.dwg 和 Scad3-14-6.dwg 作为块文件，插入到上面创建的“家具”图层中，并进行适当的设置，如图 3-14 所示。

完成后将图形存入考生文件夹，命名为 Tcad3-14.dwg。

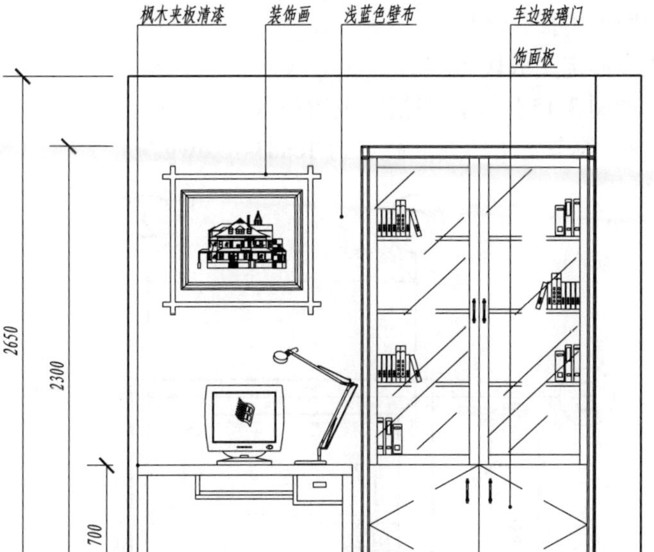

图 3-14　完成后的图形

3.15 第 15 题（建筑类）

打开 C:\2010CADTK\Unit3 中的图形文件 Scad3-15.dwg，完成以下操作。

1．**创建和设置图层：**

- 创建“轴线”图层：颜色设置为红色，线型设置为 DOTE，并将图形中的所有轴线移动到此图层。
- 创建“墙线”图层：线宽设置为 0.70 mm，并将图形中的所有墙线移动到此图层。
- 创建“标注”图层：颜色设置为绿色，并将图形中的所有标注移动到此图层。
- 创建“图例”图层：颜色设置为洋红色，并将图形中的所有图例图形移动到此图层。

2．**创建块和管理块：**

- 在 0 图层中绘制块图形（创建“标高”块）。
- 在块图形中插入属性。
- 将块图形定义成块。

3．**插入块：**如图 3-15 所示，在指定位置插入块。

完成后将图形存入考生文件夹，命名为 Tcad3-15.dwg。

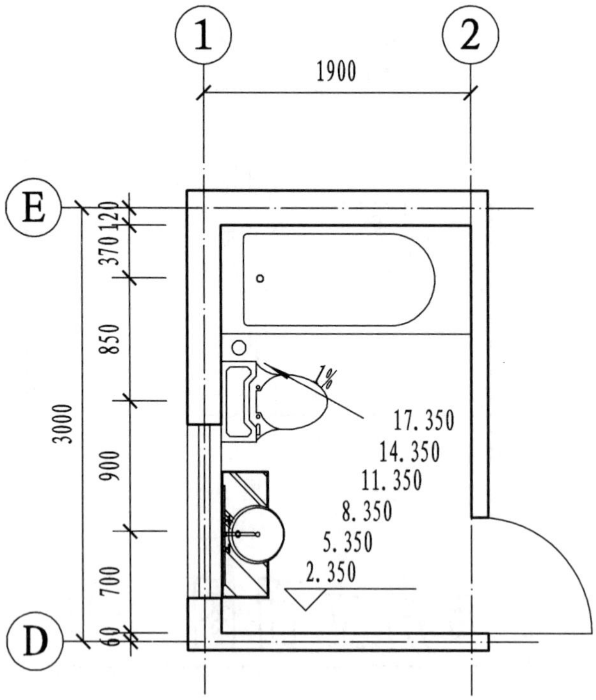

图 3-15　完成后的图形

3.16 第 16 题（建筑类）

打开 C:\2010CADTK\Unit3 中的图形文件 Scad3-16.dwg，完成以下操作。

1．创建和设置图层：

- 创建“轮廓”图层：线宽设置为 0.70 mm，并将图形中的所有墙线移动到此图层。
- 创建“标注”图层：颜色设置为绿色，并将图形中的所有标注移动到此图层。
- 创建“轴线”图层：颜色设置为红色，线型设置为 CENTER，并将图形中的所有轴线移动到此图层。

2．创建块和管理块：

- 在 0 图层中绘制块图形（创建一个“门”动态图块）。
- 将块图形定义成块。
- 将块定义为动态块。

3．插入块：如图 3-16 所示，在指定位置插入块。

完成后将图形存入考生文件夹，命名为 Tcad3-16.dwg。

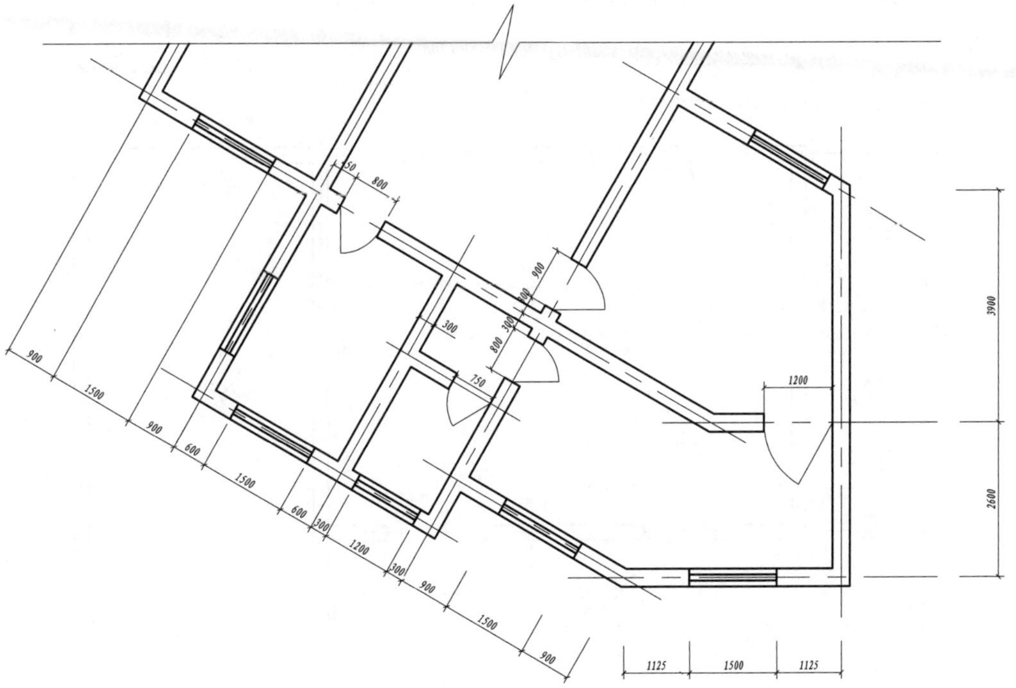

图 3-16　完成后的图形

3.17　第 17 题（建筑类）

打开 C:\2010CADTK\Unit3 中的图形文件 Scad3-17.dwg，完成以下操作。

1．**创建和设置图层：**

- 创建“粗实线”图层：线宽设置为 0.53 mm，并将图形中的所有墙线移动到此图层。
- 创建“标注”图层：颜色设置为蓝色，并将图形中的所有标注移动到此图层。
- 创建“轴线”图层：颜色设置为红色，线型设置为 CENTER，并将图形中的所有轴线移动到此图层。

2．**创建块和管理块：**

- 在 0 图层中绘制块图形（创建一个“窗户”动态图块）。
- 在块图形中插入属性。
- 将块图形定义成块。
- 将块定义为动态块。

3．**插入块：**如图 3-17 所示，在指定位置插入块。

完成后将图形存入考生文件夹，命名为 Tcad3-17.dwg。

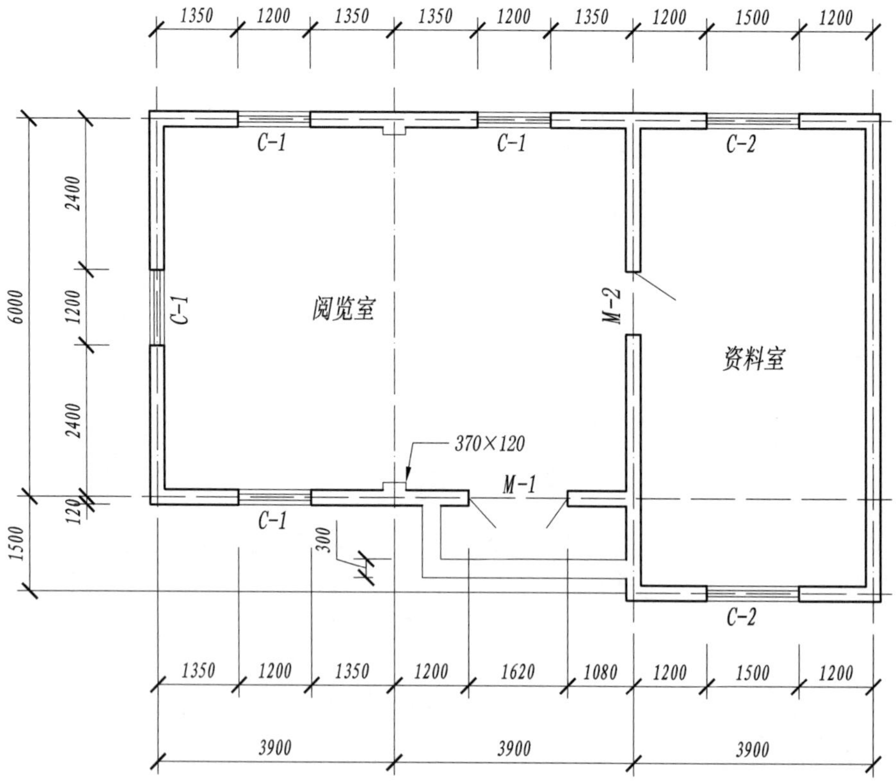

图 3-17　完成后的图形

3.18　第 18 题（建筑类）

打开 C:\2010CADTK\Unit3 中的图形文件 Scad3-18.dwg，完成以下操作。

1．创建和设置图层：

- 创建“墙线”图层：线宽设置为 0.50 mm，并将图形中的所有墙线移动到此图层。
- 创建“标注”图层：颜色设置为绿色，并将图形中的所有标注线移动到此图层。
- 创建“窗户”图层：颜色设置为青色，并将图形中的所有窗户图形移动到此图层。

2．创建块和管理块：

- 在 0 图层中绘制块图形（创建“标高”块）。
- 在块图形中插入属性。
- 将块图形定义成块。

3．插入块： 如图 3-18 所示，在指定位置插入块。

完成后将图形存入考生文件夹，命名为 Tcad3-18.dwg。

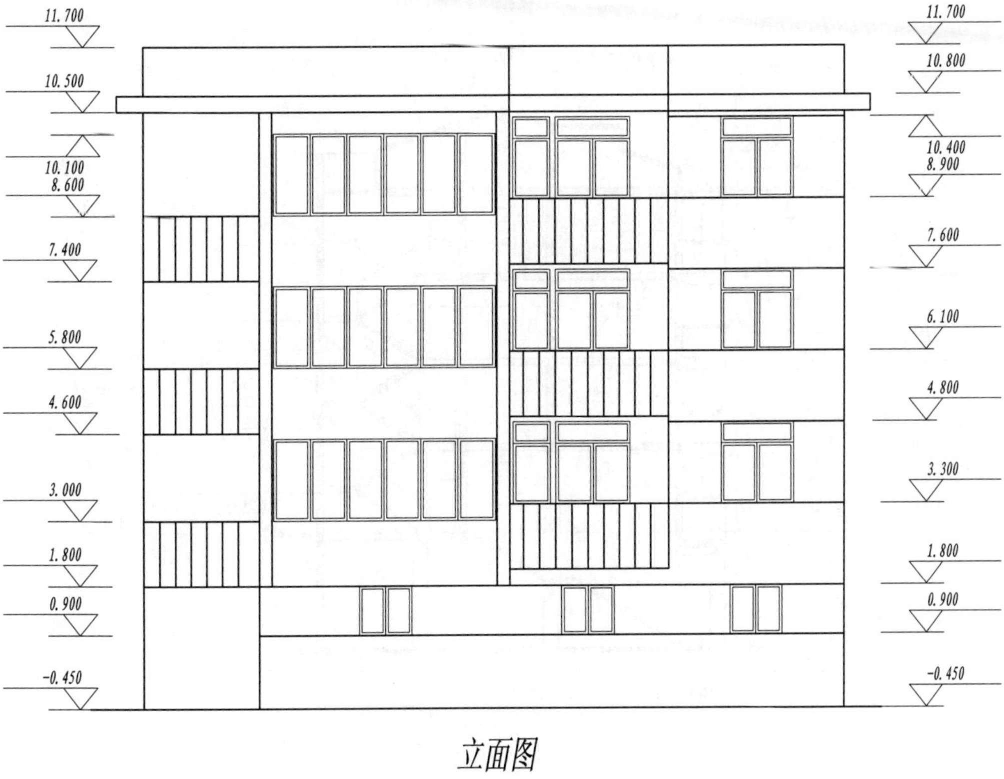

图 3-18　完成后的图形

3.19 第 19 题（建筑类）

打开 C:\2010CADTK\Unit3 中的图形文件 Scad3-19.dwg，完成以下操作。

1. **创建和设置图层：**
   - 创建“剖切”图层：线宽设置为 0.70 mm，并将图形中的所有墙线移动到此图层。
   - 创建“标注”图层：颜色设置为绿色，并将图形中的所有标注移动到此图层。
   - 创建“轴线”图层：颜色设置为“索引颜色 8”，线型设置为 CENTER，并将图形中的所有轴线移动到此图层。
2. **创建块和管理块：**
   - 在 0 图层中绘制块图形（创建“标高”、“轴号”和“详图索引”块）。
   - 在块图形中插入属性。
   - 将块图形定义成块。
3. **插入块：**如图 3-19 所示，在指定位置插入块。

完成后将图形存入考生文件夹，命名为 Tcad3-19.dwg。

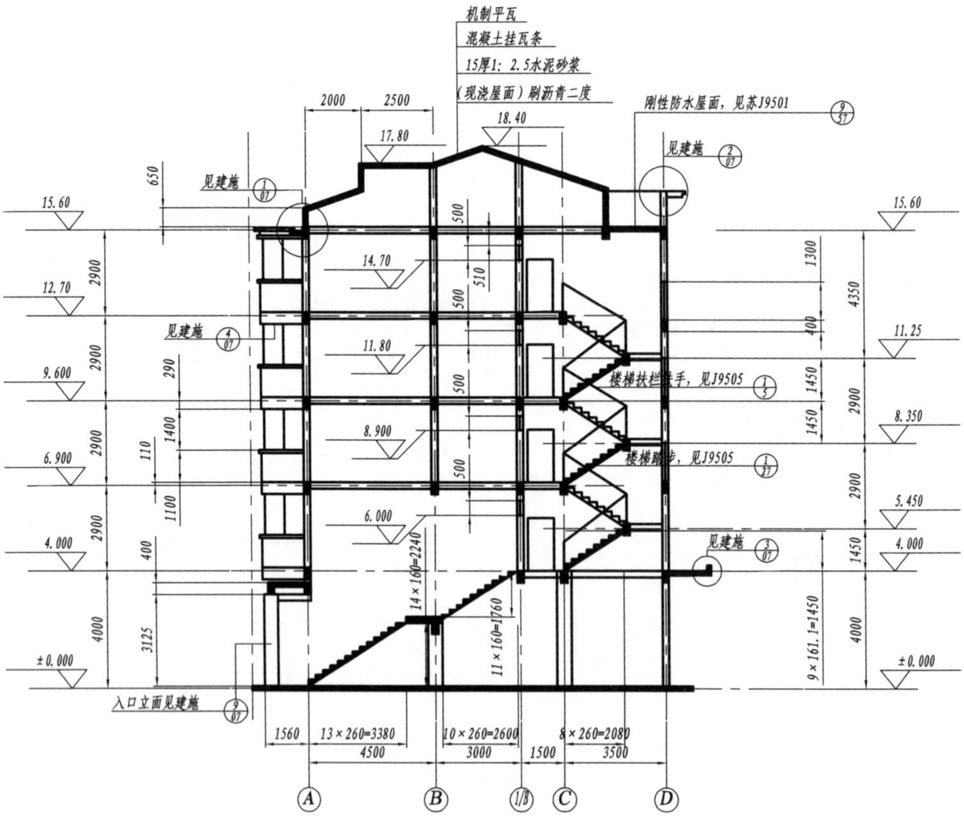

图 3-19 完成后的图形

3.20　第 20 题（建筑类）

打开 C:\2010CADTK\Unit3 中的图形文件 Scad3-20.dwg，完成以下操作。

1．**创建和设置图层：**

- 创建“墙体”图层：线宽设置为 0.70 mm，并将图形中的所有墙线移动到此图层。
- 创建“标注”图层：颜色设置为绿色，并将图形中的所有标注移动到此图层。
- 创建“轴线”图层：颜色设置为红色，线型设置为 ACAD_ISO04W100，并将图形中的所有轴线移动到此图层。

2．**创建块和管理块：**

- 在 0 图层中绘制块图形（创建“标高”、“轴号”、“详图索引”和“倾斜度”块）。
- 在块图形中插入属性。
- 将块图形定义成块。

3．**插入块：**如图 3-20 所示，在指定位置插入块。

完成后将图形存入考生文件夹，命名为 Tcad3-20.dwg。

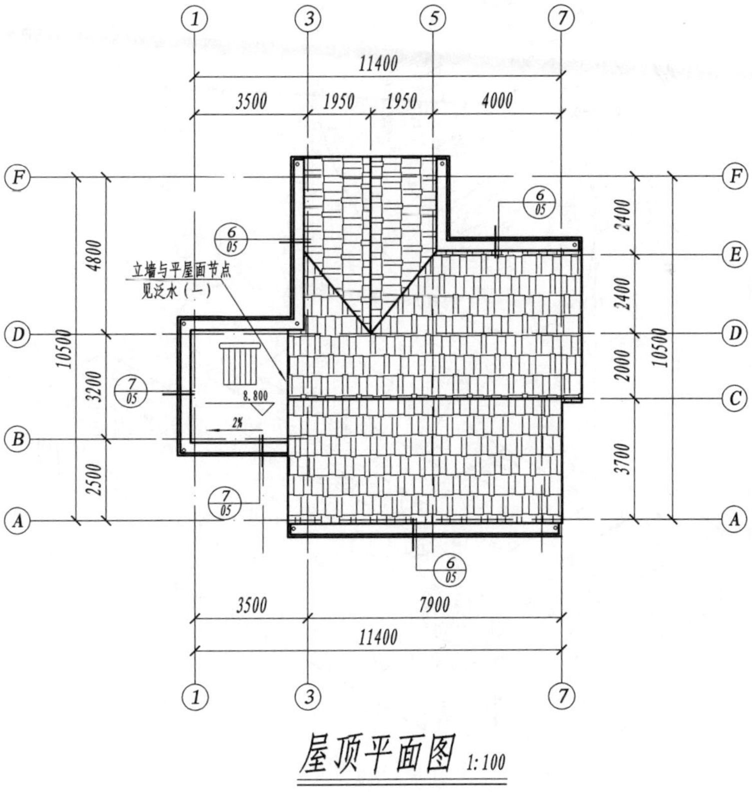

图 3-20　完成后的图形

第四单元　三维绘图与三维标注

4.1　第 1 题（机械类）

建立新文件，完成以下操作。

1．**设置绘图环境**：建立合适的图限及栅格，创建“标注”图层，将其颜色设置为蓝色，线宽为 0.35 mm，标注应绘制在该图层上。

2．**精确绘图**：根据试题注释的尺寸精确绘图，绘图方法和图形编辑方法不限。

3．**尺寸标注**：创建合适的标注样式，在“标注”图层标注图形，如图 4-01 所示。

完成后将图形存入考生文件夹，命名为 Tcad4-01.dwg。

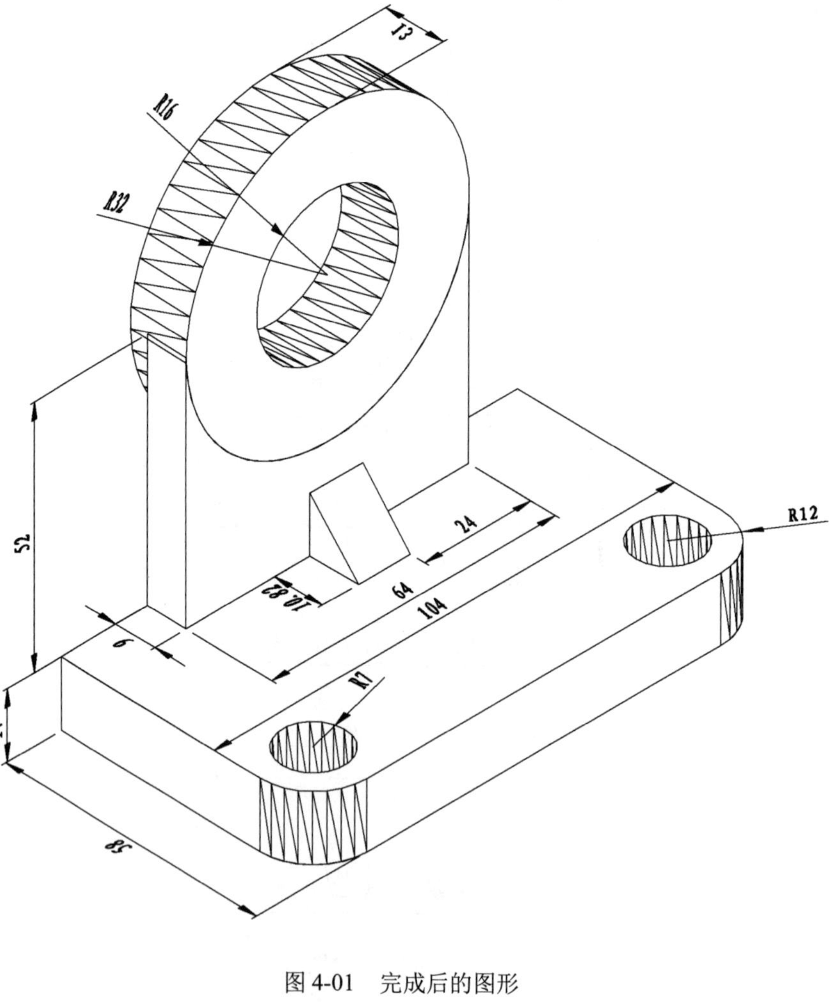

图 4-01　完成后的图形

4.2　第 2 题（机械类）

建立新文件，完成以下操作。

1．设置绘图环境：建立合适的图限及栅格，创建“标注”图层，将其颜色设置为蓝色，线型为默认，线宽为 0.13 mm，标注应绘制在该层上。

2．绘制图形：根据试题注释的尺寸精确绘图，绘图方法和图形编辑方法不限。

3．尺寸标注：创建合适的标注样式，在“标注”图层标注图形，如图 4-02 所示。

完成后将图形存入考生文件夹，命名为 Tcad4-02.dwg。

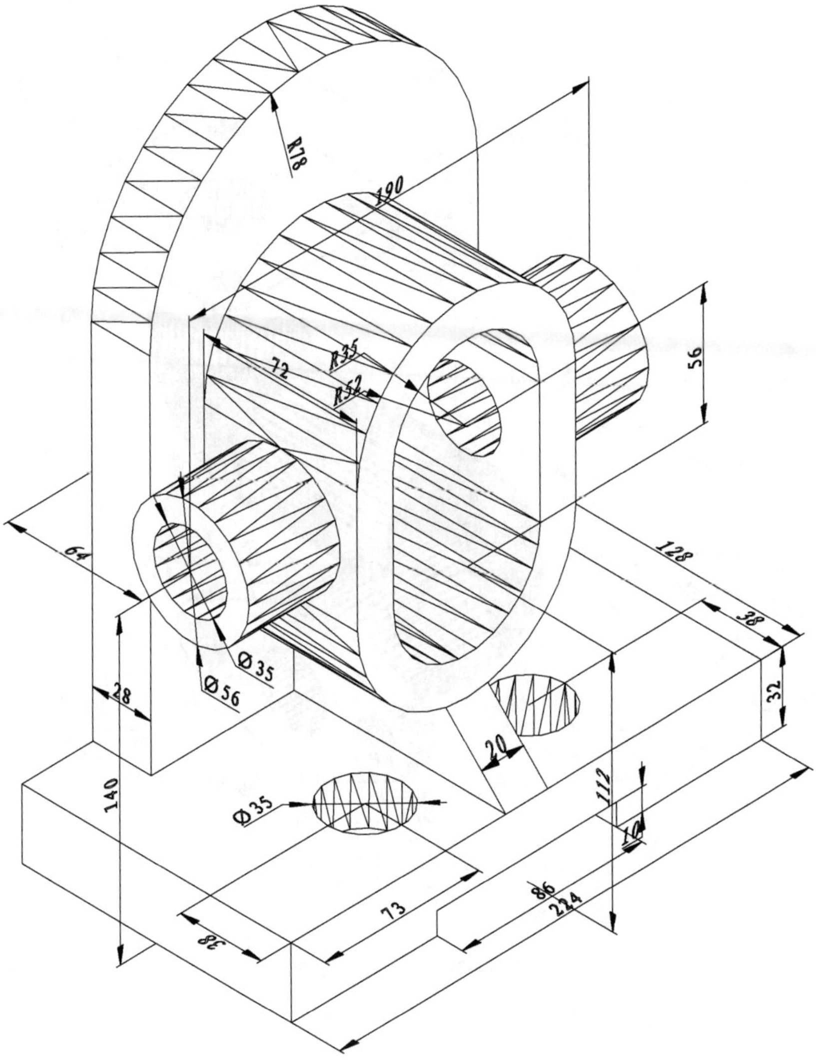

图 4-02　完成后的图形

4.3　第 3 题（机械类）

建立新文件，完成以下操作。

1．设置绘图环境：建立合适的图限及栅格，创建“标注”图层，将其颜色设置为绿色，标注应绘制在该层上。

2．绘制图形：根据试题注释的尺寸精确绘图（管道外圆半径为 12），绘图方法和图形编辑方法不限。

3．尺寸标注：创建合适的标注样式，在“标注”图层标注图形，如图 4-03 所示。

完成后将图形存入考生文件夹，命名为 Tcad4-03.dwg。

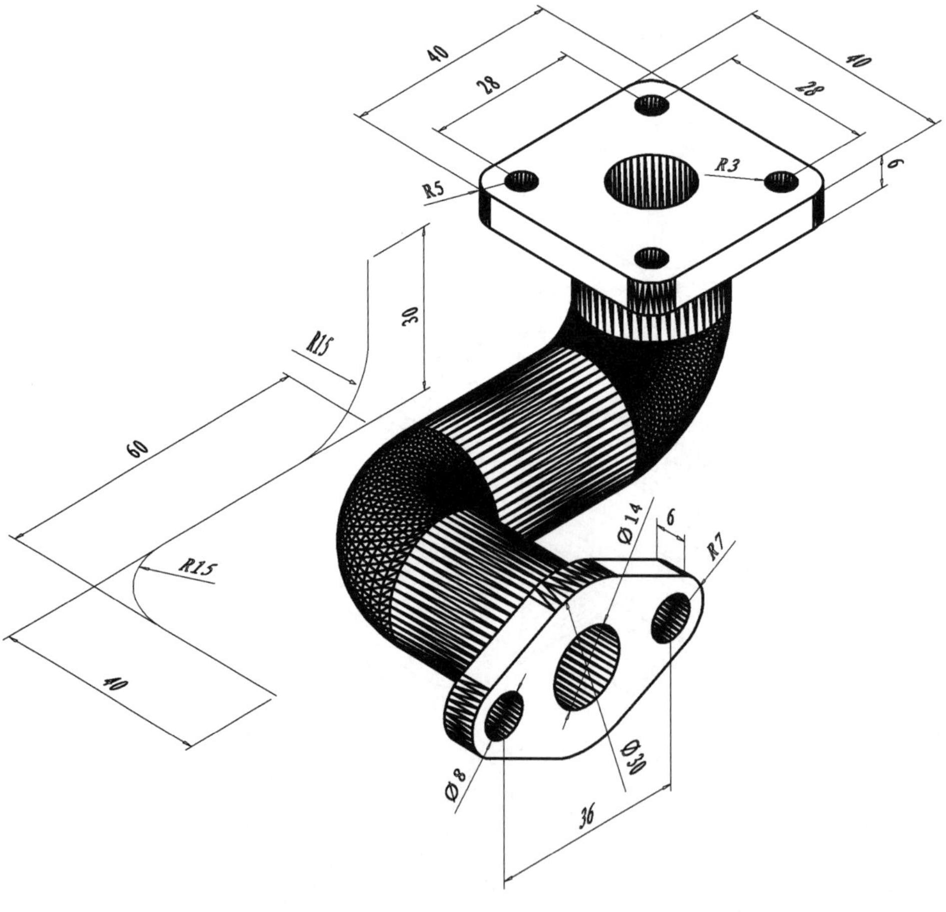

图 4-03　完成后的图形

4.4　第 4 题（机械类）

建立新文件，完成以下操作。

1．设置绘图环境：建立合适的图限及栅格，创建“标注”图层，将其颜色设置为蓝色，线型为默认，线宽为 0.30 mm，标注应绘制在该层上。

2．绘制图形：根据试题注释的尺寸精确绘图，绘图方法和图形编辑方法不限。

3．尺寸标注：创建合适的标注样式，在“标注”图层标注图形，如图 4-04 所示。

完成后将图形存入考生文件夹，命名为 Tcad4-04.dwg。

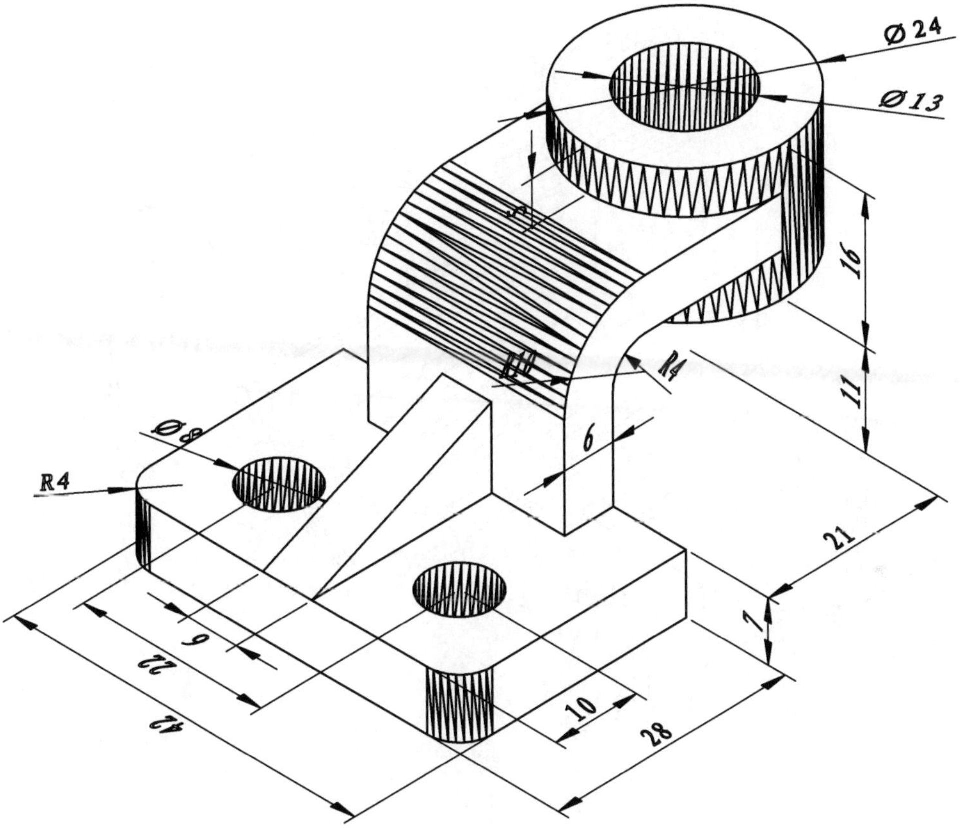

图 4-04　完成后的图形

4.5 第 5 题（机械类）

建立新文件，完成以下操作。

1．**设置绘图环境**：建立合适的图限及栅格，创建“标注”图层，将其颜色设置为蓝色，线型为默认，线宽为 0.50 mm，标注应绘制在该层上。

2．**绘制图形**：根据试题注释的尺寸精确绘图，绘图方法和图形编辑方法不限。

3．**尺寸标注**：创建合适的标注样式，在“标注”图层标注图形，如图 4-05 所示。

完成后将图形存入考生文件夹，命名为 Tcad4-05.dwg。

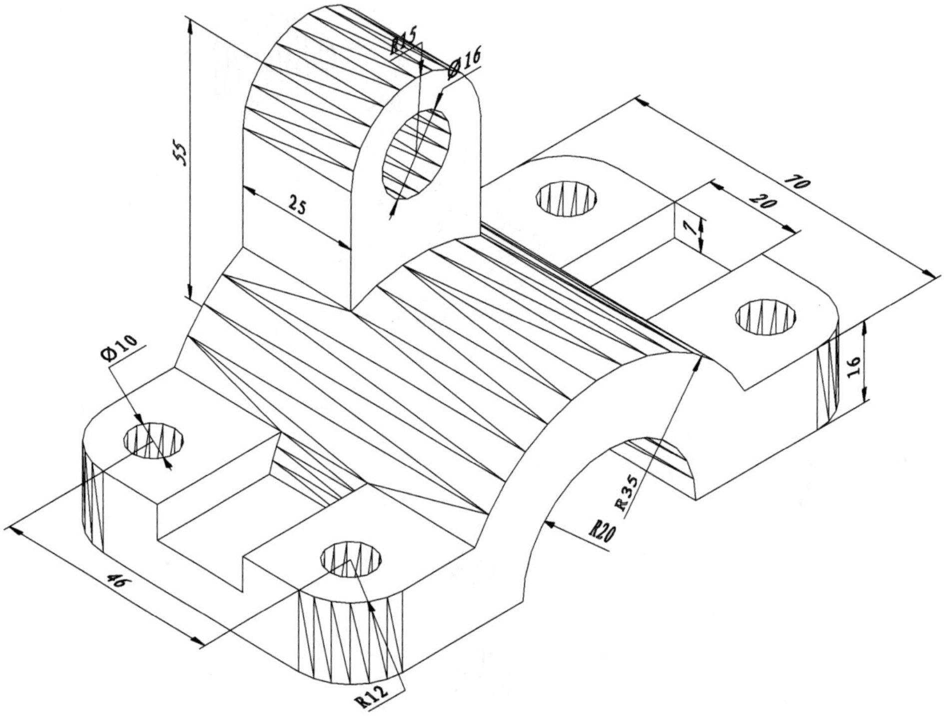

图 4-05　完成后的图形

4.6　第 6 题（机械类）

建立新文件，完成以下操作。

1．设置绘图环境：建立合适的图限及栅格，创建“标注”图层，将其颜色设置为蓝色，使用默认线型，标注应绘制在该层上。

2．绘制图形：根据试题注释的尺寸精确绘图，绘图方法和图形编辑方法不限。

3．尺寸标注：创建合适的标注样式，在“标注”图层标注图形，如图 4-06 所示。

完成后将图形存入考生文件夹，命名为 Tcad4-06.dwg。

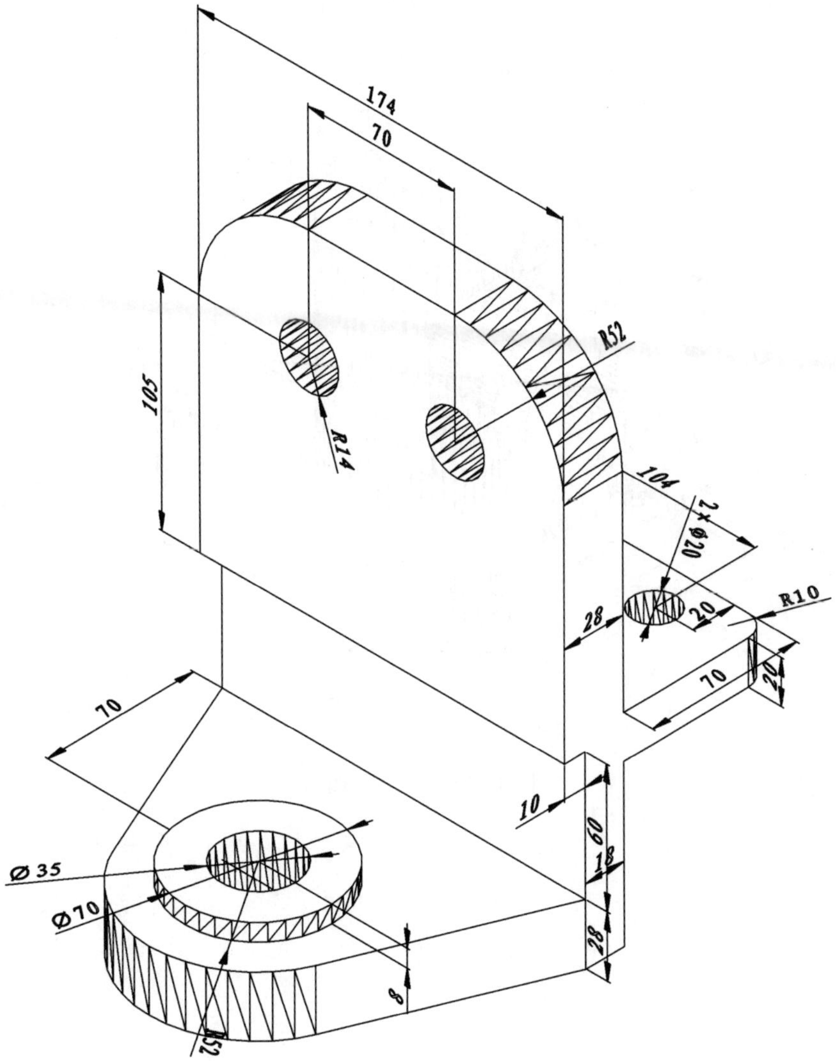

图 4-06　完成后的图形

4.7　第 7 题（机械类）

建立新文件，完成以下操作。

1．设置绘图环境：建立合适的图限及栅格，创建“标注”图层，将其颜色设置为蓝色，线型为默认，线宽为 0.30 mm，标注应绘制在该层上。

2．绘制图形：根据试题注释的尺寸精确绘图，绘图方法和图形编辑方法不限。

3．尺寸标注：创建合适的标注样式，在“标注”图层标注图形，如图 4-07 所示。

完成后将图形存入考生文件夹，命名为 Tcad4-07.dwg。

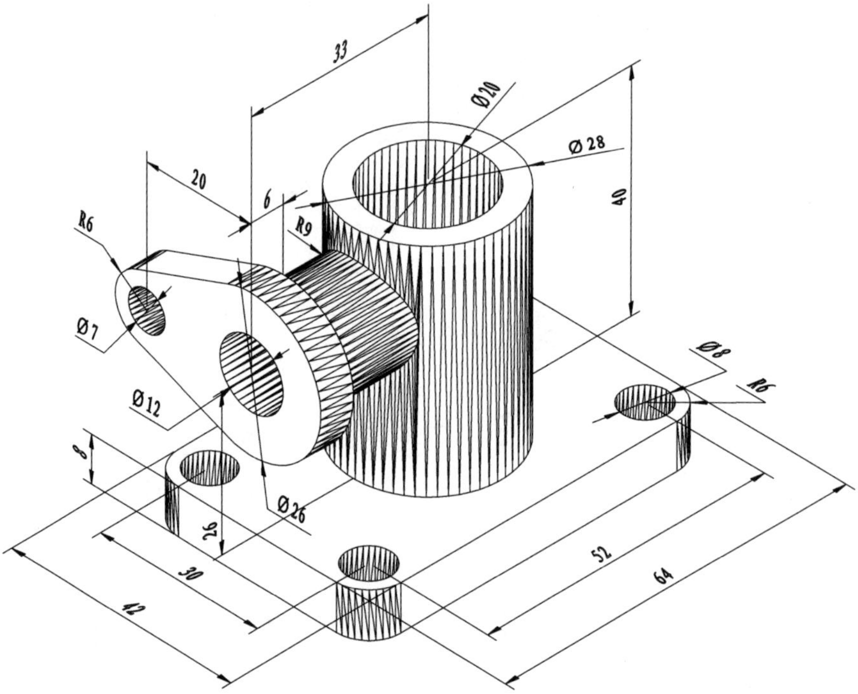

图 4-07　完成后的图形

4.8　第 8 题（机械类）

建立新文件，完成以下操作。

1．设置绘图环境：建立合适的图限及栅格，创建“标注”图层，将其颜色设置为绿色，线型和线宽为默认，标注应绘制在该层上；再创建“轮廓”图层，线宽为 0.70 mm，将三维模型绘制在该图层上。

2．绘制图形：根据试题注释的尺寸精确绘图，绘图方法和图形编辑方法不限。

3．尺寸标注：创建合适的标注样式，在“标注”图层标注图形，如图 4-08 所示。

完成后将图形存入考生文件夹，命名为 Tcad4-08.dwg。

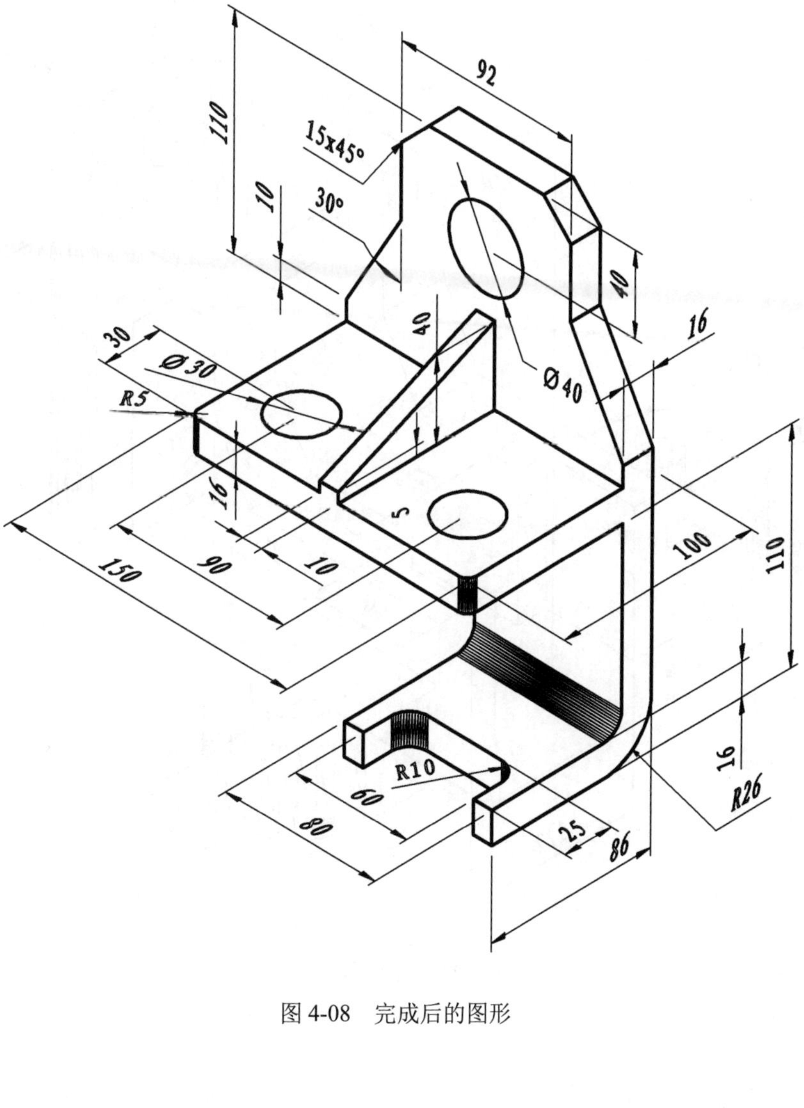

图 4-08　完成后的图形

4.9　第 9 题（机械类）

建立新文件，完成以下操作。

1．设置绘图环境：建立合适的图限及栅格，创建“标注”图层，将其颜色设置为蓝色，线型为默认，标注应绘制在该层上。

2．绘制图形：根据试题注释的尺寸精确绘图，绘图方法和图形编辑方法不限。

3．尺寸标注：创建合适的标注样式，在“标注”图层标注图形，如图 4-09 所示。

完成后将图形存入考生文件夹，命名为 Tcad4-09.dwg。

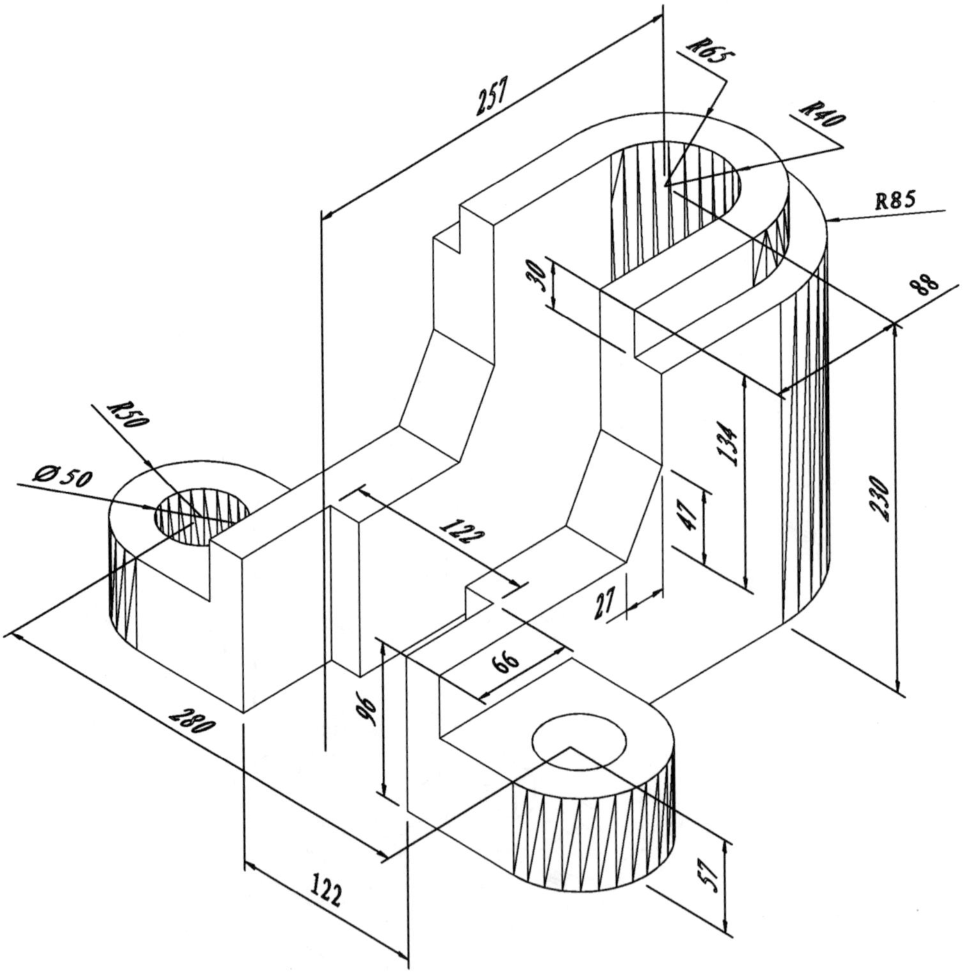

图 4-09　完成后的图形

4.10　第 10 题（机械类）

建立新文件，完成以下操作。

1．**设置绘图环境**：建立合适的图限及栅格，创建“标注”图层，将其颜色设置为洋红，线型为默认，标注应绘制在该层上。

2．**绘制图形**：根据试题注释的尺寸精确绘图，绘图方法和图形编辑方法不限。

3．**尺寸标注**：创建合适的标注样式，在“标注”图层标注图形，如图 4-10 所示。

完成后将图形存入考生文件夹，命名为 Tcad4-10.dwg。

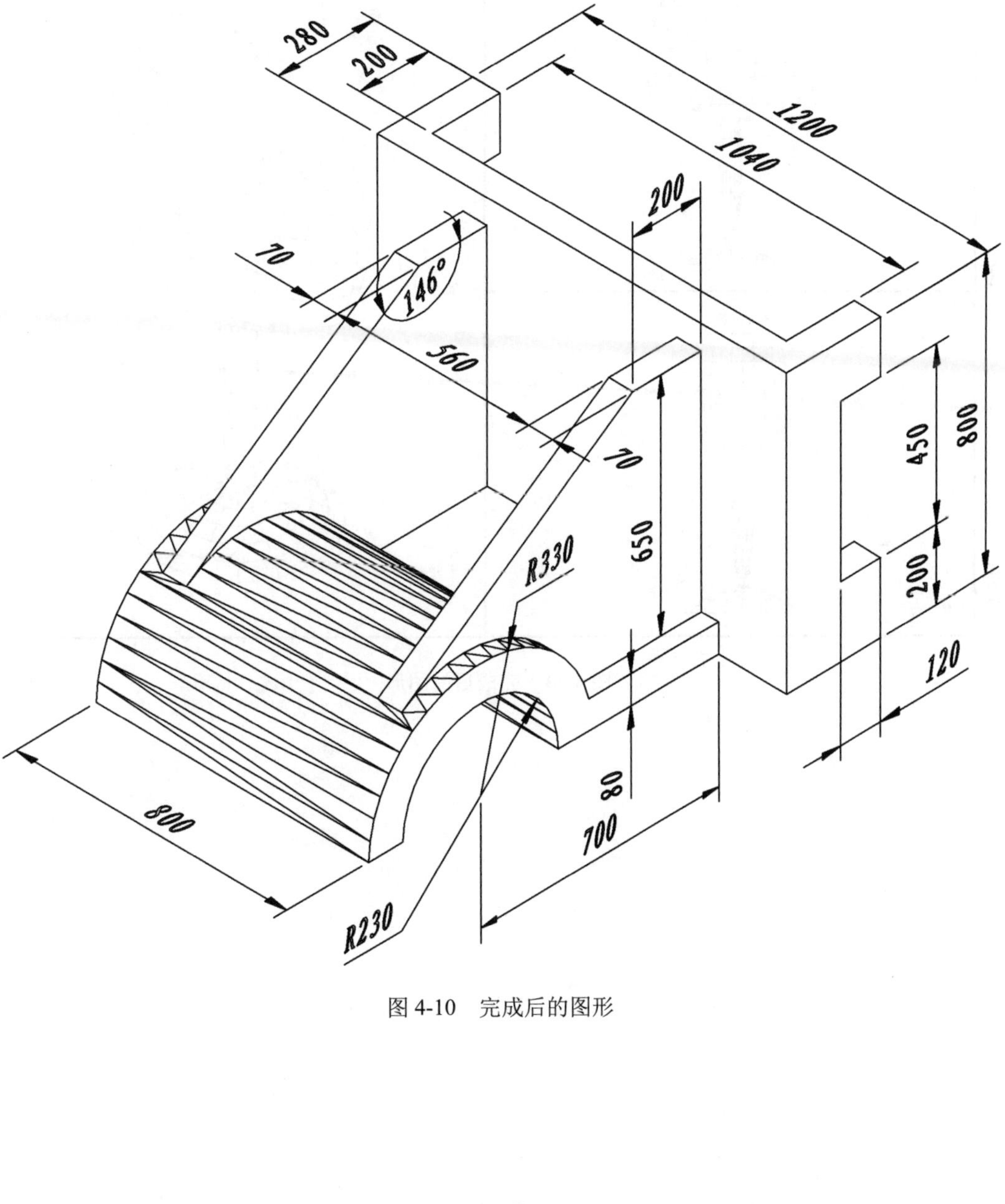

图 4-10　完成后的图形

4.11　第 11 题（建筑类）

建立新文件，完成以下操作。

1．**绘制图形**：绘制图 4-11 所示图形，图形的大小尺寸不限，编辑方法不限。

2．**调整显示**：调整视口并缩放和平移图形显示。

完成后将图形存入考生文件夹，命名为 Tcad4-11.dwg。

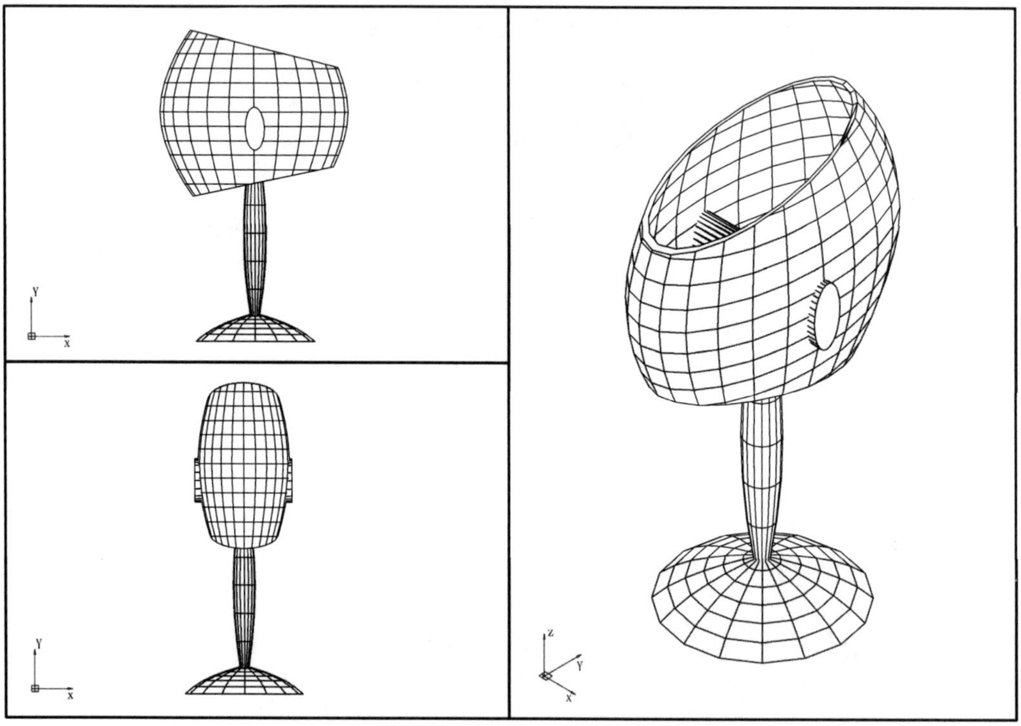

图 4-11　完成后的图形

4.12　第 12 题（建筑类）

建立新文件，完成以下操作。

1．**绘制图形**：绘制图 4-12 所示图形，图形的大小尺寸不限，编辑方法不限。

2．**调整显示**：调整视口并缩放和平移图形显示。

完成后将图形存入考生文件夹，命名为 Tcad4-12.dwg。

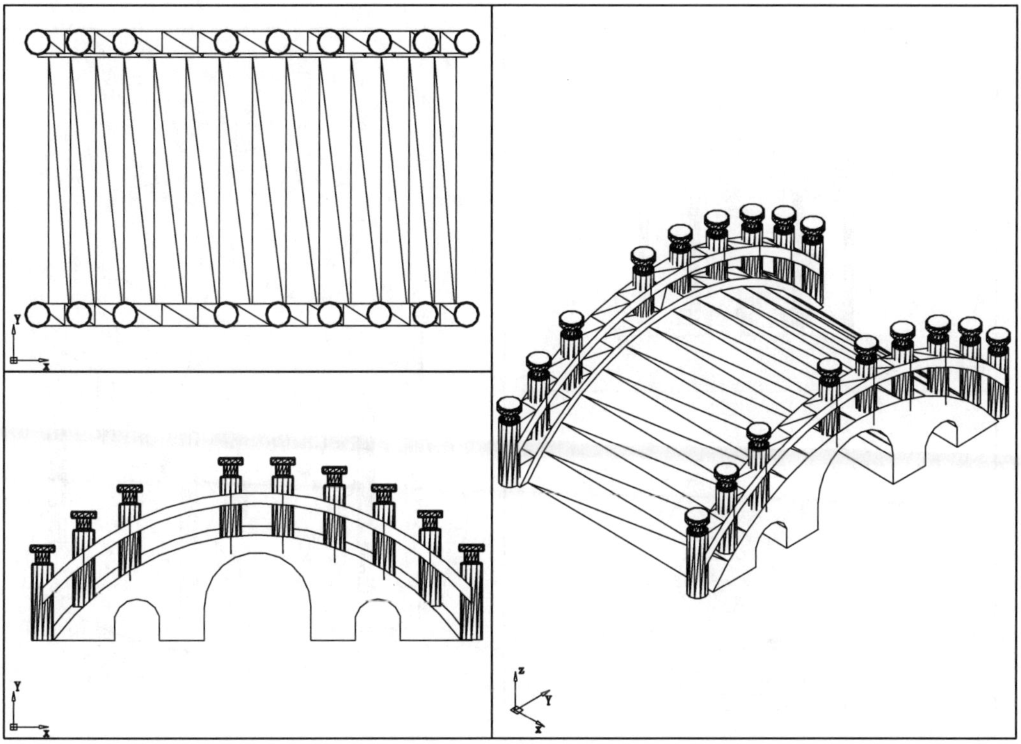

图 4-12　完成后的图形

4.13　第 13 题（建筑类）

建立新文件，完成以下操作。

1．**绘制图形**：绘制图 4-13 所示图形，图形的大小尺寸不限，编辑方法不限。

2．**调整显示**：调整视口并缩放和平移图形显示。

完成后将图形存入考生文件夹，命名为 Tcad4-13.dwg。

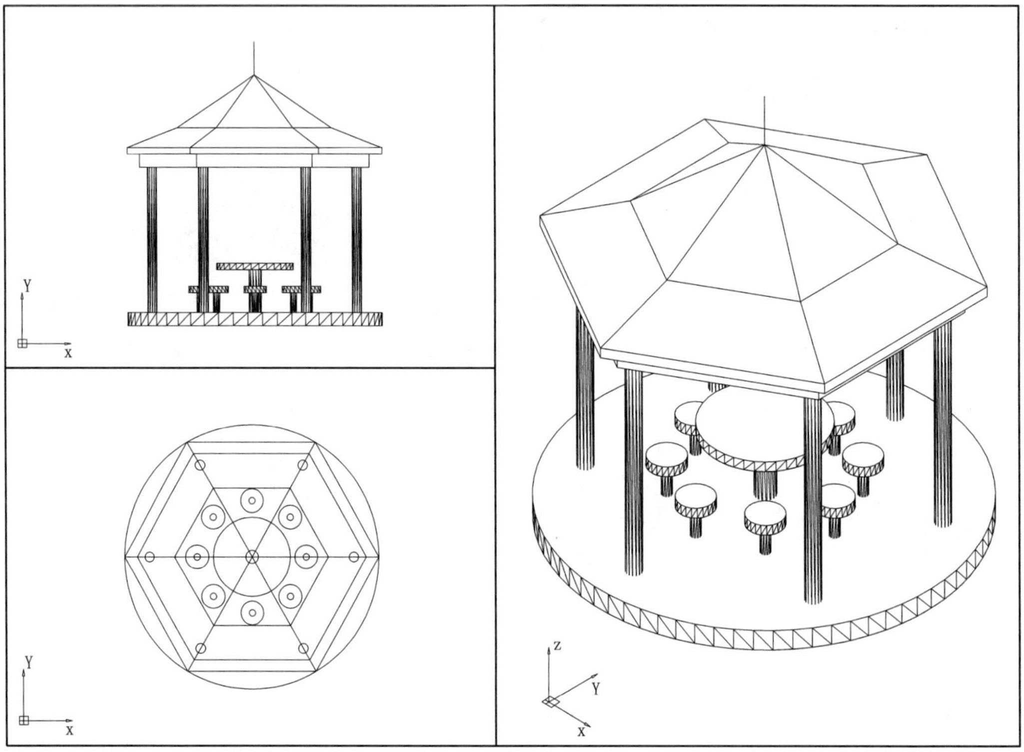

图 4-13　完成后的图形

4.14　第 14 题（建筑类）

建立新文件，完成以下操作。

1．绘制图形：绘制图 4-14 所示图形，图形的大小尺寸不限，编辑方法不限。

2．调整显示：调整视口并缩放和平移图形显示。

完成后将图形存入考生文件夹，命名为 Tcad4-14.dwg。

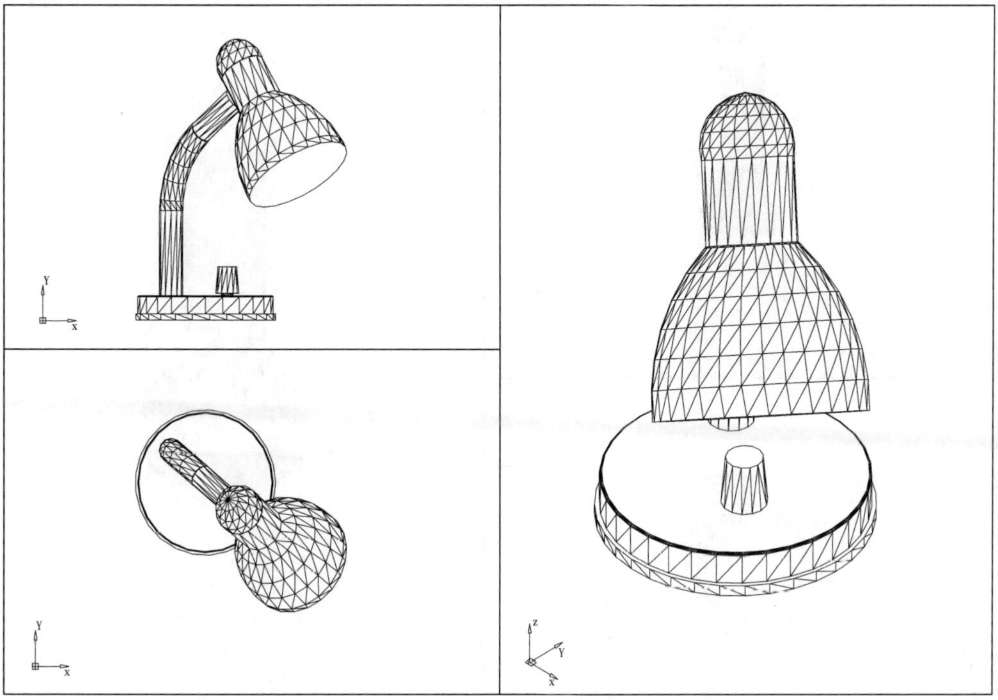

图 4-14　完成后的图形

4.15　第 15 题（建筑类）

建立新文件，完成以下操作。

1．**绘制图形：**绘制图 4-15 所示图形，图形的大小尺寸不限，编辑方法不限。

2．**调整显示：**调整视口并缩放和平移图形显示。

完成后将图形存入考生文件夹，命名为 Tcad4-15.dwg。

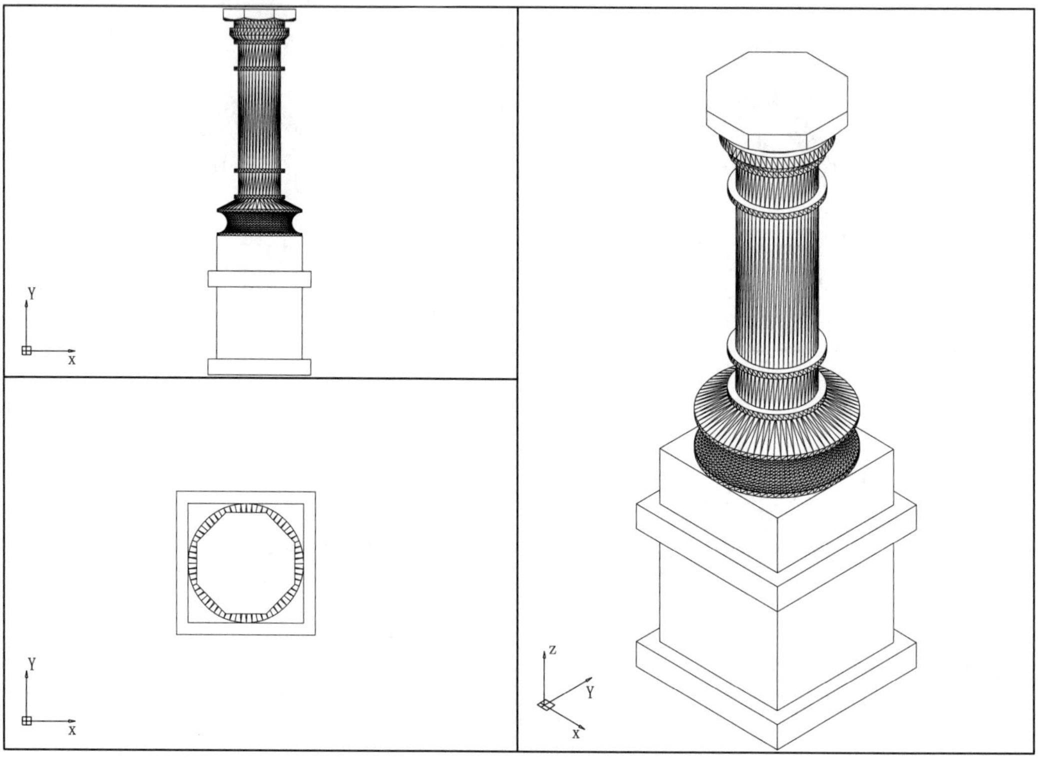

图 4-15　完成后的图形

4.16　第 16 题（建筑类）

建立新文件，完成以下操作。

1．**绘制图形**：绘制图 4-16 所示图形，图形的大小尺寸不限，编辑方法不限。

2．**调整显示**：调整视口并缩放和平移图形显示。

完成后将图形存入考生文件夹，命名为 Tcad4-16.dwg。

图 4-16　完成后的图形

4.17 第 17 题（建筑类）

建立新文件，完成以下操作。

1. **绘制图形**：绘制图 4-17 所示图形，图形的大小尺寸不限，编辑方法不限。
2. **调整显示**：调整视口并缩放和平移图形显示。

完成后将图形存入考生文件夹，命名为 Tcad4-17.dwg。

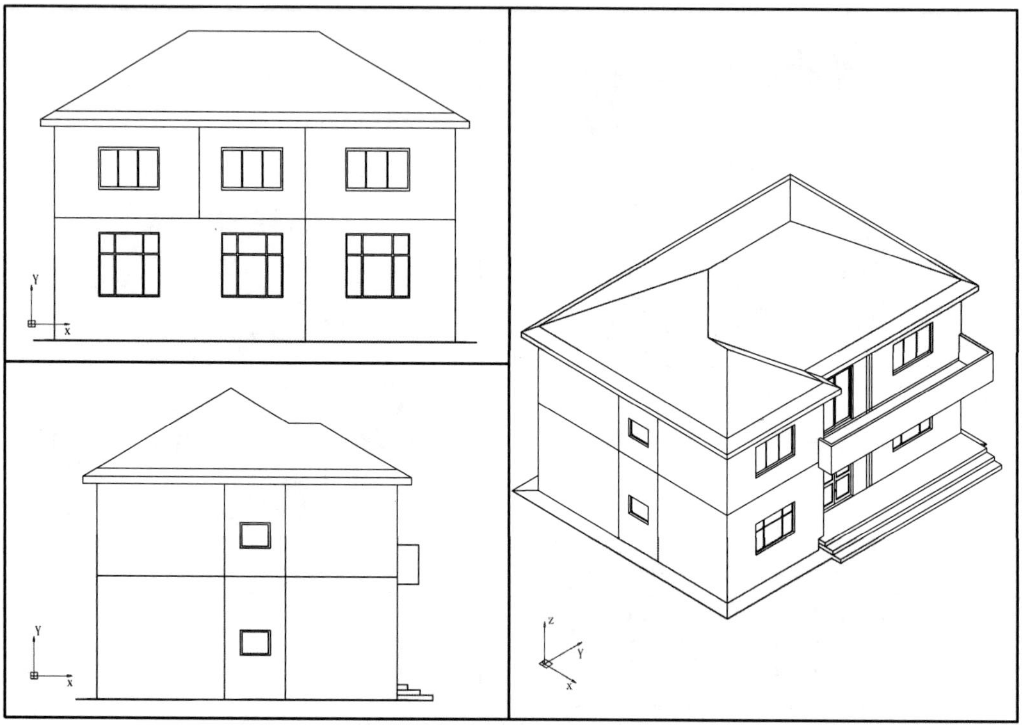

图 4-17 完成后的图形

4.18　第 18 题（建筑类）

建立新文件，完成以下操作。

1．**绘制图形**：绘制图 4-18 所示图形，图形的大小尺寸不限，编辑方法不限。

2．**调整显示**：调整视口并缩放和平移图形显示。

完成后将图形存入考生文件夹，命名为 Tcad4-18.dwg。

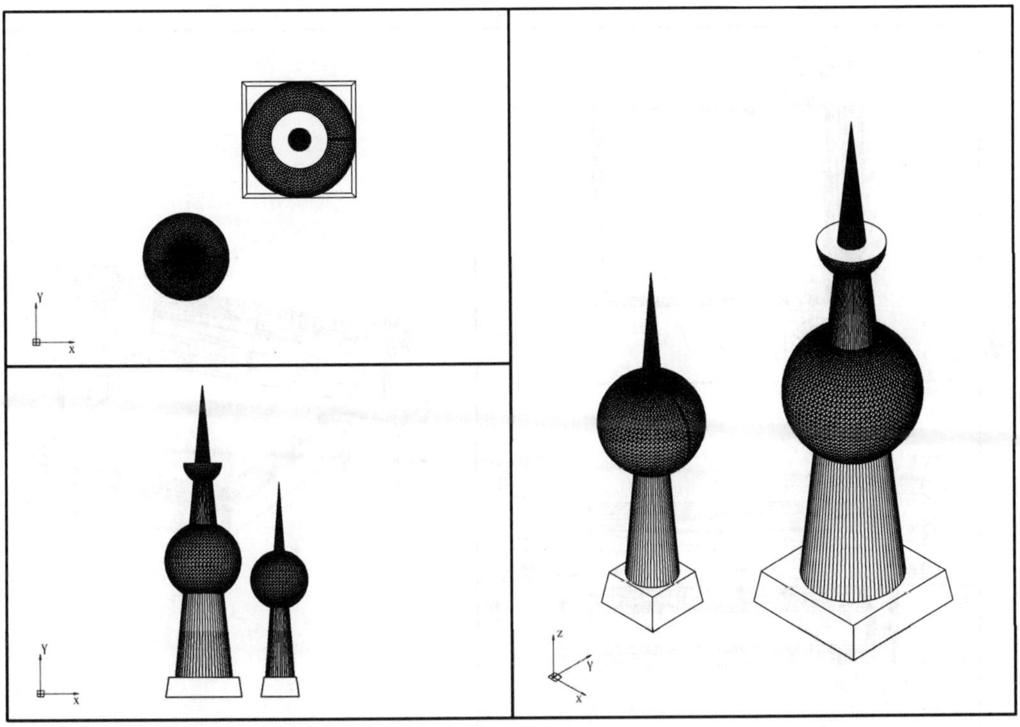

图 4-18　完成后的图形

4.19　第 19 题（建筑类）

建立新文件，完成以下操作。

1．绘制图形：绘制图 4-19 所示图形，图形的大小尺寸不限，编辑方法不限。

2．调整显示：调整视口并缩放和平移图形显示。

完成后将图形存入考生文件夹，命名为 Tcad4-19.dwg。

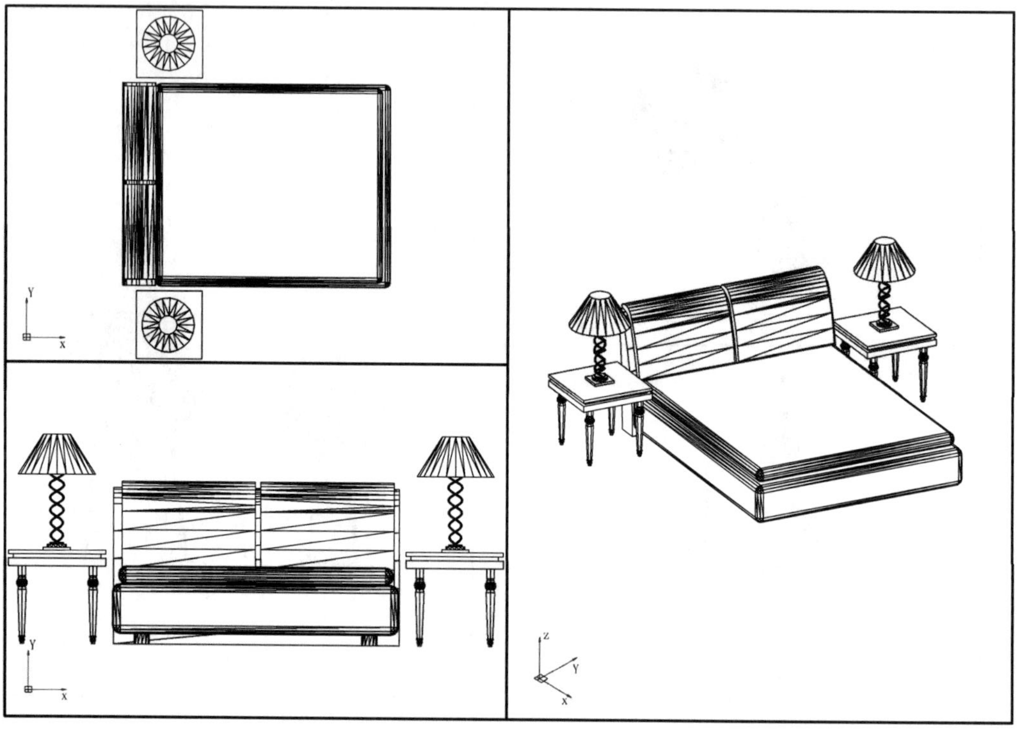

图 4-19　完成后的图形

4.20　第 20 题（建筑类）

建立新文件，完成以下操作。

1．绘制图形：绘制图 4-20 所示图形，图形的大小尺寸不限，编辑方法不限。

2．调整显示：调整视口并缩放和平移图形显示。

完成后将图形存入考生文件夹，命名为 Tcad4-20.dwg。

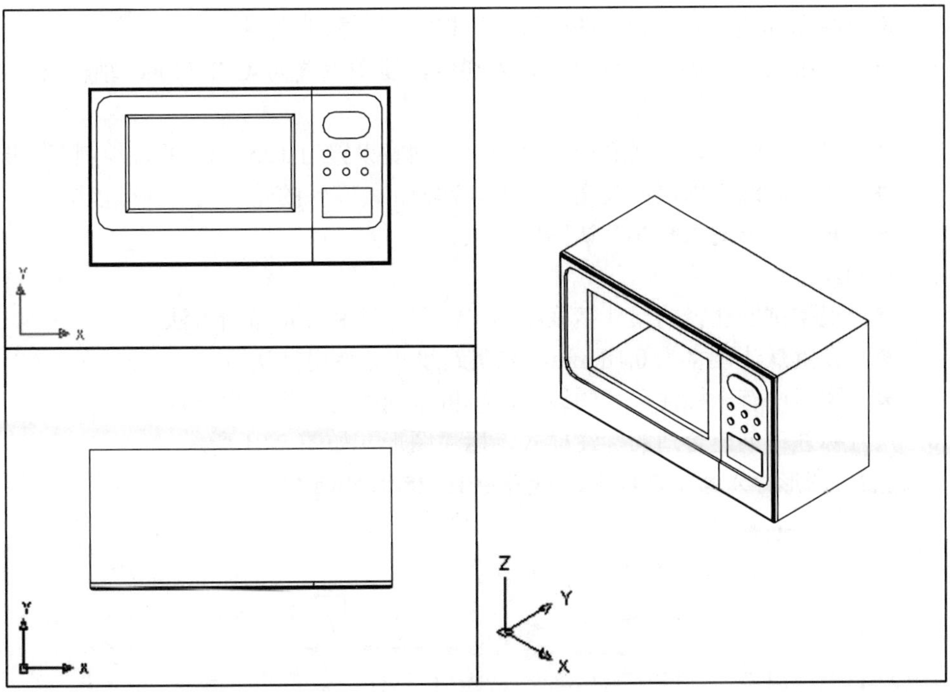

图 4-20　完成后的图形

第五单元　绘制机械零件图

5.1　第 1 题（机械类）

建立新文件，完成以下操作。

1．**设置绘图环境**：建立合适的图限及栅格，创建如下图层。

- “中心线”图层：颜色设置为红色，线型设置为 CENTER，轴线绘制在该层上。
- “尺寸线”图层：颜色设置为绿色，线宽设置为 0.35 mm，标注绘制在该层上。
- “轮廓线”图层：线宽设置为 0.70 mm，零件的轮廓线绘制在该层上。
- 其余图形均绘制在默认图层 0 上。

2．**精确绘图**：

- 根据试题注释的尺寸精确绘图，绘图方法和图形编辑方法不限。
- 设置默认线宽为 0.18 mm，未明确线宽处使用默认线宽。
- 图示中有未标注尺寸的地方，按机械制图有关规范自行定义尺寸。

3．**尺寸标注**：创建合适的标注样式，标注图形，如图 5-01 所示。

完成后将图形存入考生文件夹，命名为 Tcad5-01.dwg。

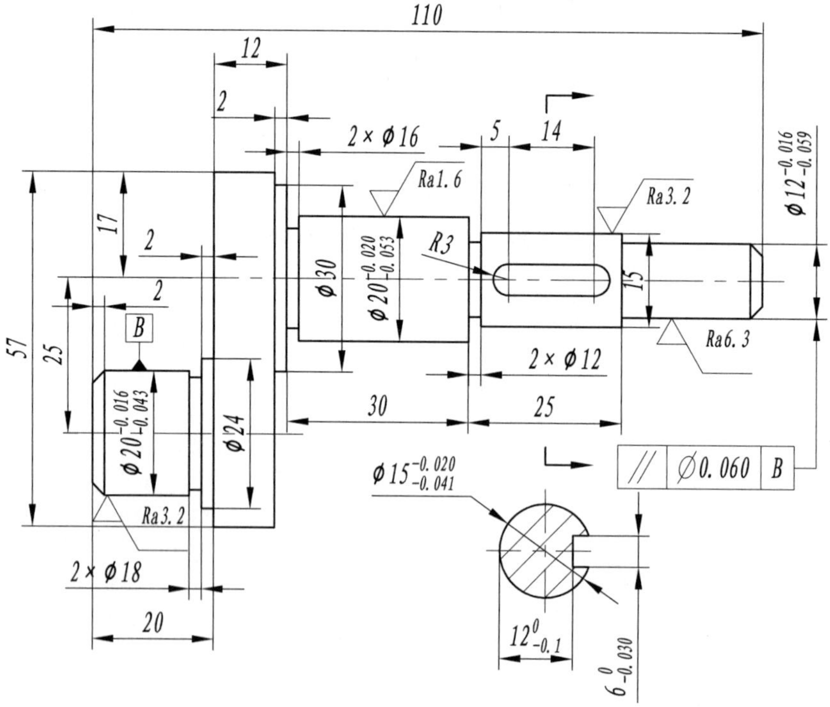

图 5-01　完成后的图形

5.2　第 2 题（机械类）

建立新文件，完成以下操作。

1. **设置绘图环境**：建立合适的图限及栅格，创建如下图层。
   - “中心线”图层：颜色设置为红色，线型设置为 CENTER2，线型全局比例设置为 0.50，轴线绘制在该层上。
   - “尺寸线”图层：颜色设置为绿色，线宽设置为 0.35 mm，标注绘制在该层上。
   - “轮廓线”图层：线宽设置为 0.70 mm，零件的轮廓线绘制在该层上。
   - “填充线”图层：颜色设置为蓝色，将剖面线绘制在该层上。
   - 其余图形均绘制在默认图层 0 上。
2. **精确绘图**：
   - 根据试题注释的尺寸精确绘图，绘图方法和图形编辑方法不限。
   - 未标注圆角半径为 2。
   - 图示中有未标注尺寸的地方，按机械制图有关规范自行定义尺寸。
3. **尺寸标注**：创建合适的标注样式，标注图形，如图 5-02 所示。

完成后将图形存入考生文件夹，命名为 Tcad5-02.dwg。

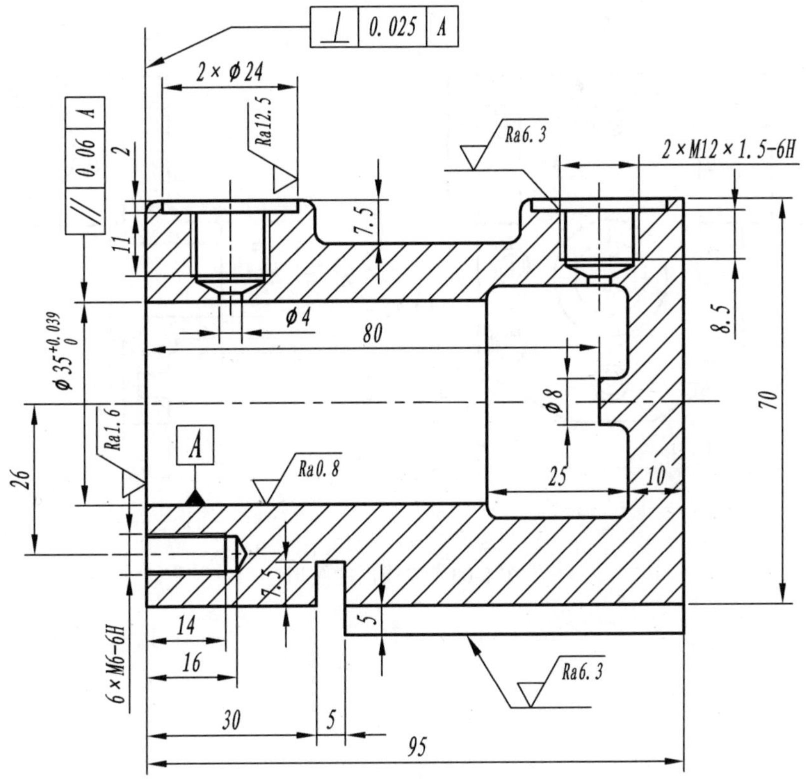

图 5-02　完成后的图形

5.3 第 3 题（机械类）

建立新文件，完成以下操作。

1. **设置绘图环境**：建立合适的图限及栅格，创建如下图层。
   - “中心线”图层：颜色设置为红色，线型设置为 CENTER，线型全局比例设置为 0.20，轴线绘制在该层上。
   - “轮廓线”图层：线宽设置为 0.70 mm，零件的轮廓线绘制在该层上。
   - “标注”图层：颜色设置为绿色，线宽设置为 0.35 mm，标注绘制在该层上。
   - 其余图形均绘制在默认图层 0 上。
2. **精确绘图**：
   - 根据试题注释的尺寸精确绘图，绘图方法和图形编辑方法不限。
   - 粗实线线宽为 0.70 mm，未明确线宽处线宽为 0.18 mm。
   - 图示中有未标注尺寸的地方，按机械制图有关规范自行定义尺寸。
3. **尺寸标注**：创建合适的标注样式，标注图形，如图 5-03 所示。

完成后将图形存入考生文件夹，命名为 Tcad5-03.dwg。

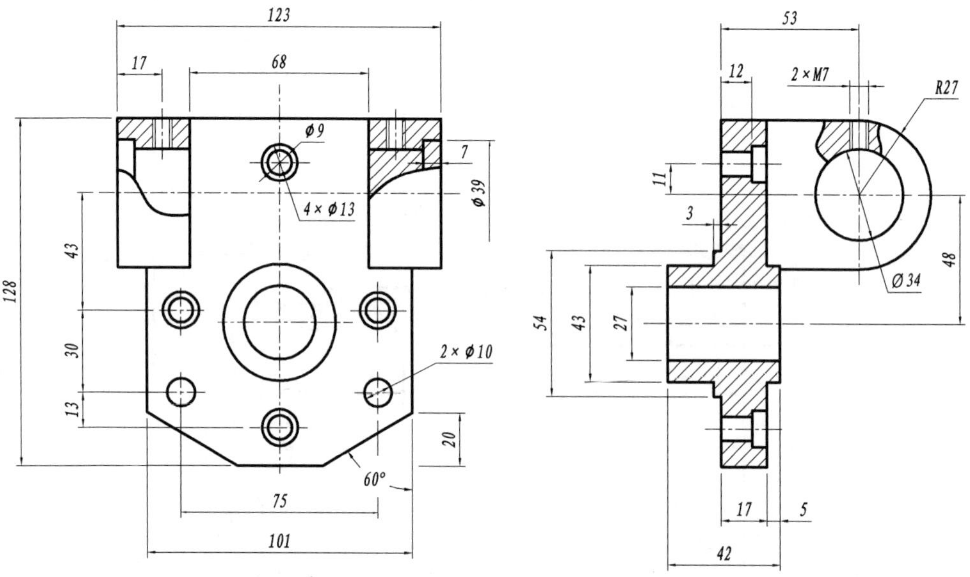

图 5-03 完成后的图形

5.4　第 4 题（机械类）

建立新文件，完成以下操作。

1．**设置绘图环境**：建立合适的图限及栅格，创建如下图层。

- “中心线”图层：颜色设置为红色，线型设置为 CENTER，线型全局比例设置为 0.10，轴线绘制在该层上。
- “粗实线”图层：线宽设置为 0.70 mm，零件的轮廓线绘制在该层上。
- “剖面线”图层：颜色设置为青色，零件的剖面线绘制在该层上。
- “尺寸”图层：颜色设置为绿色，尺寸标注绘制在该层上。
- 其余图形均绘制在默认图层 0 上。

2．**精确绘图**：

- 根据试题注释的尺寸精确绘图，绘图方法和图形编辑方法不限。
- 未明确线宽处使用默认线宽。
- 未标注圆角半径为 1。
- 图示中有未标注尺寸的地方，按机械制图有关规范自行定义尺寸。

3．**尺寸标注**：创建合适的标注样式，标注图形，如图 5-04 所示。其中，表面粗糙度符号绘制在图层 0 上，使用插入块的方法注释图形的表面粗糙度。

完成后将图形存入考生文件夹，命名为 Tcad5-04.dwg。

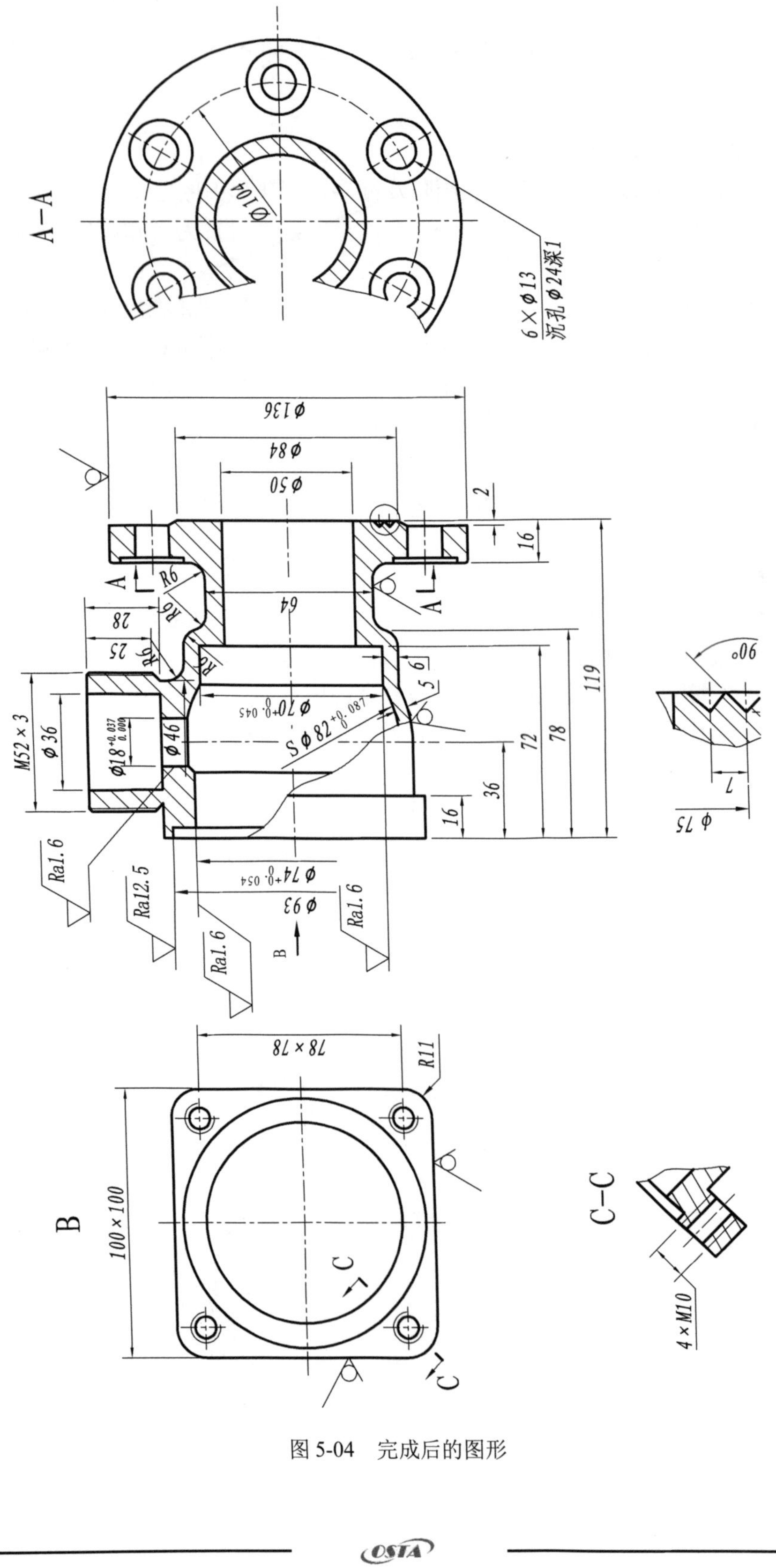

图 5-04　完成后的图形

5.5　第 5 题（机械类）

建立新文件，完成以下操作。

1．**设置绘图环境**：建立合适的图限及栅格，创建如下图层。

- “中心线”图层：颜色设置为蓝色，线型设置为 CENTER2，线型全局比例设置为 0.50，轴线绘制在该层上。
- “轮廓线”图层：线宽设置为 0.70 mm，零件的轮廓线绘制在该层上。
- “标注层”图层：颜色设置为绿色，标注绘制在该层上。
- 其余图形均绘制在默认图层 0 上。

2．**精确绘图**：

- 根据试题注释的尺寸精确绘图，绘图方法和图形编辑方法不限。
- 未明确线宽处使用默认线宽。
- 图示中有未标注尺寸的地方，按机械制图有关规范自行定义尺寸。

3．**尺寸标注**：创建合适的标注样式，标注图形，如图 5-05 所示。

完成后将图形存入考生文件夹，命名为 Tcad5-05.dwg。

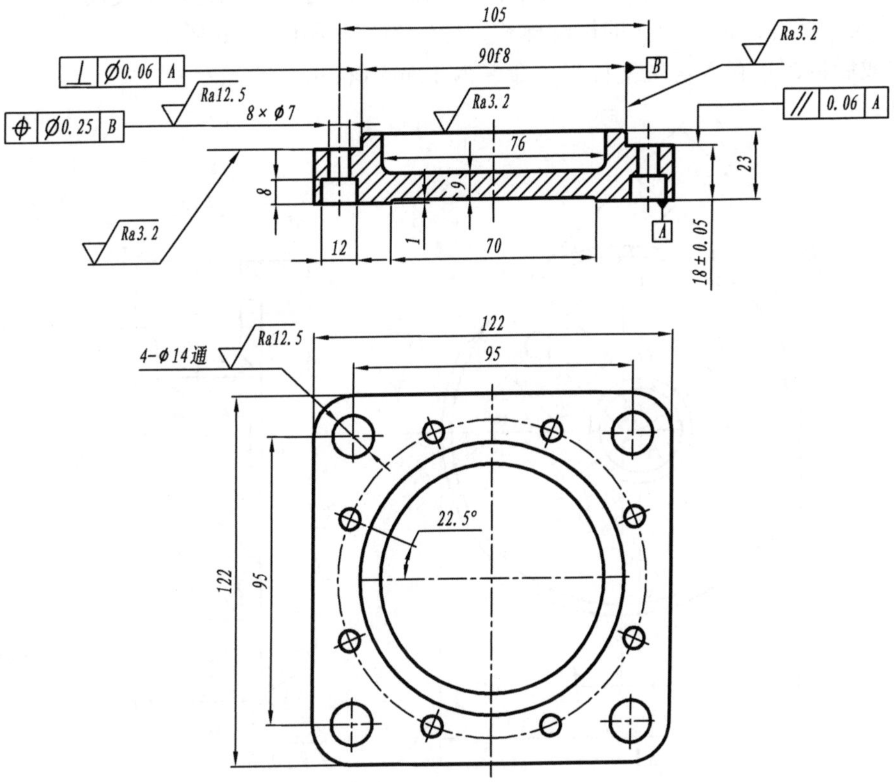

图 5-05　完成后的图形

5.6 第 6 题（机械类）

建立新文件，完成以下操作。

1．**设置绘图环境**：建立合适的图限及栅格，创建如下图层。

- “中心线”图层：颜色设置为蓝色，线型设置为 CENTER，线型全局比例设置为 0.30，轴线绘制在该层上。
- “虚线”图层：颜色设置为洋红，线型设置为 DASHED，将零件遮挡的虚线轮廓绘制在该层上。
- “剖面线”图层：颜色设置为青色，将剖面线绘制在该层上。
- “粗实线”图层：线宽设置为 0.70 mm，零件的轮廓线绘制在该层上。
- “尺寸”图层：颜色设置为绿色，标注绘制在该层上。
- 其余图形均绘制在默认图层 0 上。

2．**精确绘图**：

- 根据试题注释的尺寸精确绘图，绘图方法和图形编辑方法不限。
- 设置默认线宽为 0.30 mm，未明确线宽处使用默认线宽。
- 图示中有未标注尺寸的地方，按机械制图有关规范自行定义尺寸。

3．**尺寸标注**：创建合适的标注样式，标注图形，如图 5-06 所示。

完成后将图形存入考生文件夹，命名为 Tcad5-06.dwg。

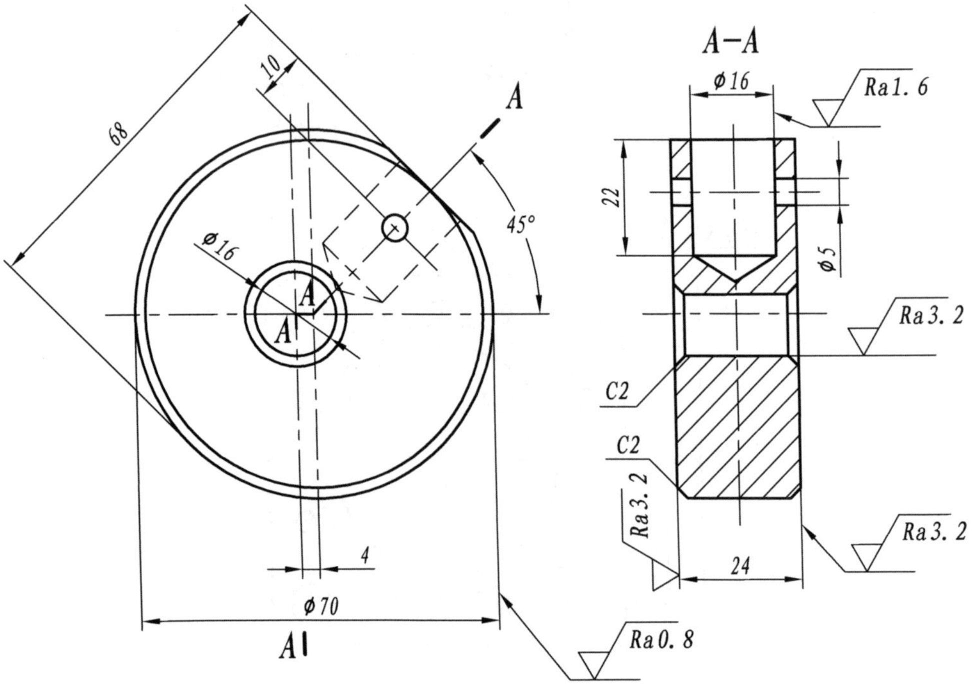

图 5-06　完成后的图形

5.7　第 7 题（机械类）

建立新文件，完成以下操作。

1．**设置绘图环境**：建立合适的图限及栅格，创建如下图层。

- “中心线”图层：颜色设置为蓝色，线型设置为 CENTER2，线型全局比例设置为 0.40，轴线绘制在该层上。
- “剖面线”图层：颜色设置为青色，将剖面线绘制在该层上。
- “轮廓线”图层：线宽设置为 0.70 mm，零件的轮廓线绘制在该层上。
- “尺寸”图层：颜色设置为绿色，标注绘制在该层上。
- 其余图形均绘制在默认图层 0 上。

2．**精确绘图**：

- 根据试题注释的尺寸精确绘图（未标注圆角半径为 2），绘图方法和图形编辑方法不限。
- 设置默认线宽为 0.35 mm，未明确线宽处使用默认线宽。
- 图示中有未标注尺寸的地方，按机械制图有关规范自行定义尺寸。

3．**尺寸标注**：创建合适的标注样式，标注图形，如图 5-07 所示。

完成后将图形存入考生文件夹，命名为 Tcad5-07.dwg。

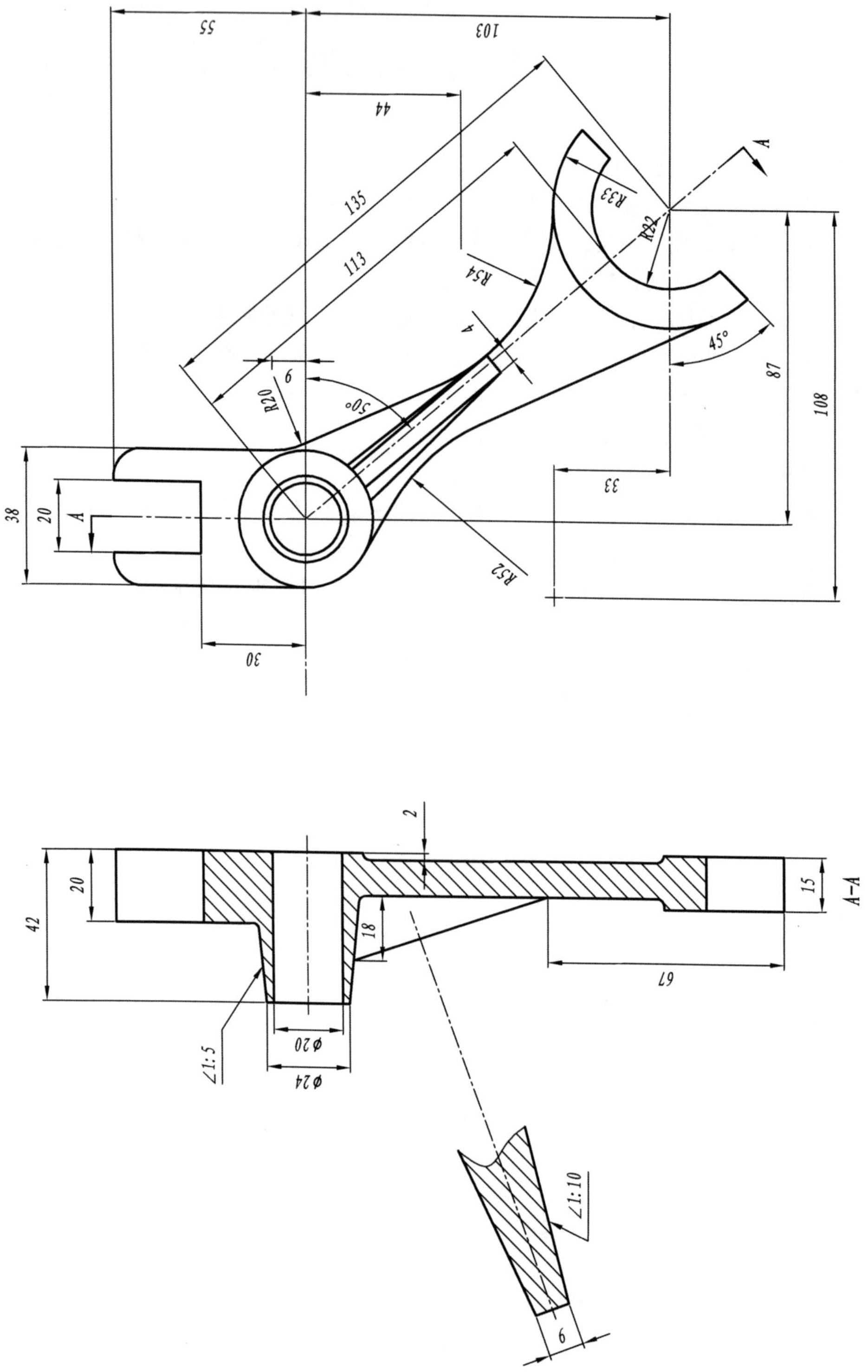
55
103
44
135
113
R33
R22
A
R54
4
45°
6
R20
50°
87
108
38
20
A
33
R52
30
2
20
42
18
15
A–A
67
∠1:5
φ20
φ24
∠1:10
9

图 5-07　完成后的图形

5.8 第 8 题（机械

建立新文件，完成以下操作。

1．**设置绘图环境**：建立合适的图限及栅格，创建如下图

- “中心线”图层：颜色设置为红色，线型设置为 CENTER2，线型全局比例设置为 0.20，轴线绘制在该层上。
- “轮廓线”图层：线宽设置为 0.70 mm，零件的轮廓线绘制在该层上。
- “标注”图层：颜色设置为绿色，标注绘制在该层上。
- 其余图形均绘制在默认图层 0 上。

2．**精确绘图**：

- 根据试题注释的尺寸精确绘图，绘图方法和图形编辑方法不限。
- 设置默认线宽为 0.18 mm，未明确线宽处使用默认线宽。
- 未标注圆角半径为 3。
- 图示中有未标注尺寸的地方，按机械制图有关规范自行定义尺寸。

3．**尺寸标注**：创建合适的标注样式，标注图形，如图 5-08 所示。其中，表面粗糙度符号绘制在图层 0 上，使用插入块的方法注释图形的表面粗糙度。

完成后将图形存入考生文件夹，命名为 Tcad5-08.dwg。

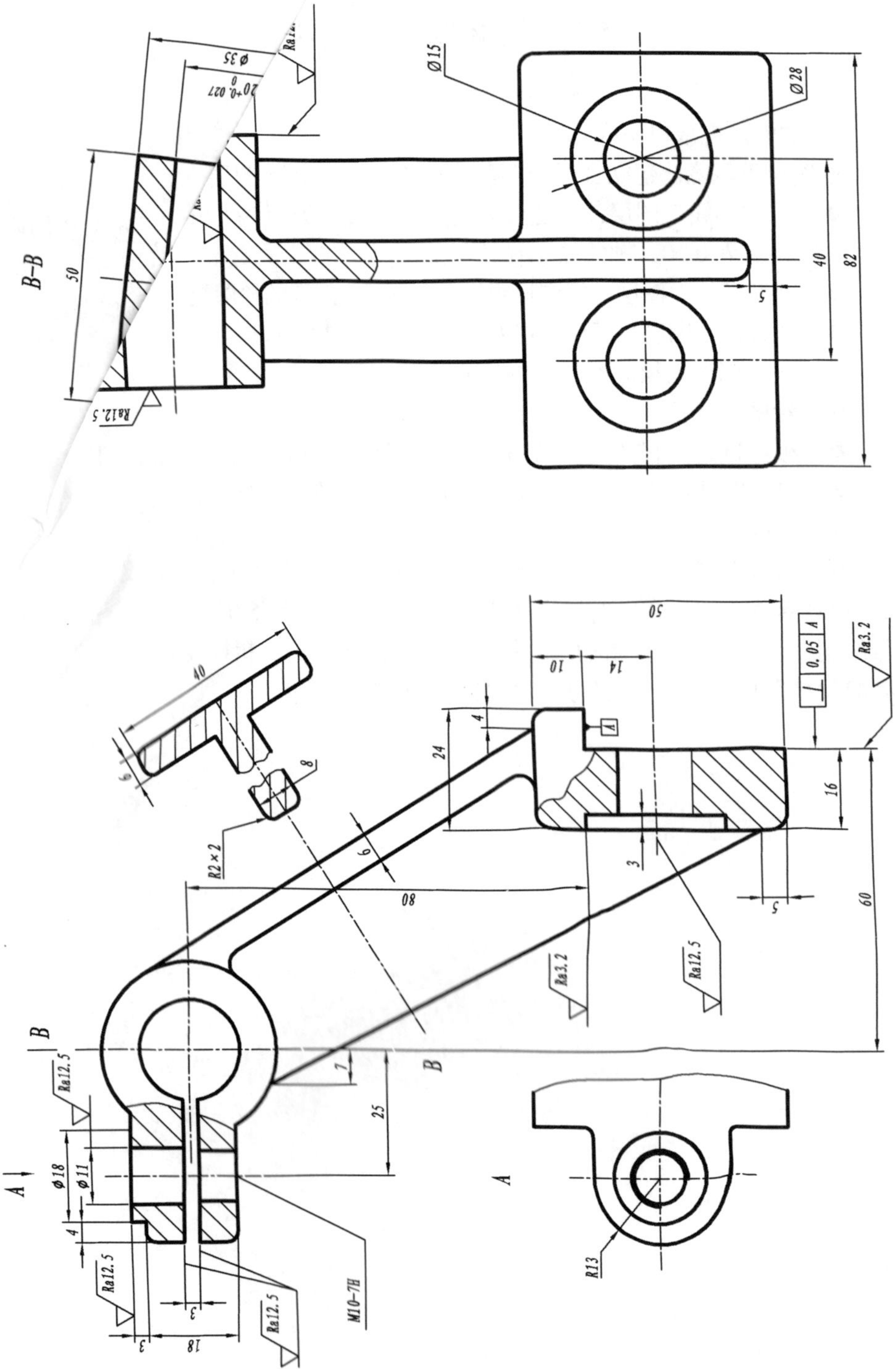

图 5-08　完成后的图形

5.9　第 9 题（机械类）

建立新文件，完成以下操作。

1．**设置绘图环境**：建立合适的图限及栅格，创建如下图层。

- “中心线”图层：颜色设置为红色，线型设置为 CENTER，线型全局比例设置为 0.20，中心线绘制在该层上。
- “粗实线”图层：线宽设置为 0.70 mm，零件的轮廓线绘制在该层上。
- “标注”图层：颜色设置为绿色，标注绘制在该层上。
- “填充”图层：颜色设置为青色，剖面线绘制在该层上。
- 其余图形均绘制在默认图层 0 上。

2．**精确绘图**：

- 根据试题注释的尺寸精确绘图，绘图方法和图形编辑方法不限。
- 未明确线宽处线宽默认为 0。
- 图示中有未标注尺寸的地方，按机械制图有关规范自行定义尺寸。

3．**尺寸标注**：创建合适的标注样式，标注图形，如图 5-09 所示。

完成后将图形存入考生文件夹，命名为 Tcad5-09.dwg。

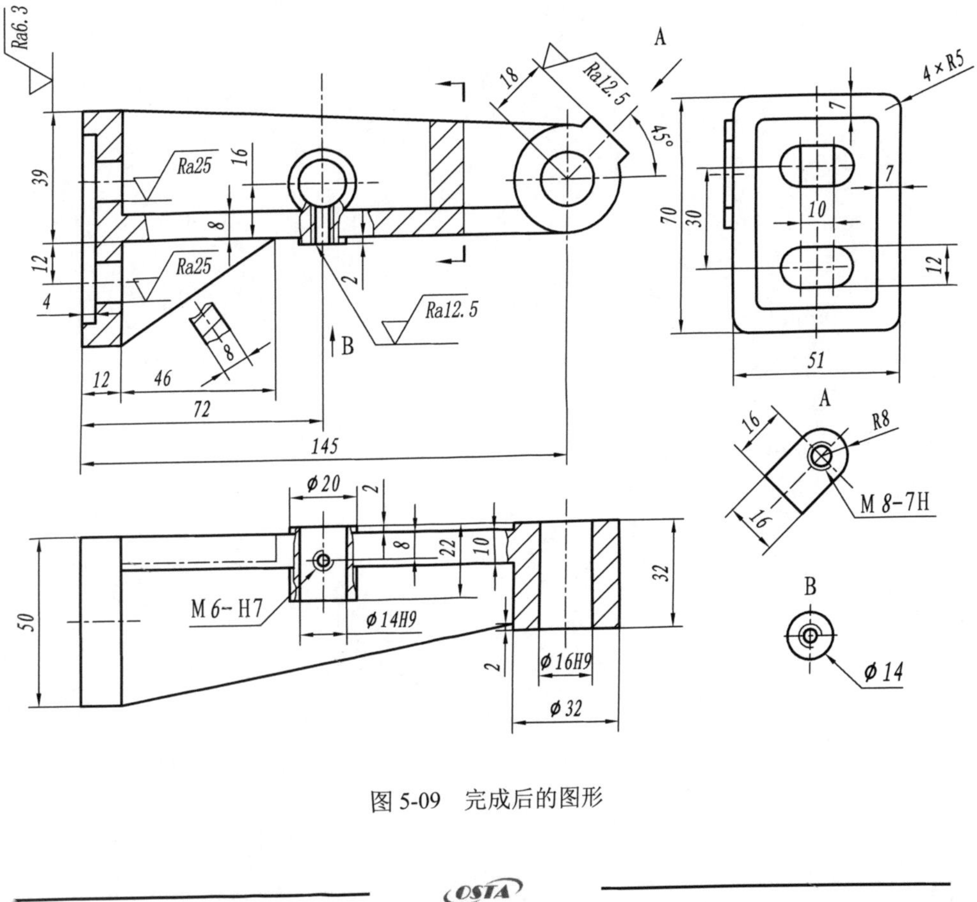

图 5-09　完成后的图形

5.10　第 10 题（机械类）

建立新文件，完成以下操作。

1. **设置绘图环境**：建立合适的图限及栅格，创建如下图层。
   - “中心线”图层：颜色设置为红色，线型设置为 CENTER，线型全局比例设置为 0.10，轴线绘制在该层上。
   - “粗实线”图层：线宽设置为 0.70 mm，零件的轮廓线绘制在该层上。
   - “尺寸线”图层：颜色设置为绿色，标注绘制在该层上。
   - “剖面线”图层：颜色设置为青色，剖面线绘制在该层上。
   - 其余图形均绘制在默认图层 0 上。
2. **精确绘图**：
   - 根据试题注释的尺寸精确绘图，绘图方法和图形编辑方法不限。
   - 未标注圆角半径为 2 或 4。
   - 图示中有未标注尺寸的地方，按机械制图有关规范自行定义尺寸。
3. **尺寸标注**：创建合适的标注样式，标注图形，如图 5-10 所示。

完成后将图形存入考生文件夹，命名为 Tcad5-10.dwg。

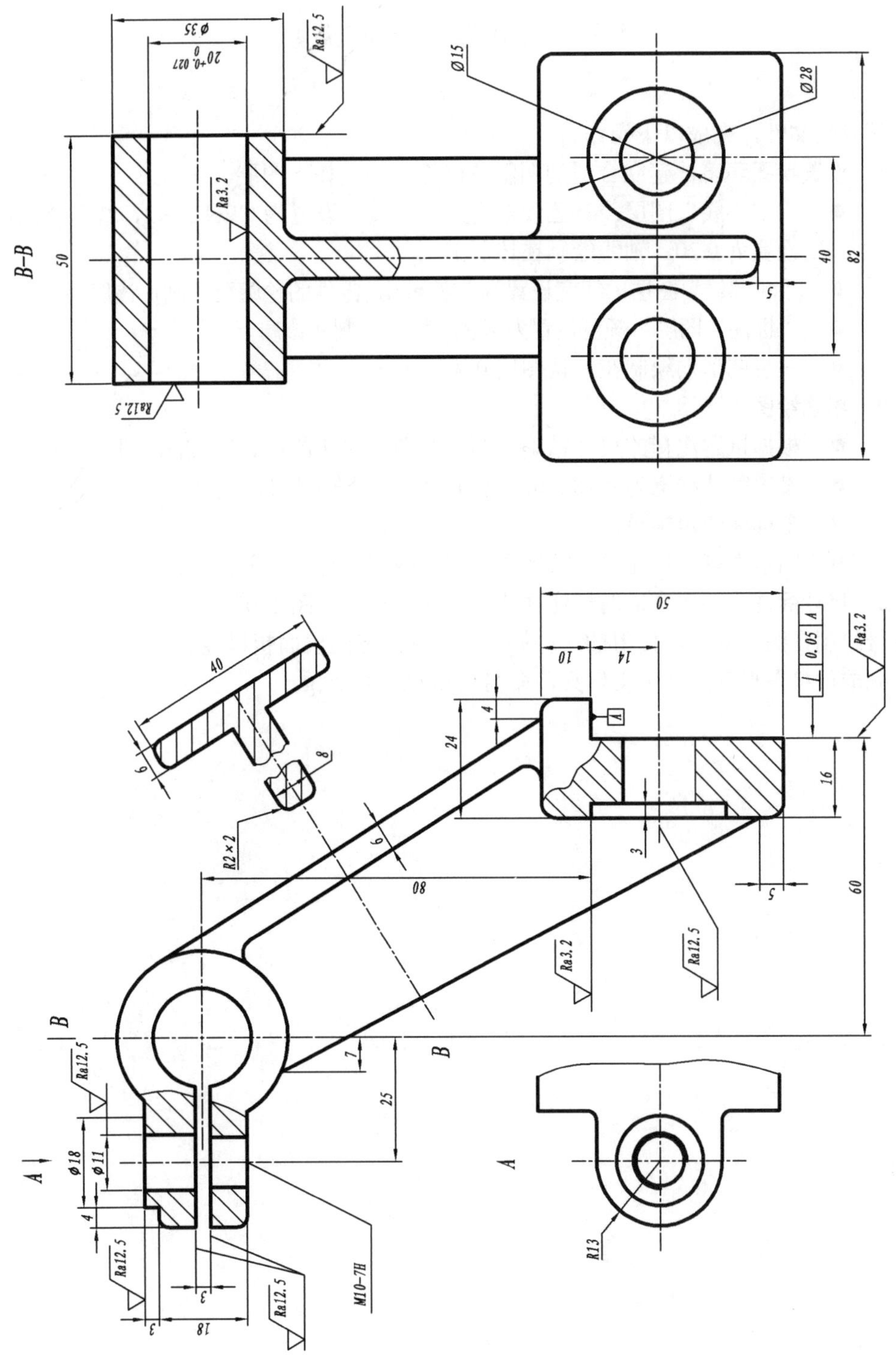

图 5-08　完成后的图形

5.8　第 8 题（机械类）

建立新文件，完成以下操作。

1．**设置绘图环境**：建立合适的图限及栅格，创建如下图层。

- “中心线”图层：颜色设置为红色，线型设置为 CENTER2，线型全局比例设置为 0.20，轴线绘制在该层上。
- “轮廓线”图层：线宽设置为 0.70 mm，零件的轮廓线绘制在该层上。
- “标注”图层：颜色设置为绿色，标注绘制在该层上。
- 其余图形均绘制在默认图层 0 上。

2．**精确绘图**：

- 根据试题注释的尺寸精确绘图，绘图方法和图形编辑方法不限。
- 设置默认线宽为 0.18 mm，未明确线宽处使用默认线宽。
- 未标注圆角半径为 3。
- 图示中有未标注尺寸的地方，按机械制图有关规范自行定义尺寸。

3．**尺寸标注**：创建合适的标注样式，标注图形，如图 5-08 所示。其中，表面粗糙度符号绘制在图层 0 上，使用插入块的方法注释图形的表面粗糙度。

完成后将图形存入考生文件夹，命名为 Tcad5-08.dwg。

5.9　第 9 题（机械类）

建立新文件，完成以下操作。

1．**设置绘图环境**：建立合适的图限及栅格，创建如下图层。

- “中心线”图层：颜色设置为红色，线型设置为 CENTER，线型全局比例设置为 0.20，中心线绘制在该层上。
- “粗实线”图层：线宽设置为 0.70 mm，零件的轮廓线绘制在该层上。
- “标注”图层：颜色设置为绿色，标注绘制在该层上。
- “填充”图层：颜色设置为青色，剖面线绘制在该层上。
- 其余图形均绘制在默认图层 0 上。

2．**精确绘图**：

- 根据试题注释的尺寸精确绘图，绘图方法和图形编辑方法不限。
- 未明确线宽处线宽默认为 0。
- 图示中有未标注尺寸的地方，按机械制图有关规范自行定义尺寸。

3．**尺寸标注**：创建合适的标注样式，标注图形，如图 5-09 所示。

完成后将图形存入考生文件夹，命名为 Tcad5-09.dwg。

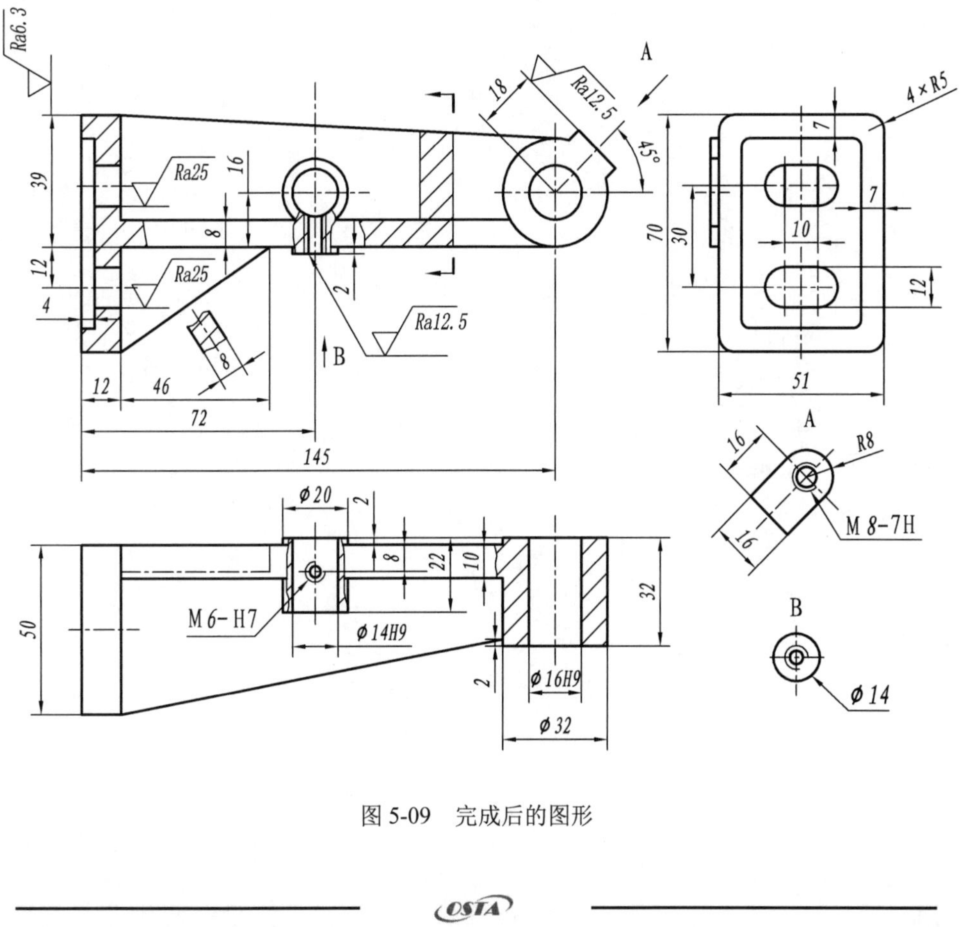

图 5-09　完成后的图形

5.10 第 10 题（机械类）

建立新文件，完成以下操作。

1. **设置绘图环境**：建立合适的图限及栅格，创建如下图层。
   - “中心线”图层：颜色设置为红色，线型设置为 CENTER，线型全局比例设置为 0.10，轴线绘制在该层上。
   - “粗实线”图层：线宽设置为 0.70 mm，零件的轮廓线绘制在该层上。
   - “尺寸线”图层：颜色设置为绿色，标注绘制在该层上。
   - “剖面线”图层：颜色设置为青色，剖面线绘制在该层上。
   - 其余图形均绘制在默认图层 0 上。
2. **精确绘图**：
   - 根据试题注释的尺寸精确绘图，绘图方法和图形编辑方法不限。
   - 未标注圆角半径为 2 或 4。
   - 图示中有未标注尺寸的地方，按机械制图有关规范自行定义尺寸。
3. **尺寸标注**：创建合适的标注样式，标注图形，如图 5-10 所示。

完成后将图形存入考生文件夹，命名为 Tcad5-10.dwg。

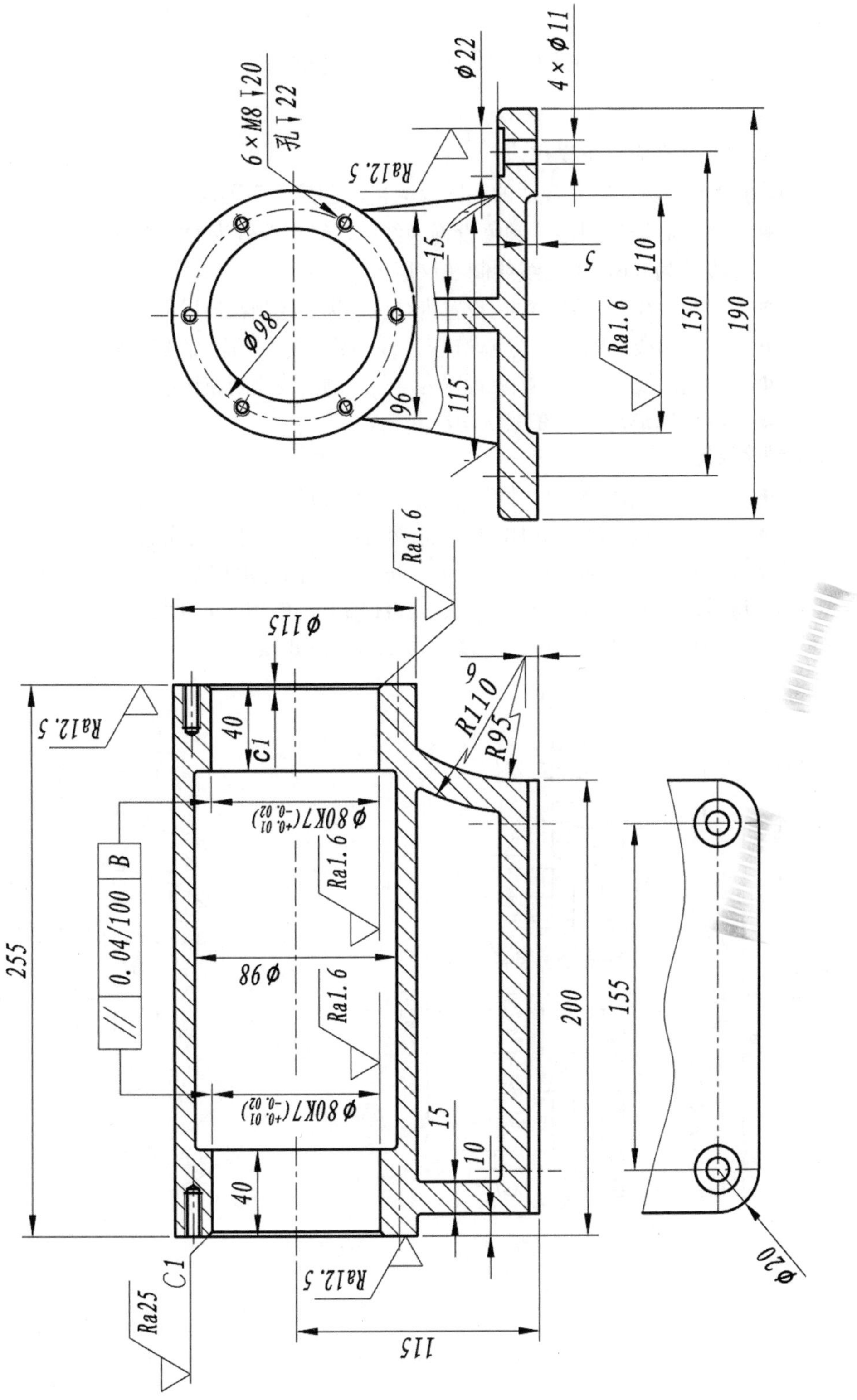
6×M8↧20
孔↧22
Ra12.5
φ22
4×φ11
15
5
110
150
190
Ra1.6
φ98
96
115
φ115
R110
R95
6
255
0.04/100
B
φ80K7(+0.01 -0.02)
40
C1
200
155
10
φ20
Ra25
115

图 5-10　完成后的图形

5.11　第 11 题（机械类）

建立新文件，完成以下操作。

1. **设置绘图环境：** 建立合适的图限及栅格，创建如下图层。
   - “中心线”图层：颜色设置为红色，线型设置为 CENTER，线型全局比例设置为 0.6，中心线绘制在该层上。
   - “尺寸线”图层：颜色设置为绿色，标注绘制在该层上。
   - “轮廓线”图层：线宽设置为 0.60 mm，零件的轮廓线绘制在该层上。
   - “剖面线”图层：颜色设置为青色，剖面线绘制在该层上。
   - 其余图形均绘制在默认图层 0 上。
2. **精确绘图：**
   - 根据试题注释的尺寸精确绘图，绘图方法和图形编辑方法不限。
   - 设置默认线宽为 0.18 mm，未明确线宽处使用默认线宽。
   - 图示中有未标注尺寸的地方，按机械制图有关规范自行定义尺寸。
3. **尺寸标注：** 创建合适的标注样式，标注图形，如图 5-11 所示。

完成后将图形存入考生文件夹，命名为 Tcad5-11.dwg。

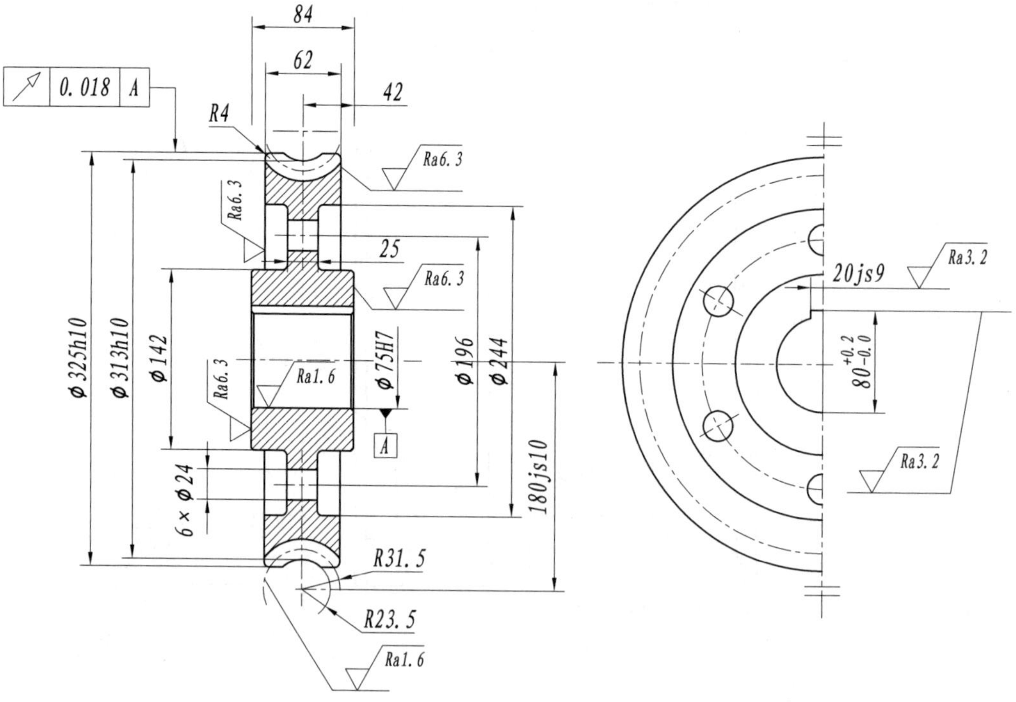

图 5-11　完成后的图形

5.12　第 12 题（机械类）

建立新文件，完成以下操作。

1. **设置绘图环境**：建立合适的图限及栅格，创建如下图层。
   - “中心线”图层：颜色设置为红色，线型设置为 CENTER2，线型全局比例设置为 0.50，中心线绘制在该层上。
   - “轮廓线”图层：线宽设置为 0.60 mm，零件的轮廓线绘制在该层上。
   - “尺寸线”图层：颜色设置为蓝色，标注绘制在该层上。
   - “填充线”图层：颜色设置为青色，剖面线绘制在该层上。
   - 其余图形均绘制在默认图层 0 上。
2. **精确绘图**：
   - 根据试题注释的尺寸精确绘图，绘图方法和图形编辑方法不限。
   - 未标注倒角均为 1×45° 。
   - 图示中有未标注尺寸的地方，按机械制图有关规范自行定义尺寸。
3. **尺寸标注**：创建合适的标注样式，标注图形，如图 5-12 所示。

完成后将图形存入考生文件夹，命名为 Tcad5-12.dwg。

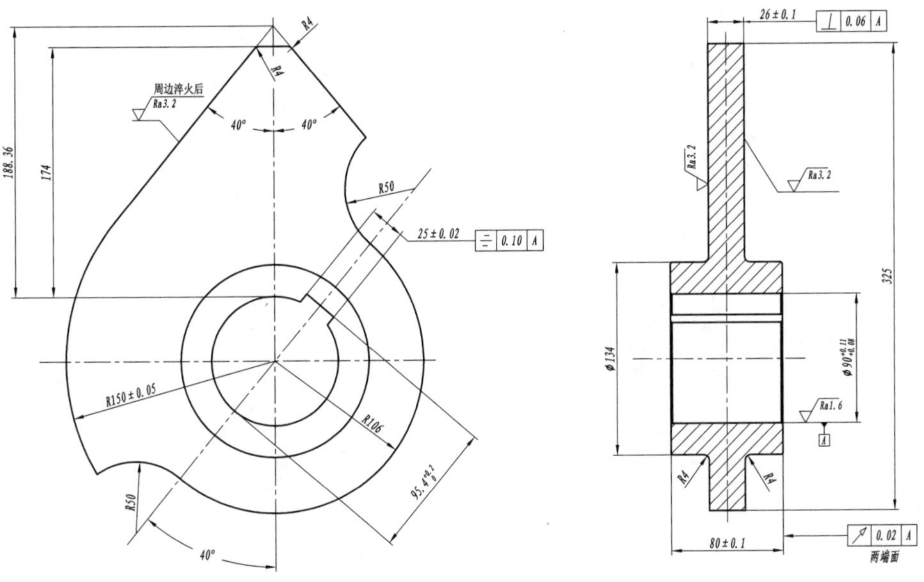

图 5-12　完成后的图形

5.13 第 13 题（机械类）

建立新文件，完成以下操作。

1．**设置绘图环境**：建立合适的图限及栅格，创建如下图层。

- 图层 L1，颜色设置为红色，线型设置为 CENTER2，轴线绘制在该层上。
- 图层 L2，颜色设置为蓝色，线型设置为 Continuous，尺寸标注绘制在该层上。
- 其余图形均绘制在默认图层 0 上。

2．**精确绘图**：

- 根据试题注释的尺寸精确绘图，绘图方法和图形编辑方法不限。
- 粗实线线宽为 0.30mm，未明确线宽处线宽默认为 0。
- 未标注圆角半径为 3。
- 图示中有未标注尺寸的地方，按机械制图有关规范自行定义尺寸。

3．**尺寸标注**：创建合适的标注样式，标注图形，如图 5-13 所示。其中，表面粗糙度符号绘制在图层 0 上，使用插入块的方法注释图形的表面粗糙度。

完成后将图形存入考生文件夹，命名为 Tcad5-13.dwg。

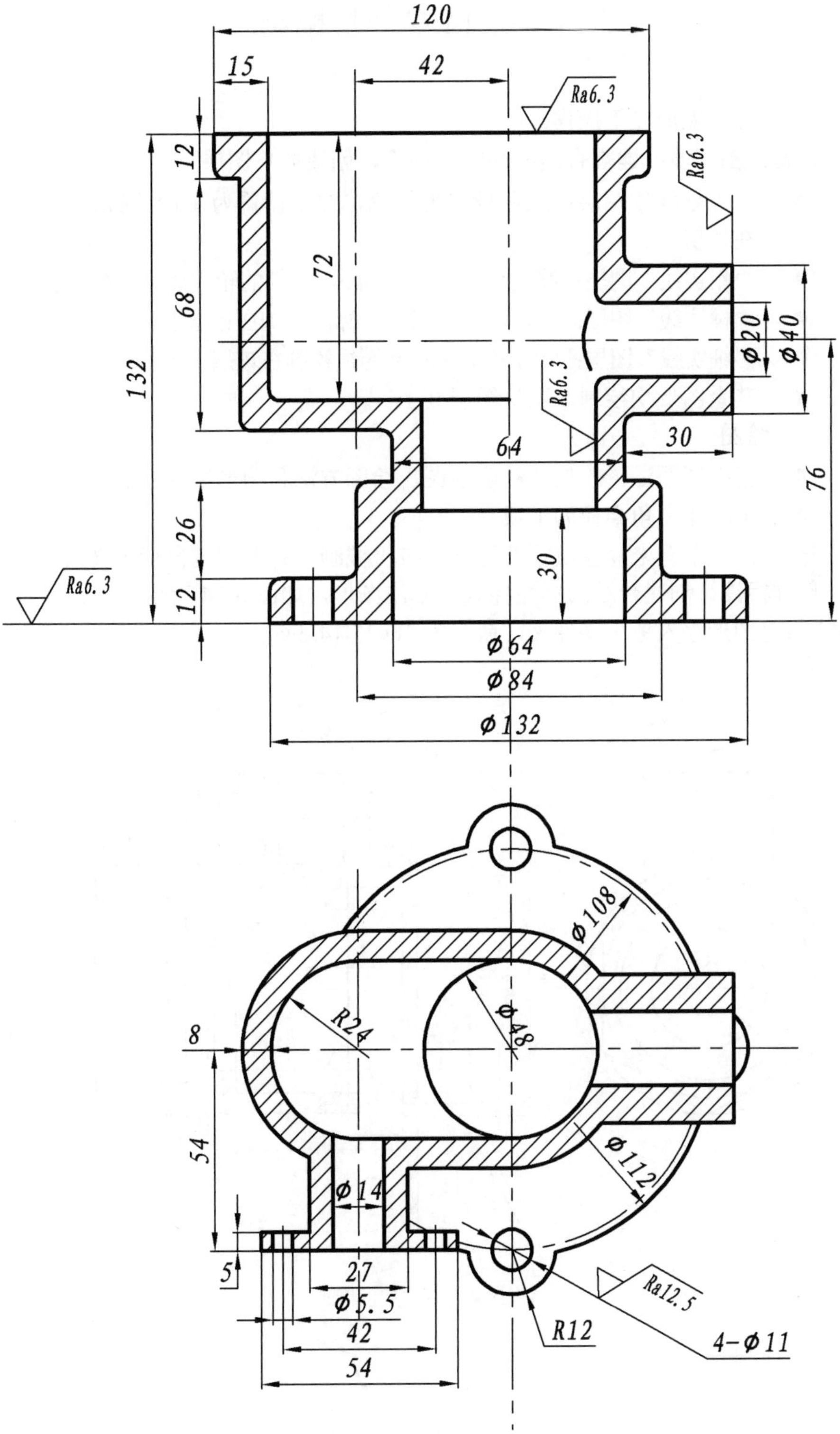
120
15
42
Ra6.3
Ra6.3
12
72
68
132
Ra6.3
φ20
φ40
30
64
76
26
30
Ra6.3
12
φ64
φ84
φ132
φ108
R24
φ48
8
54
φ112
φ14
5
27
φ5.5
42
54
Ra12.5
R12
4-φ11

图 5-13　完成后的图形

5.14 第 14 题（机械类）

建立新文件，完成以下操作。

1．**设置绘图环境**：建立合适的图限及栅格，创建如下图层。

- “点划线”图层：颜色设置为红色，线型设置为 CENTER2，中心线绘制在该层上。
- “粗实线”图层：线宽设置为 0.70 mm，零件的轮廓线绘制在该层上。
- “标注线”图层：颜色设置为绿色，标注绘制在该层上。
- “细实线”图层：将非轮廓线和剖面线绘制在该层上。
- 其余图形均绘制在默认图层 0 上。

2．**精确绘图**：

- 根据试题注释的尺寸精确绘图，绘图方法和图形编辑方法不限。
- 未标注圆角半径为 1 或 0.5。
- 图示中有未标注尺寸的地方，按机械制图有关规范自行定义尺寸。

3．**尺寸标注**：创建合适的标注样式，标注图形，如图 5-14 所示。

完成后将图形存入考生文件夹，命名为 Tcad5-14.dwg。

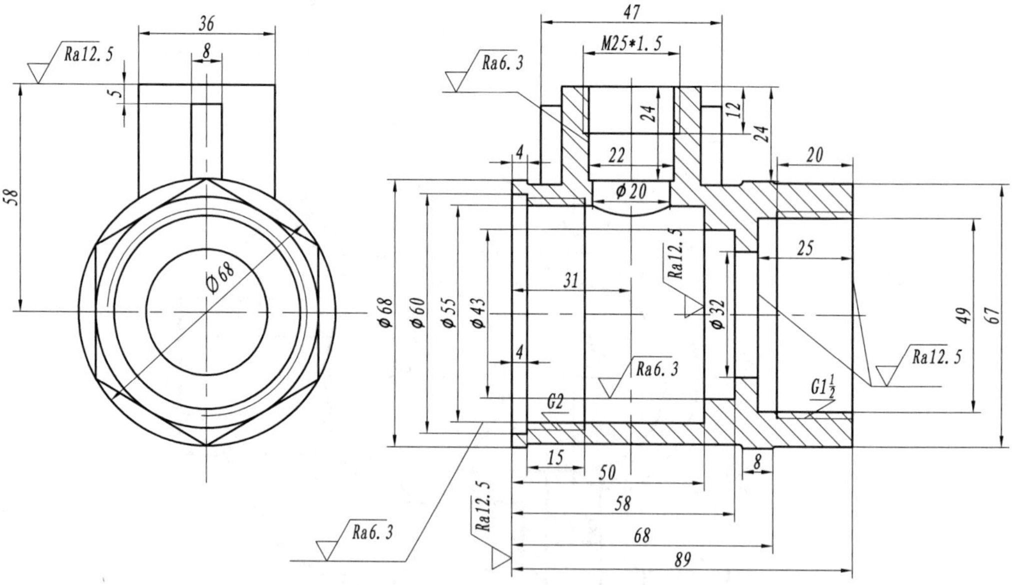

图 5-14 完成后的图形

5.15 第 15 题（机械类）

建立新文件，完成以下操作。

1. **设置绘图环境**：建立合适的图限及栅格，创建如下图层。
    - 图层 L1，颜色设置为红色，线型设置为 CENTER2，轴线绘制在该层上。
    - 图层 L2，颜色设置为蓝色，线型设置为 Continuous，尺寸标注绘制在该层上。
    - 其余图形均绘制在默认图层 0 上。
2. **精确绘图**：
    - 根据试题注释的尺寸精确绘图，绘图方法和图形编辑方法不限。
    - 粗实线线宽为 0.30mm，未明确线宽处线宽为 0。
    - 未标注圆角半径为 1.50。
    - 图示中有未标注尺寸的地方，按机械制图有关规范自行定义尺寸。

3. **尺寸标注**：创建合适的标注样式，标注图形，如图 5-15 所示。其中，表面粗糙度符号绘制在图层 0 上，使用插入块的方法注释图形的表面粗糙度。

完成后将图形存入考生文件夹，命名为 Tcad5-15.dwg。

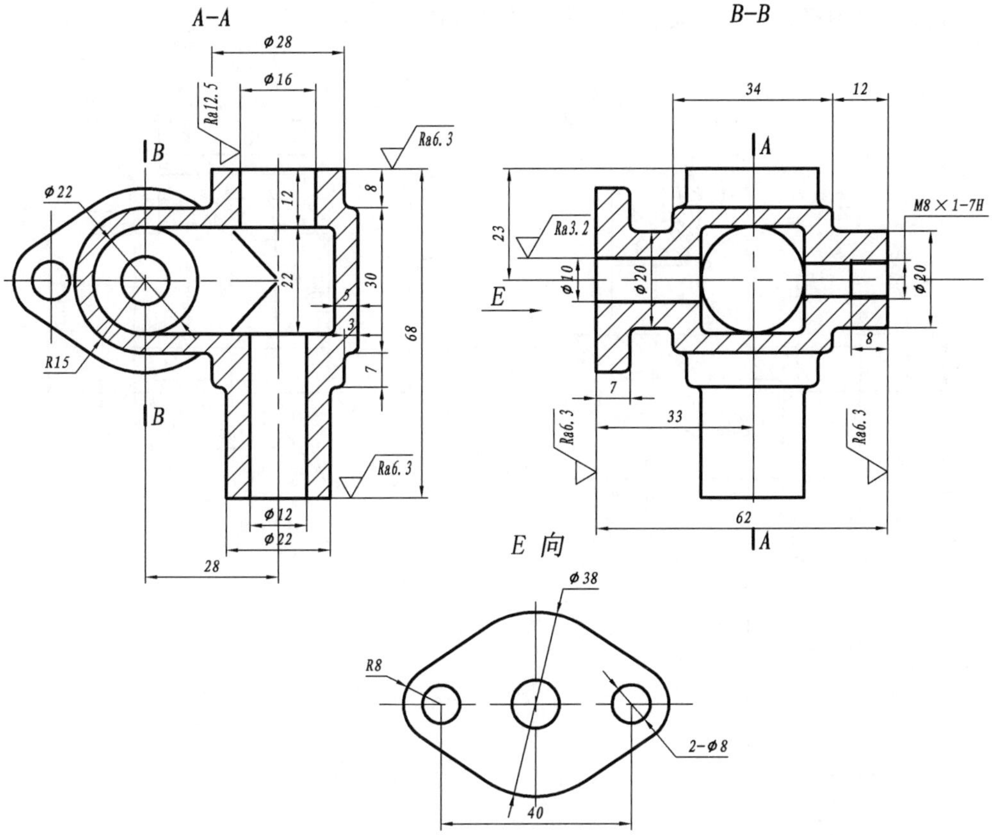

图 5-15 完成后的图形

5.16 第 16 题（机械类）

建立新文件，完成以下操作。

1．**设置绘图环境**：建立合适的图限及栅格，创建如下图层。

- “中心线”图层：颜色设置为红色，线型设置为 CENTER，线型全局比例设置为 0.20，轴线绘制在该层上。
- “轮廓线”图层：线宽设置为 0.53 mm，零件的轮廓线绘制在该层上。
- “尺寸线”图层：颜色设置为绿色，标注绘制在该层上。
- “填充线”图层：颜色设置为洋红，剖面线绘制在该层上。
- 其余图形均绘制在默认图层 0 上。

2．**精确绘图**：

- 根据试题注释的尺寸精确绘图，绘图方法和图形编辑方法不限。
- 未标注圆角半径为 3 或 5。
- 图示中有未标注尺寸的地方，按机械制图有关规范自行定义尺寸。

3．**尺寸标注**：创建合适的标注样式，标注图形，如图 5-16 所示。

完成后将图形存入考生文件夹，命名为 Tcad5-16.dwg。

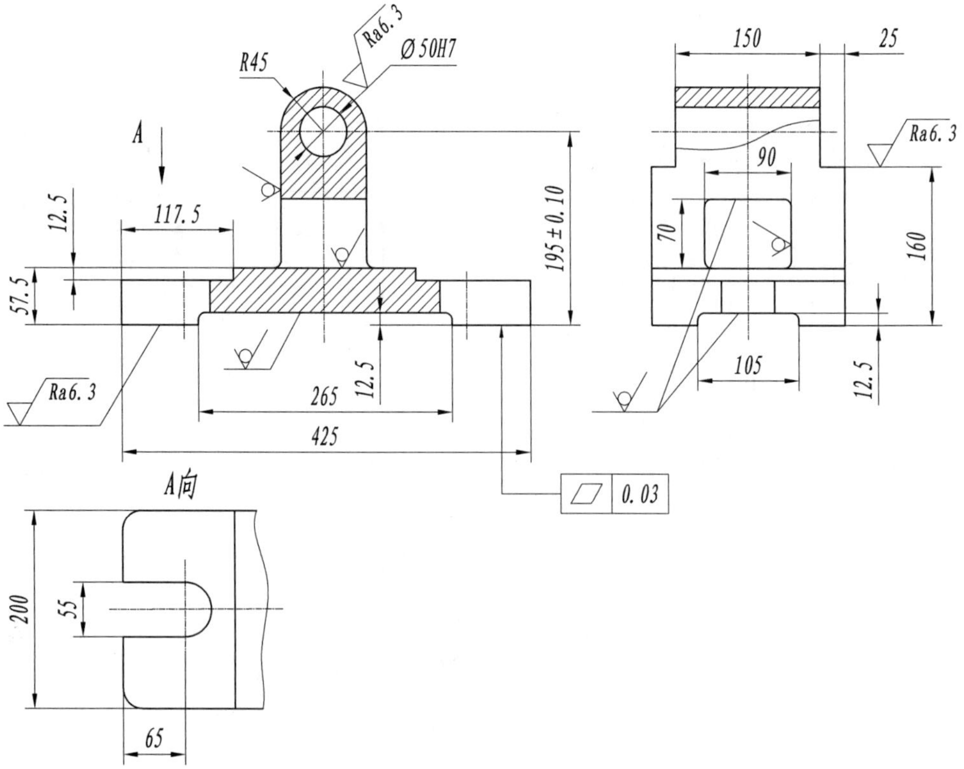

图 5-16　完成后的图形

5.17　第 17 题（机械类）

建立新文件，完成以下操作。

1．**设置绘图环境**：建立合适的图限及栅格，创建如下图层。

- “中心线层”图层：颜色设置为红色，线型设置为 CENTER，线型全局比例设置为 5，轴线绘制在该层上。
- “轮廓线层”图层：线宽设置为 0.60 mm，零件的轮廓线绘制在该层上。
- “尺寸标注”图层：颜色设置为蓝色，标注绘制在该层上。
- “细实线层”图层：颜色设置为青色，剖面线绘制在该层上。
- 其余图形均绘制在默认图层 0 上。

2．**精确绘图**：

- 根据试题注释的尺寸精确绘图，绘图方法和图形编辑方法不限。
- 未标注倒角 1×45°。
- 图示中有未标注尺寸的地方，按机械制图有关规范自行定义尺寸。

3．**尺寸标注**：创建合适的标注样式，标注图形，如图 5-17 所示。

完成后将图形存入考生文件夹，命名为 Tcad5-17.dwg。

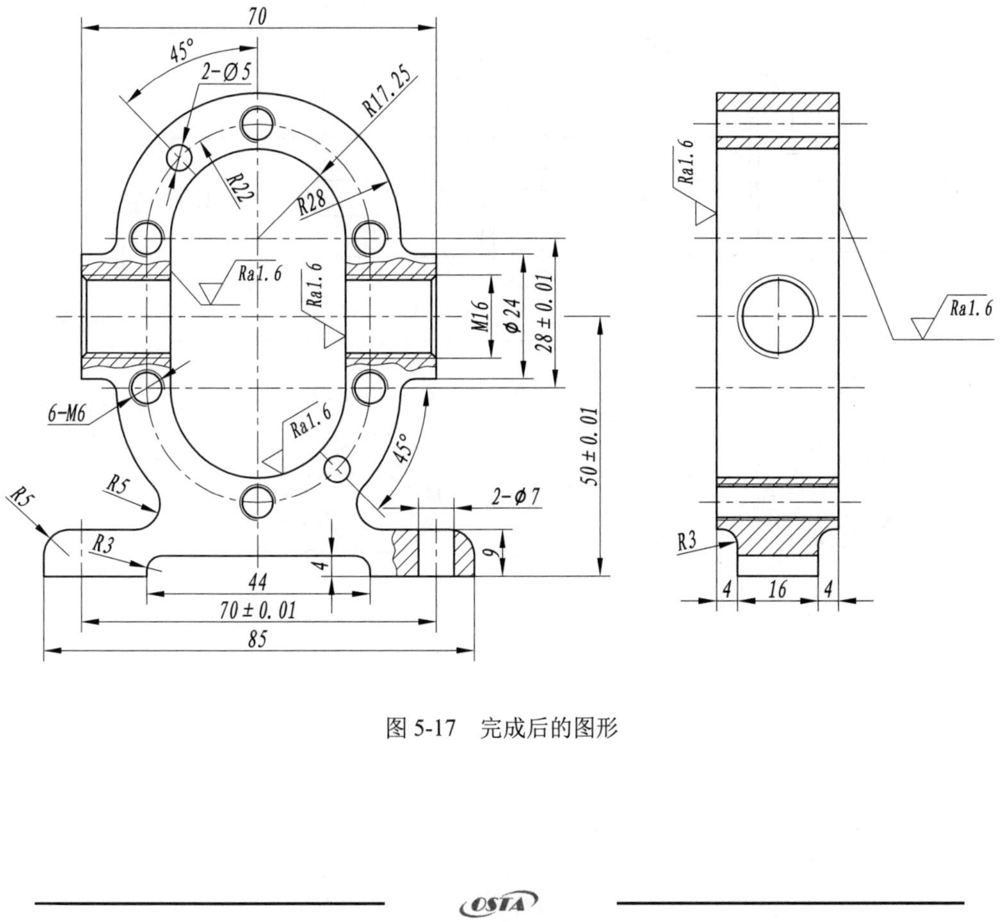

图 5-17　完成后的图形

5.18　第 18 题（机械类）

建立新文件，完成以下操作。

1．**设置绘图环境**：建立合适的图限及栅格，创建如下图层。

- “中心线”图层：颜色设置为红色，线型设置为 CENTER，中心线绘制在该层上。
- “粗实线”图层：线宽设置为 0.70 mm，零件的轮廓线绘制在该层上。
- “标注线”图层：颜色设置为绿色，标注绘制在该层上。
- “细实线”图层：颜色设置为蓝色，剖面线绘制在该层上。
- 其余图形均绘制在默认图层 0 上。

2．**精确绘图**：

- 根据试题注释的尺寸精确绘图，绘图方法和图形编辑方法不限。
- 未标注倒角均为 2×45°。
- 图示中有未标注尺寸的地方，按机械制图有关规范自行定义尺寸。

3．**尺寸标注**：创建合适的标注样式，标注图形，如图 5-18 所示。

完成后将图形存入考生文件夹，命名为 Tcad5-18.dwg。

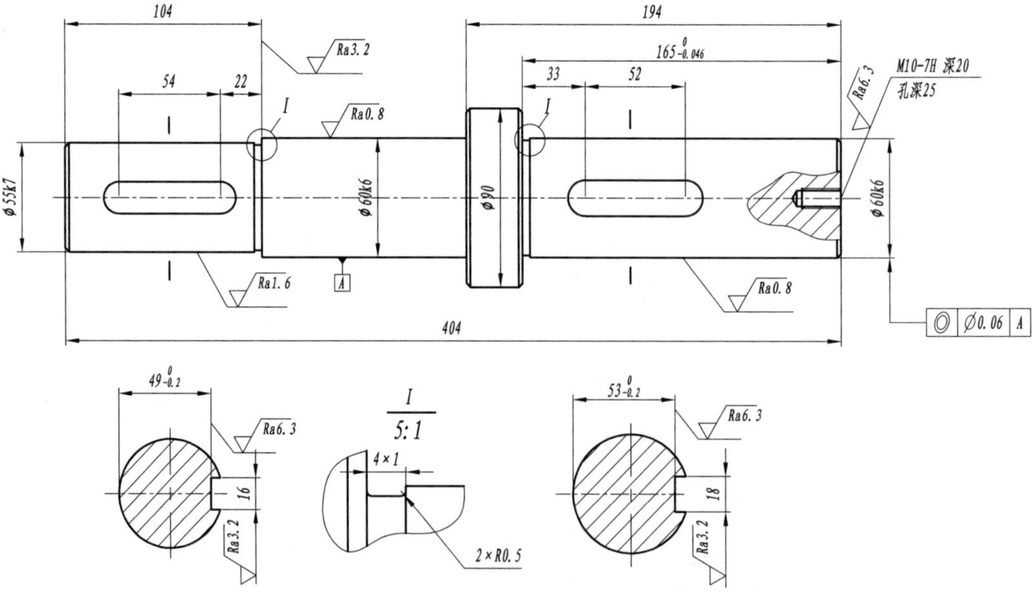

图 5-18　完成后的图形

5.19　第 19 题（机械类）

建立新文件，完成以下操作。

1．**设置绘图环境**：建立合适的图限及栅格，创建如下图层。

- “中心线”图层：颜色设置为红色，线型设置为 CENTER，线型全局比例设置为 0.30，轴线绘制在该层上。
- “轮廓线”图层：线宽设置为 0.50 mm，零件的轮廓线绘制在该层上。
- “尺寸线”图层：颜色设置为绿色，标注绘制在该层上。
- 其余图形均绘制在默认图层 0 上。

2．**精确绘图**：

- 根据试题注释的尺寸精确绘图，绘图方法和图形编辑方法不限。
- 未标注圆角半径为 3 或 5。
- 图示中有未标注尺寸的地方，按机械制图有关规范自行定义尺寸。

3．**尺寸标注**：创建合适的标注样式，标注图形，如图 5-19 所示。

完成后将图形存入考生文件夹，命名为 Tcad5-19.dwg。

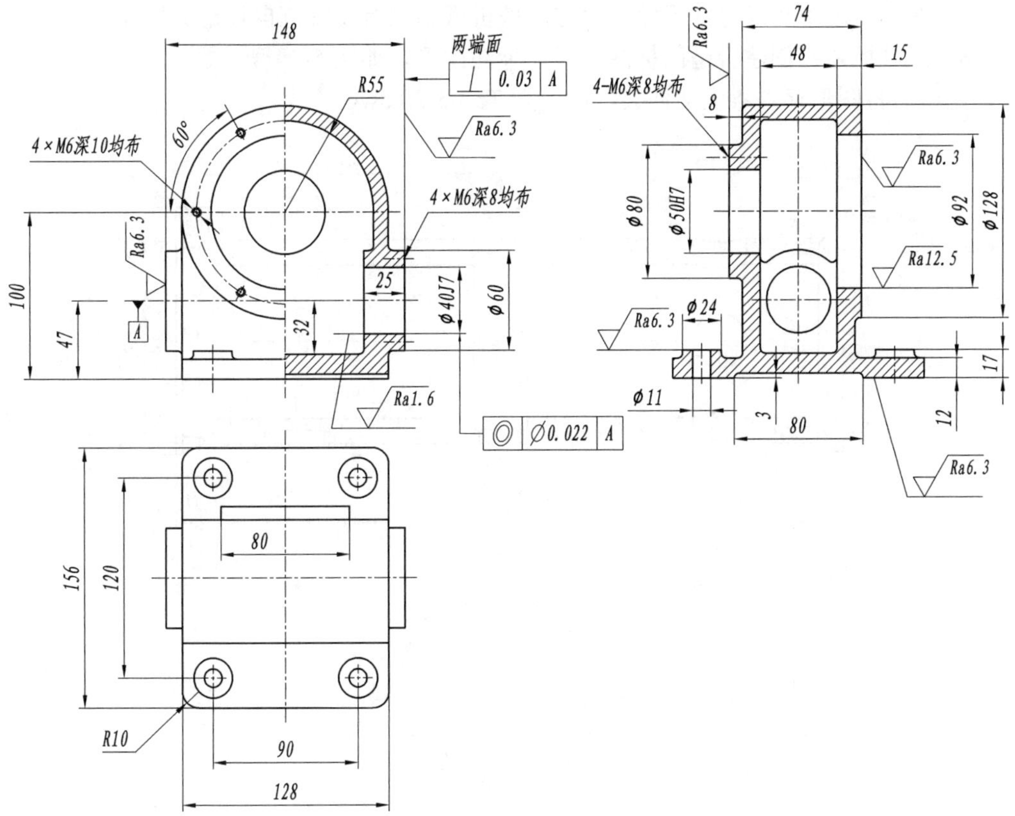

图 5-19　完成后的图形

5.20 第 20 题（机械类）

建立新文件，完成以下操作。

1．**设置绘图环境**：建立合适的图限及栅格，创建如下图层。

- “中心线”图层：颜色设置为红色，线型设置为 CENTER，轴线绘制在该层上。
- “粗实线”图层：线宽设置为 0.70 mm，零件的轮廓线绘制在该层上。
- “细实线”图层：颜色设置为洋红，剖面线绘制在该层上。
- “标注线”图层：颜色设置为绿色，标注绘制在该层上。
- “细虚线”图层：颜色设置为青色，线型设置为 ACAD_ISO02W100，虚线绘制在该层上。
- 其余图形均绘制在默认图层 0 上。

2．**精确绘图**：

- 根据试题注释的尺寸精确绘图，绘图方法和图形编辑方法不限。
- 全部螺纹孔均为倒角 C1，未标注倒角为 C1 或 C2。
- 图示中有未标注尺寸的地方，按机械制图有关规范自行定义尺寸。

3．**尺寸标注**：创建合适的标注样式，标注图形，如图 5-20 所示。

完成后将图形存入考生文件夹，命名为 Tcad5-20.dwg。

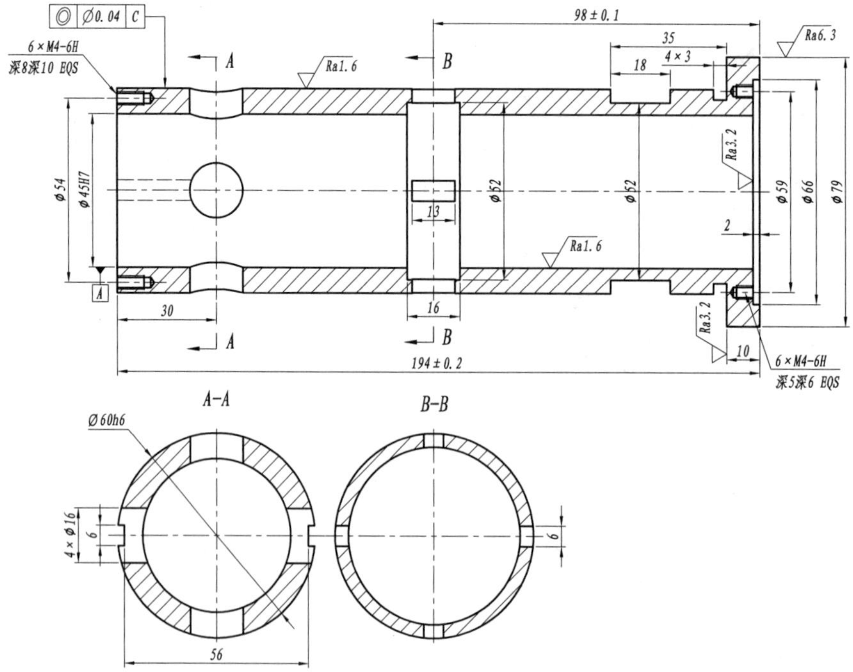

图 5-20 完成后的图形

第六单元　绘制机械装配图

6.1　第 1 题（机械类）

建立新文件，完成以下操作。

1．**设置绘图环境**：建立合适的图限及栅格，创建如下图层。

- "中心线"图层：颜色设置为红色，线型设置为 CENTER，中心线绘制在该层上。
- "尺寸线"图层：颜色设置为绿色，线宽设置为 0.35 mm，标注绘制在该层上。
- "轮廓线"图层：线宽设置为 0.70 mm，零件的轮廓线绘制在该层上。
- "填充线"图层：颜色设置为蓝色，剖面线绘制在该层上。
- 其余图形均绘制在默认图层 0 上。

2．**精确绘图**：

- 按如图 6-01A 所示尺寸，绘制零件图。
- 将绘制的零件图定义为块，并通过拖动等操作，绘制装配图。

3．**尺寸标注**：创建合适的标注样式，标注图形。

4．**绘制图框和标题栏**：以 1:1 比例将图形输出到 A4 图纸上，据此创建图框，并创建合适的标题栏，如图 6-01B 所示。

完成后将图形存入考生文件夹，命名为 Tcad6-01.dwg。

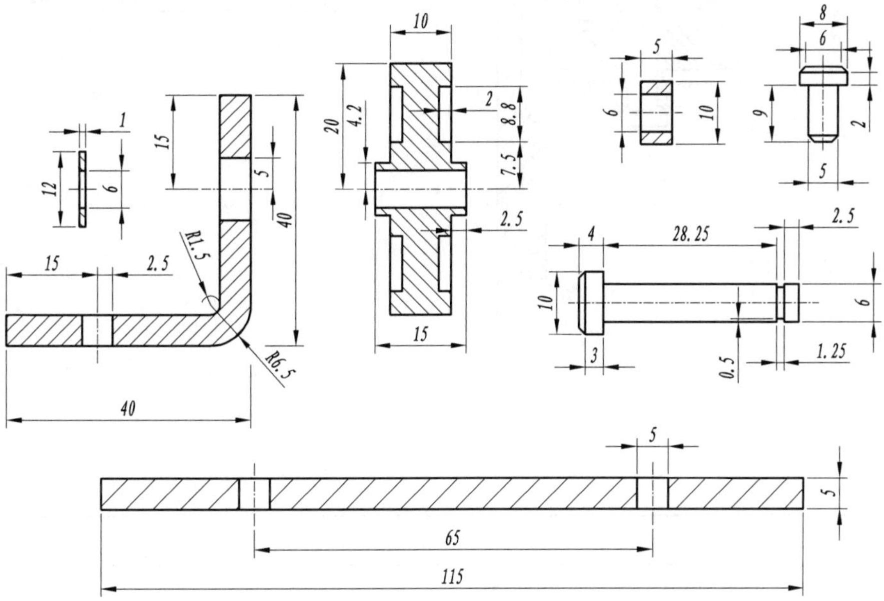

图 6-01A　完成后的图形

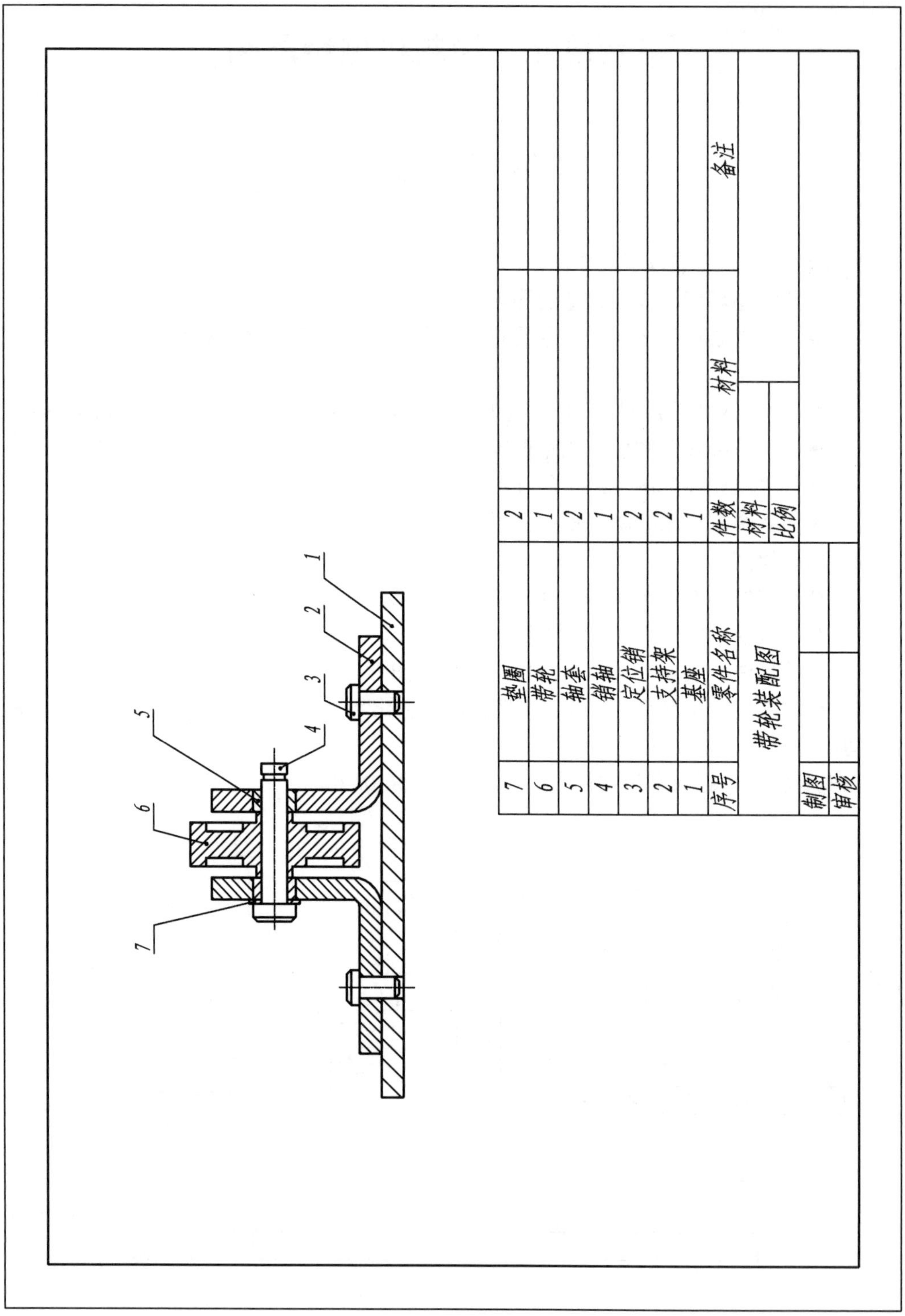

图 6-01B　完成后的图形

6.2　第 2 题（机械类）

打开 C:\2010CADTK\Unit6 中的图形文件 Scad6-02.dwg（如图 6-02A 所示），完成后面的工作。

1．**设置绘图环境**：建立合适的图限及栅格，创建如下图层。

- “中心线”图层：颜色设置为红色，线型设置为 CENTER，将所有中心线转移到该层上。
- “轮廓线”图层：线宽设置为 0.70 mm，将零件的轮廓线转移到该层上。
- “填充线”图层：颜色设置为蓝色，将剖面线转移到该图层上。
- “尺寸线”图层：颜色设置为绿色，线宽设置为 0.35 mm，标注绘制在该层上。
- 其余图形均令其位于图层 0 上。

2．**精确绘图**：将调整后的图形，按图 6-02B 所示，通过拖动和修剪等操作绘制装配图，并将部分图形使用适当的图案样式填充。

3．**尺寸标注**：创建合适的标注样式，标注图形，并添加技术要求。

4．**绘制图框和标题栏**：确定适当的图纸大小，创建图框，并创建合适的标题栏和零件明细表，如图 6-02B 所示。

完成后将图形存入考生文件夹，命名为 Tcad6-02.dwg。

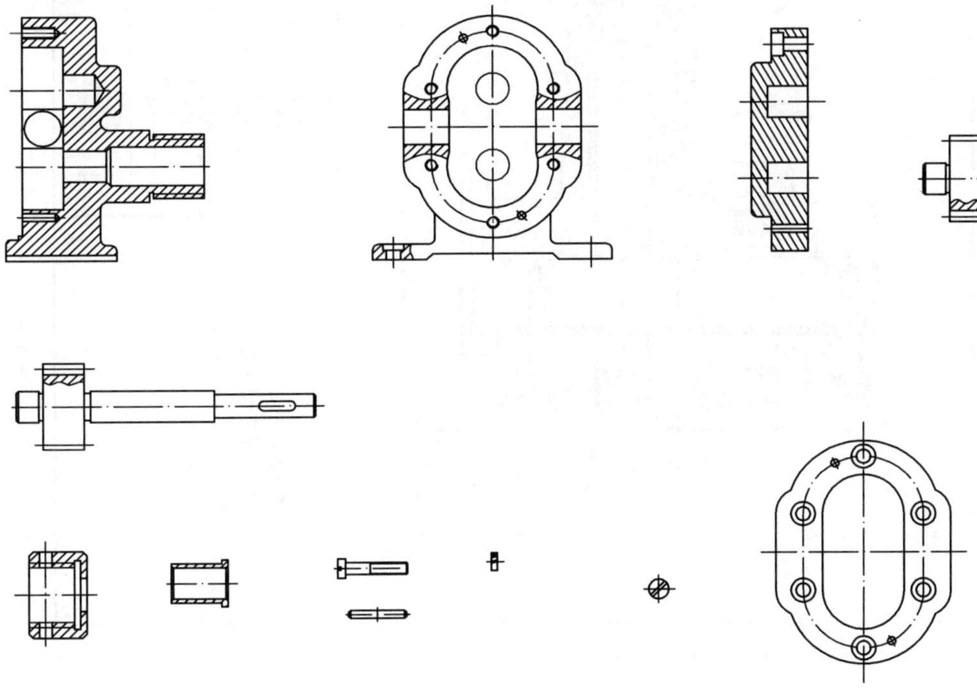

图 6-02A　打开后的图形

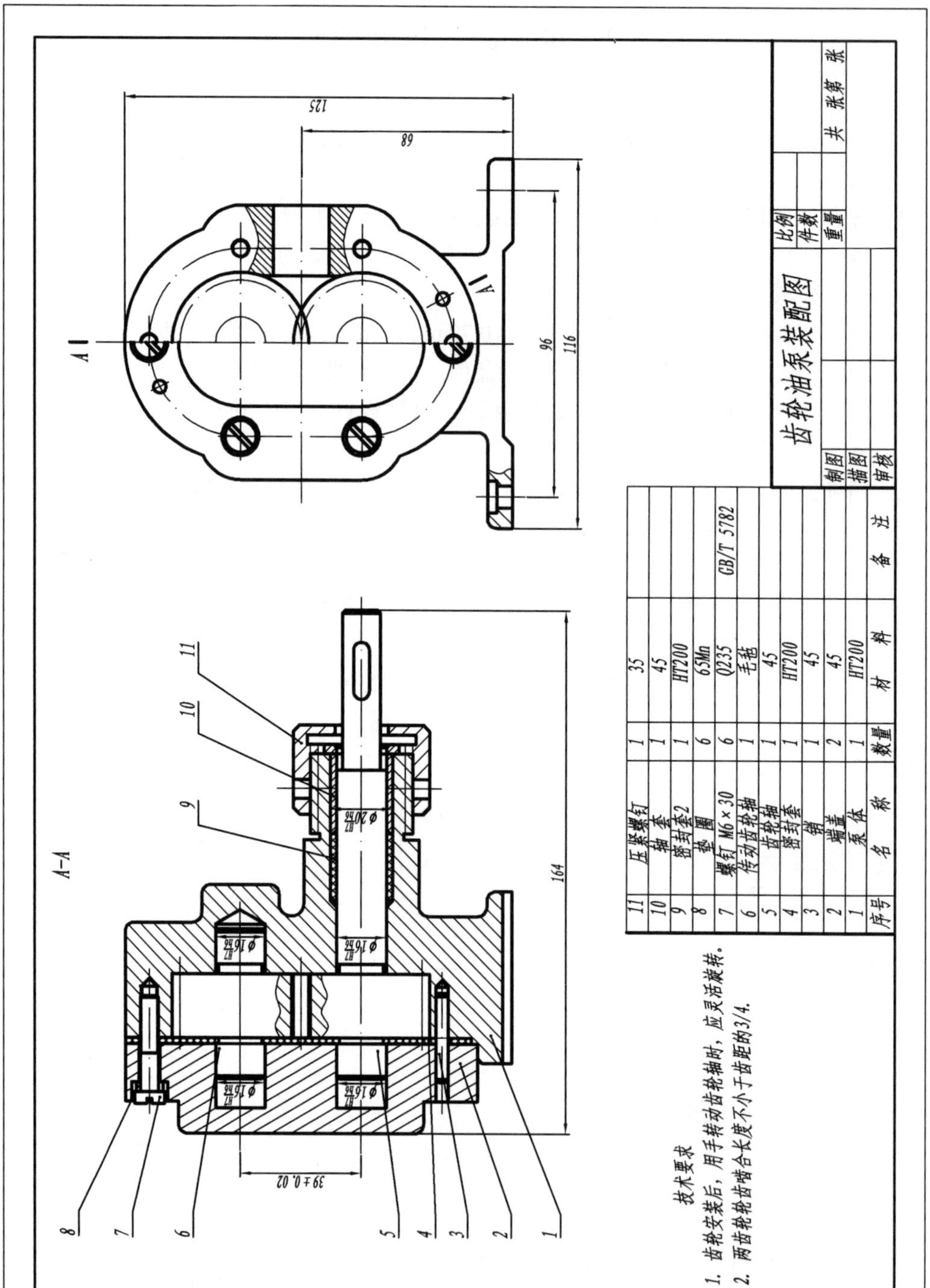

图 6-02B　完成后的图形

6.3 第 3 题（机械类）

建立新文件，完成以下操作。

1. **设置绘图环境**：建立合适的图限及栅格，创建如下图层。
   - “中心线”图层：颜色设置为红色，线型设置为 CENTER，中心线绘制在该层上。
   - “标注”图层：颜色设置为绿色，线宽设置为 0.35 mm，标注绘制在该层上。
   - “轮廓线”图层：线宽设置为 0.70 mm，零件的轮廓线绘制在该层上。
   - “填充”图层：颜色设置为蓝色，剖面线绘制在该层上。
   - 其余图形均绘制在默认图层 0 上。
2. **精确绘图**：
   - 按如图 6-03 所示尺寸，绘制零件图。
   - 按如图 6-03 所示尺寸，绘制零件明细表。
   - 图示中有未标注尺寸的位置，按机械制图有关规范自行定义尺寸（未标注的尺寸，此处只要求轮廓大致相同即可）。
3. **尺寸标注**：创建合适的标注样式，标注图形。
4. **绘制图框和标题栏**：以 1:1 比例将图形输出到 A2 图纸上，据此创建图框，并创建合适的标题栏，如图 6-03 所示。

完成后将图形存入考生文件夹，命名为 Tcad6-03.dwg。

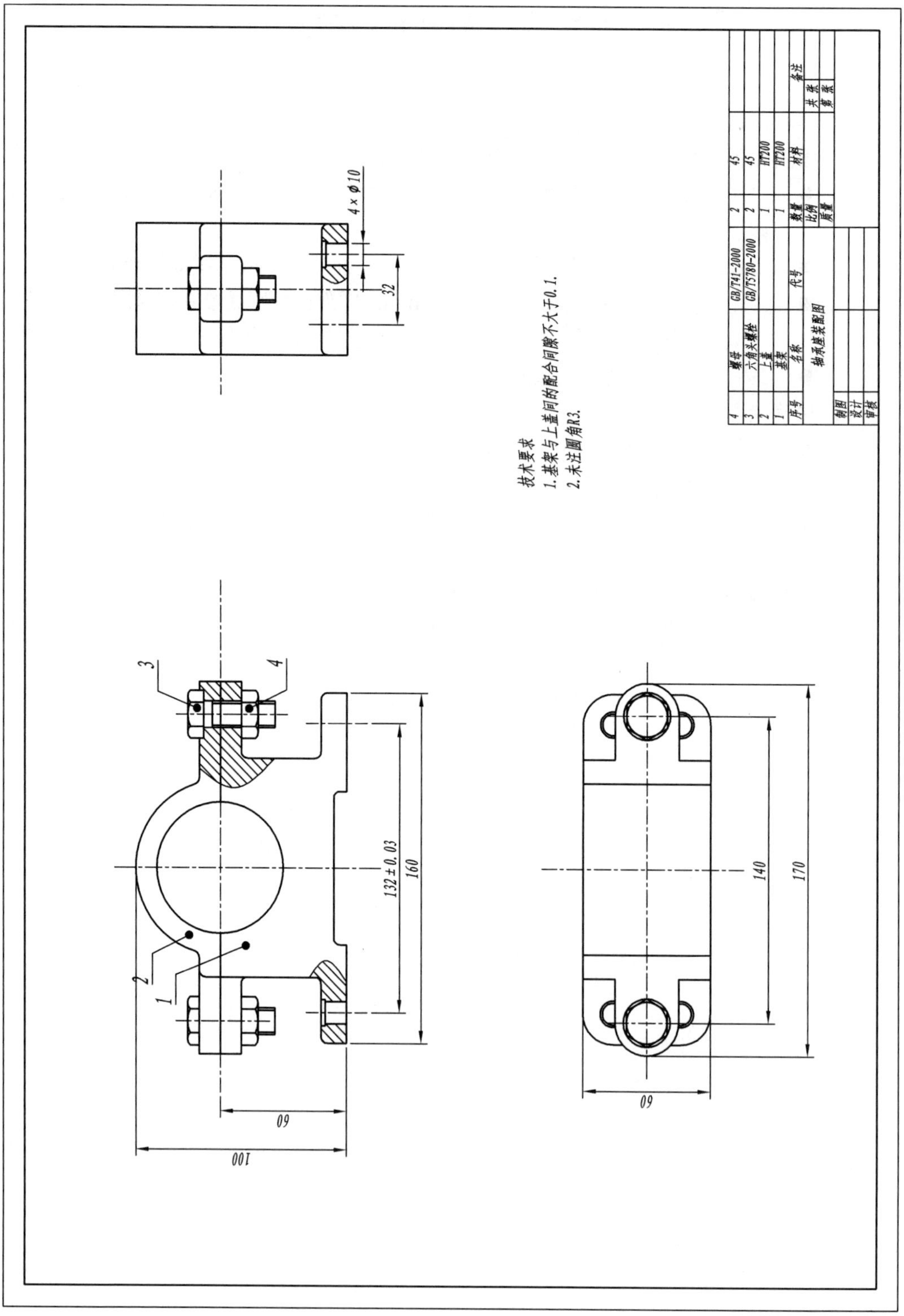
技术要求
1.基架与上盖间的配合间隙不大于0.1.
2.未注圆角R3.
4 螺母 GB/T41-2000 2 45
3 六角头螺栓 GB/T5780-2000 2 45
2 上盖 1 HT200
1 基架 1 HT200
序号 名称 代号 数量 材料 备注
轴承座装配图
比例 质量 共 张 第 张
制图 设计 审核
4×φ10
32
132±0.03
160
60
100
140
170
60
1
2
3
4

图 6-03　完成后的图形

6.4　第 4 题（机械类）

建立新文件，完成以下操作。

1. **设置绘图环境**：建立合适的图限及栅格，创建如下图层。
   - “点划线”图层：颜色设置为红色，线型设置为 CENTER，将所有中心线绘制在该层上。
   - “粗实线”图层：线宽设置为 0.70 mm，将零件的轮廓线绘制在该层上。
   - “细实线”图层：颜色设置为蓝色，线宽设置为 0.35 mm，将非轮廓线和剖面线等绘制在该层上。
   - “标注”图层：颜色设置为绿色，线宽设置为 0.35 mm，将标注绘制在该层上。
   - 其余图形均绘制在图层 0 上。
2. **精确绘图**：
   - 按如图 6-04A 所示尺寸，绘制部分零件图。
   - 将绘制的部分零件图定义为块，并通过拖动和在位编辑块等操作（部分图块需新绘制），绘制装配图。
3. **尺寸标注**：创建合适的标注样式，标注图形。

4. **绘制图框和标题栏**：以 1:2 比例将图形输出到 A4 图纸上，据此创建图框，并创建合适的标题栏，如图 6-04B 所示。

完成后将图形存入考生文件夹，命名为 Tcad6-04.dwg。

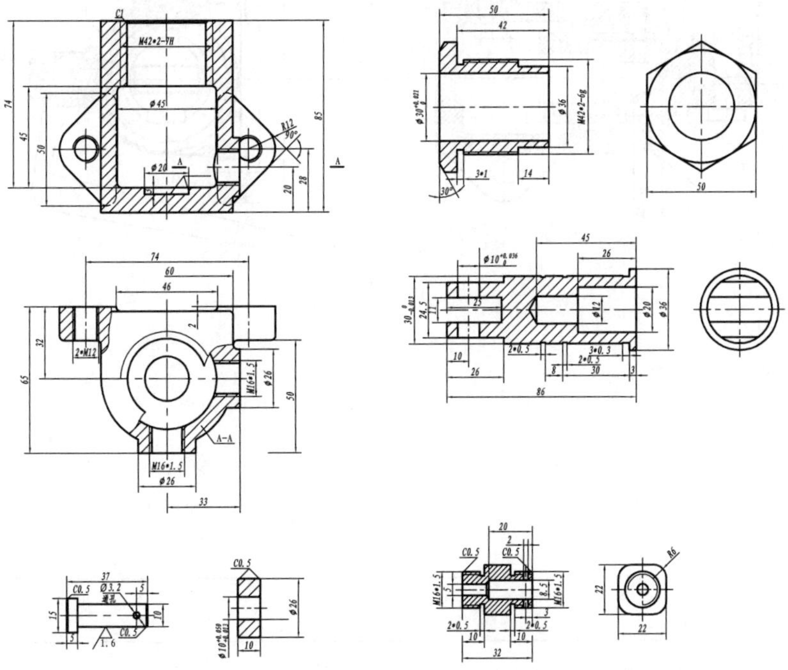

图 6-04A　需绘制的零件图（完成后可将标注隐藏）

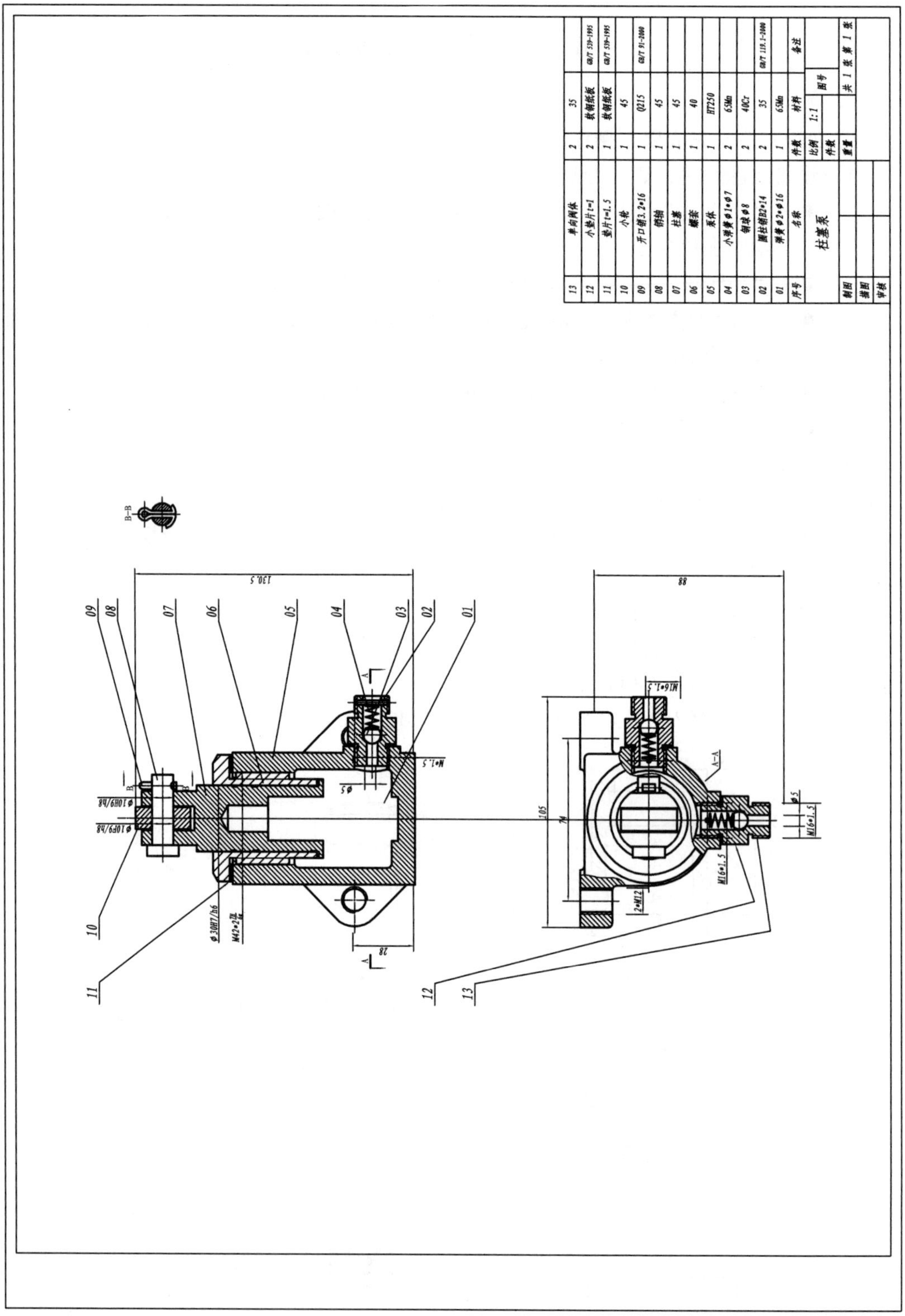

图 6-04B　完成后的图形

6.5　第 5 题（机械类）

建立新文件，完成以下操作。

1．**设置绘图环境**：建立合适的图限及栅格，创建如下图层。

- “中心线”图层：颜色设置为红色，线型设置为 CENTER，中心线绘制在该层上。
- “尺寸线”图层：颜色设置为绿色，线宽设置为 0.35 mm，标注绘制在该层上。
- “轮廓线”图层：线宽设置为 0.70 mm，零件的轮廓线绘制在该层上。
- 其余图形均绘制在默认图层 0 上。

2．**精确绘图**：

- 按如图 6-05A 所示尺寸，绘制必要的零件图。
- 将绘制的部分零件图定义为块，并通过拖动和在位编辑块等操作，绘制装配图。

3．**尺寸标注**：创建合适的标注样式，标注图形。

4．**绘制图框和标题栏**：以 1:1 比例将图形输出到 A3 图纸上，据此创建图框，并创建合适的标题栏和零件明细表等，如图 6-05B 所示。

完成后将图形存入考生文件夹，命名为 Tcad6-05.dwg。

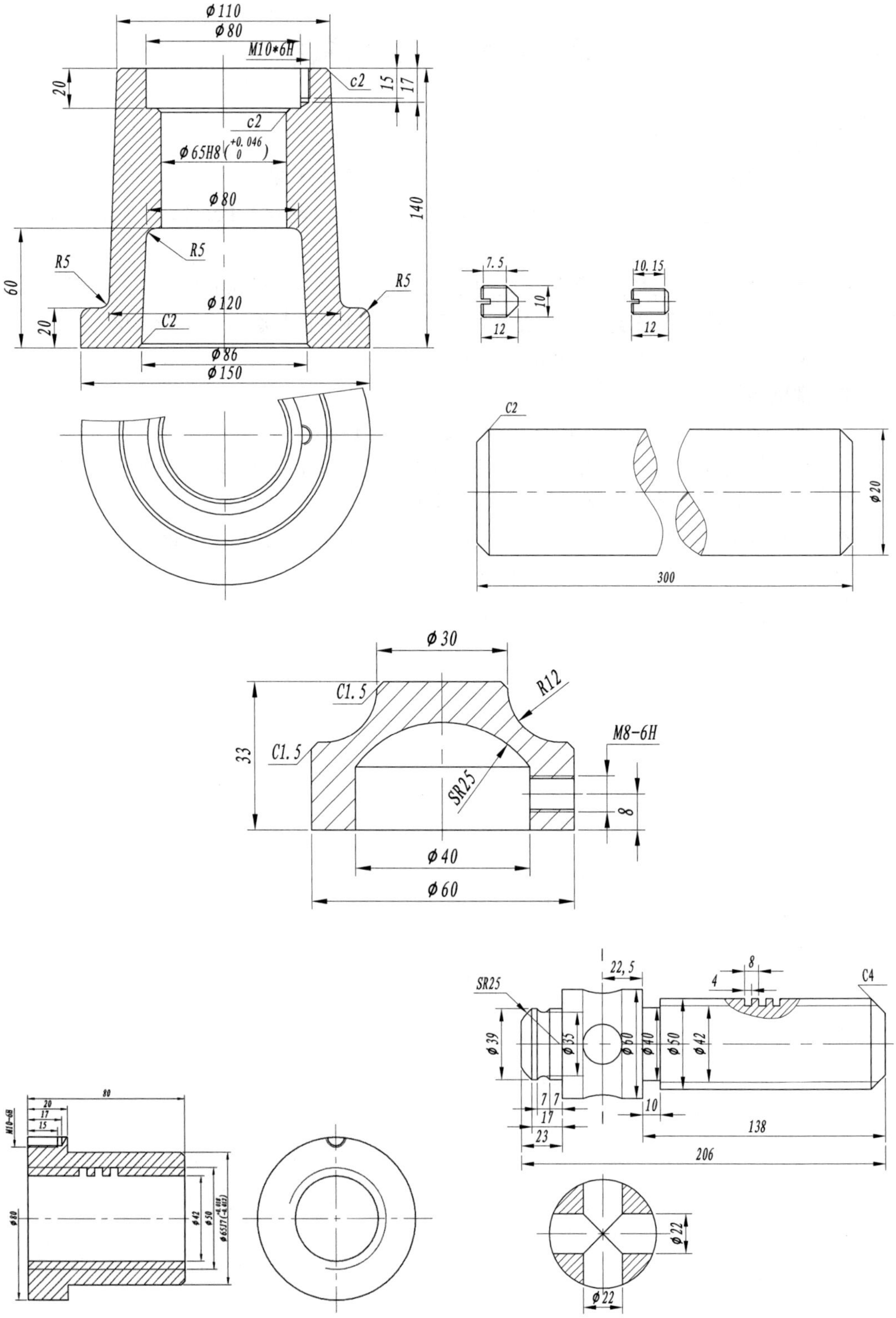

图 6-05A　需绘制的零件图（完成后可将标注隐藏）

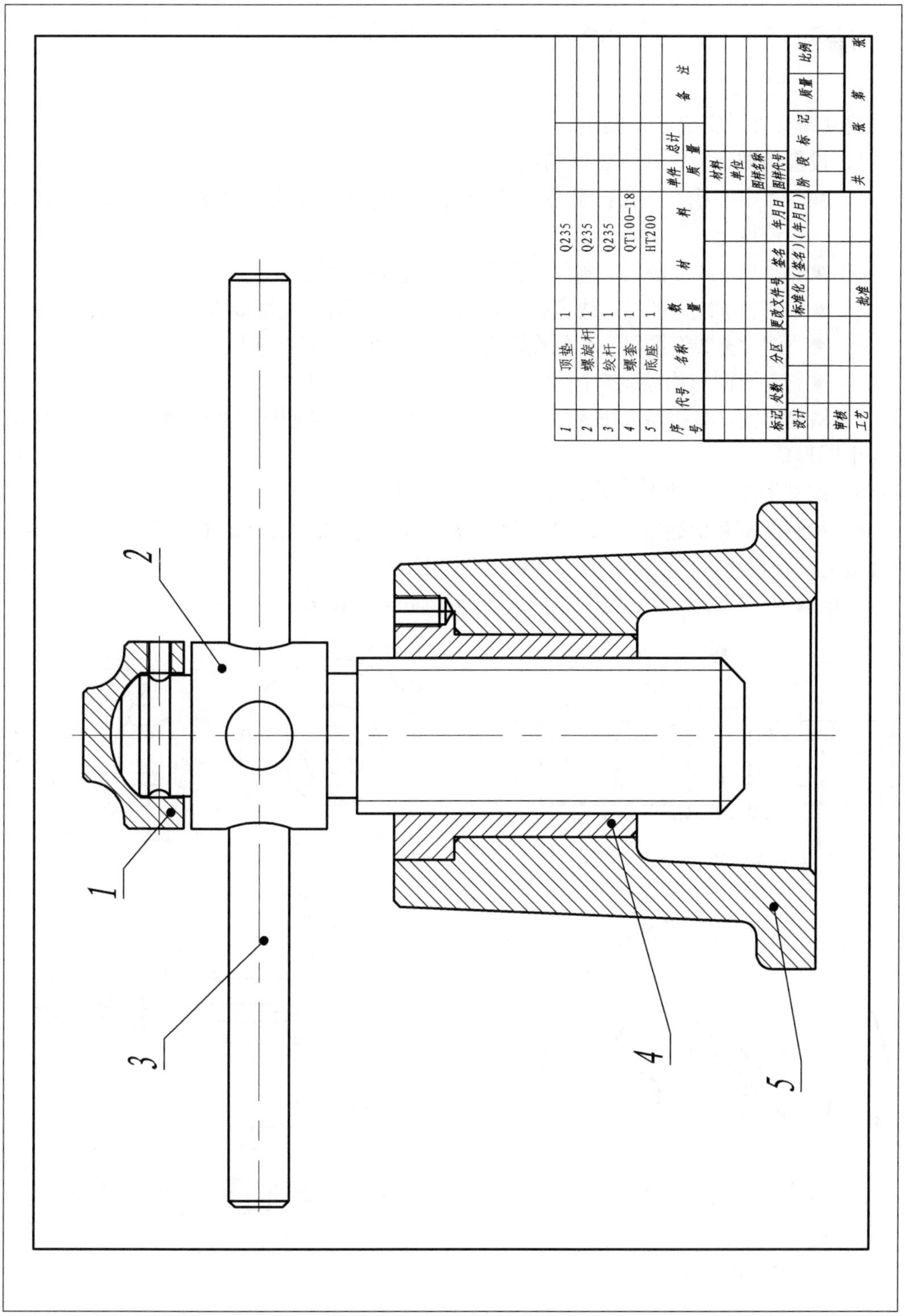

图 6-05B 完成后的图形

6.6 第 6 题（机械类）

建立新文件，完成以下操作。

1．**设置绘图环境**：建立合适的图限及栅格，创建如下图层。

- “中心线”图层：颜色设置为红色，线型设置为 CENTER，中心线绘制在该层上。
- “尺寸线”图层：颜色设置为绿色，标注绘制在该层上。
- “轮廓线”图层：线宽设置为 0.70 mm，零件的轮廓线绘制在该层上。
- “填充线”图层：颜色设置为洋红，将剖面线绘制在该层上。
- 其余图形均绘制在图层 0 上。

2．**精确绘图**：参照图 6-06A 所示零件图，直接绘制装配图（装配体中“键”的厚度为 5 个图形单位）。

3．**尺寸标注**：创建合适的标注样式，标注图形。

4．**绘制图框和标题栏**：以 1:2 比例将图形输出到 A2 图纸上，据此创建图框，并创建合适的标题栏和零件明细表等，如图 6-06B 所示。

完成后将图形存入考生文件夹，命名为 Tcad6-06.dwg。

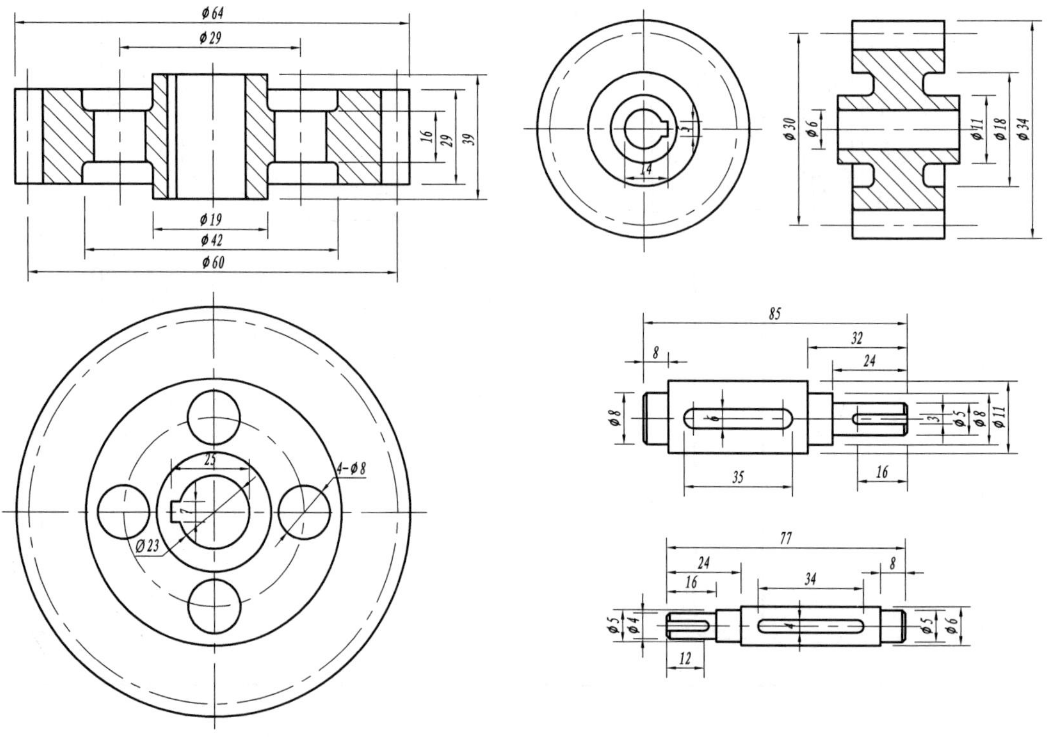

图 6-06A 零件图

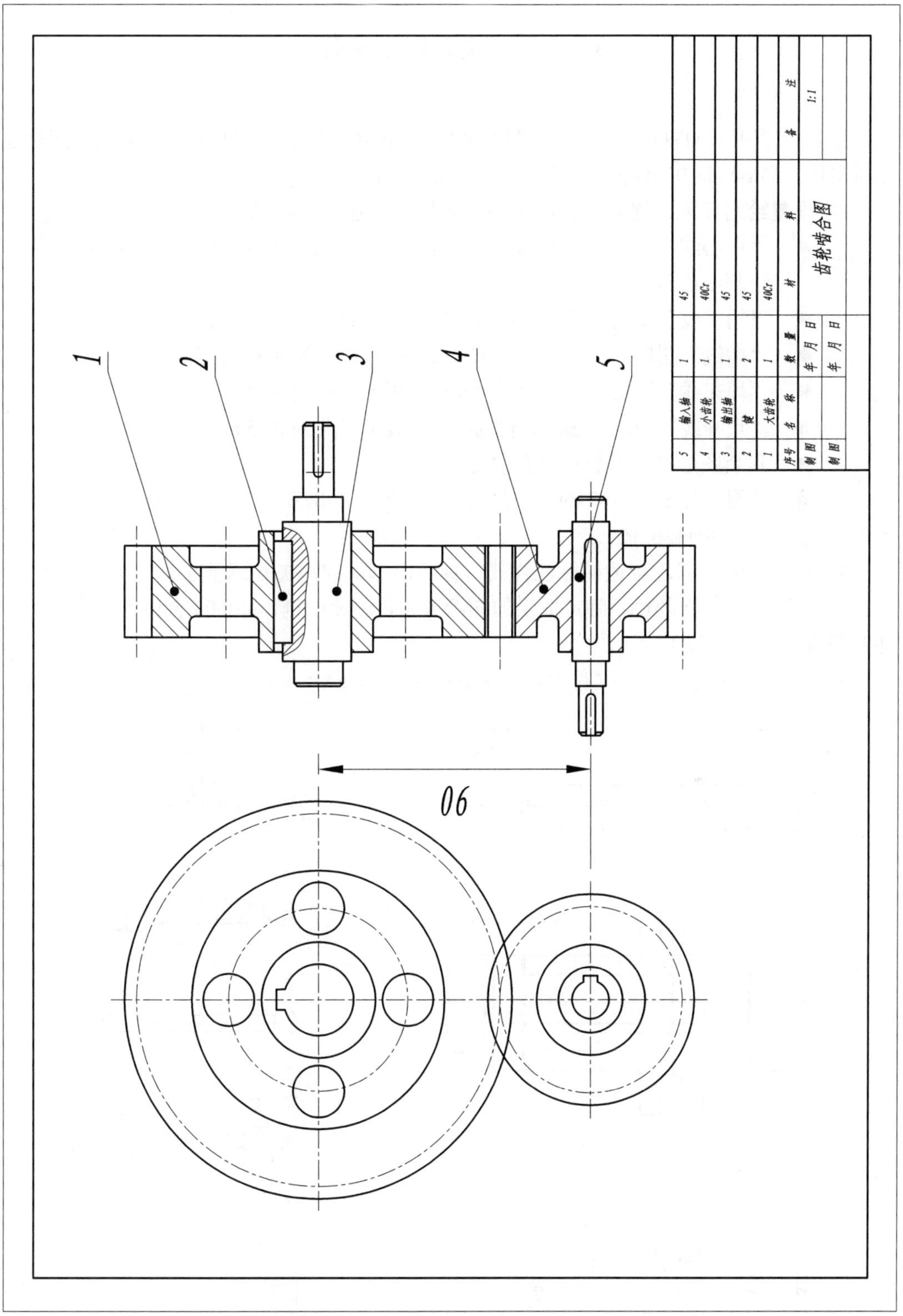

图 6-06B　完成后的图形

6.7　第 7 题（机械类）

打开 C:\2010CADTK\Unit6 中的图形文件 Scad6-07.dwg（如图 6-07A 所示），然后建立新文件，自 Scad6-07.dwg 中复制图形，完成后面的操作。

1．**设置绘图环境**：建立合适的图限及栅格，创建如下图层。

- "中心线"图层：颜色设置为红色，线型设置为 ACAD_ISO04W100，用于绘制中心线。
- "粗实线"图层：线宽设置为 0.70 mm，用于绘制轮廓线。
- "虚线"图层：线型设置为 HIDDEN2，用于绘制被遮挡的虚线。
- "填充线"图层：颜色设置为蓝色，用于绘制剖面线。
- "尺寸线"图层：颜色设置为绿色，线宽设置为 0.35 mm，用于标注尺寸。
- 其余图形均令其位于图层 0 上。

2．**精确绘图**：自 Scad6-07.dwg 中复制图形，如图 6-07B 所示，通过拖动和修剪等对图形进行调整，绘制装配图。

3．**尺寸标注**：创建合适的标注样式，标注图形，并添加技术要求。

4．**绘制图框和标题栏**：确定适当的图纸大小，创建图框，并创建合适的标题栏和零件明细表，如图 6-07B 所示。

完成后将图形存入考生文件夹，命名为 Tcad6-07.dwg。

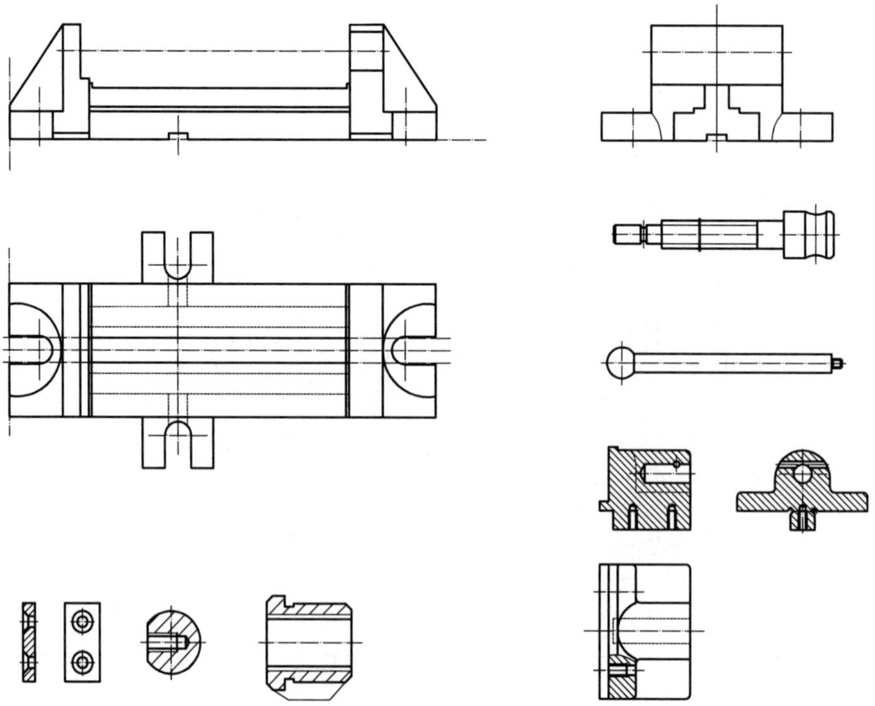

图 6-07A　素材图形

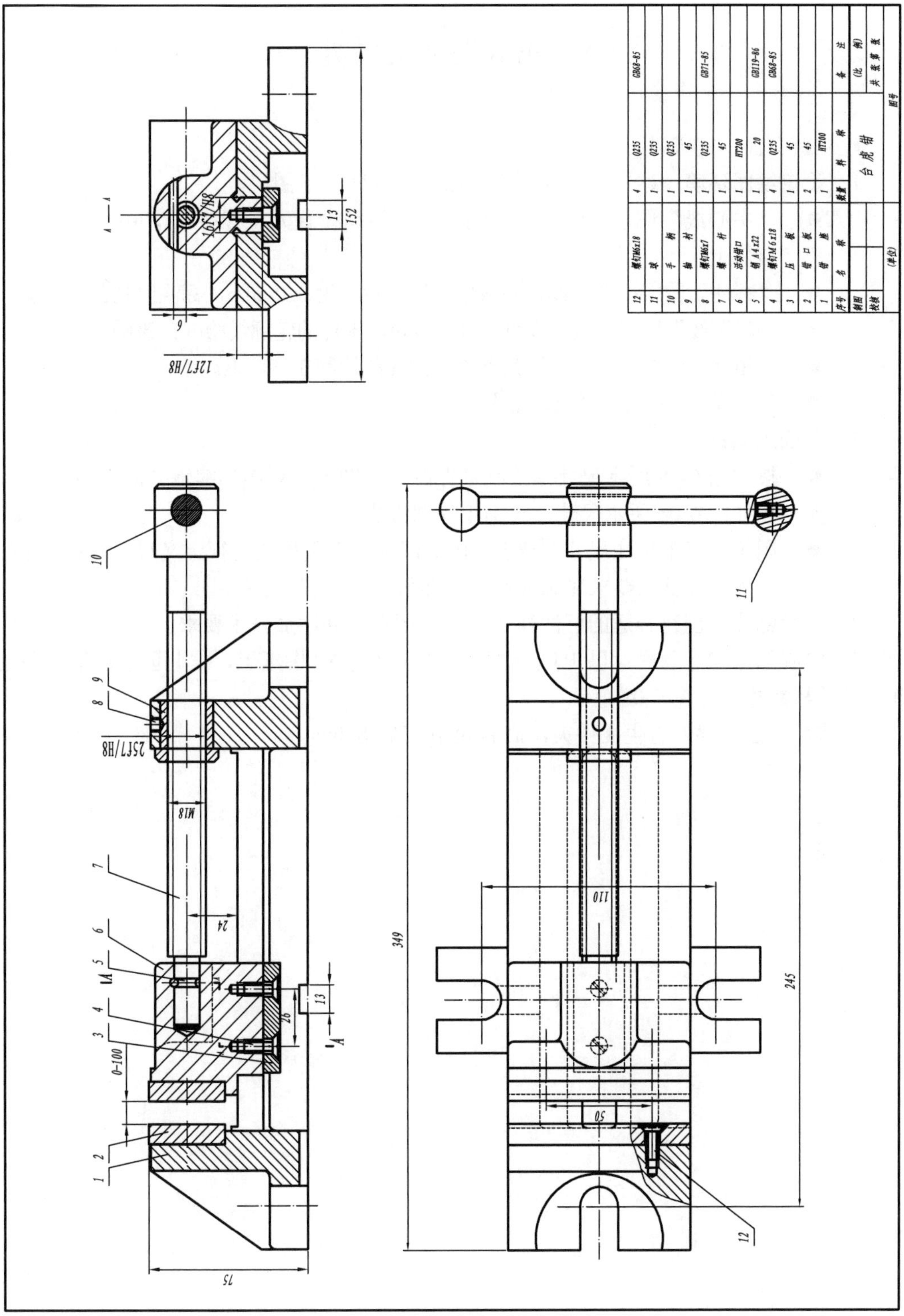

图 6-07B　完成后的图形

6.8　第 8 题（机械类）

建立新文件，完成以下操作。

1．**设置绘图环境**：建立合适的图限及栅格，创建如下图层。

- “中心线”图层：颜色设置为红色，线型设置为 CENTER，中心线绘制在该层上。
- “标注”图层：颜色设置为绿色，线宽设置为 0.35 mm，标注绘制在该层上。
- “轮廓线”图层：线宽设置为 0.70 mm，零件的轮廓线绘制在该层上。
- “填充”图层：颜色设置为青色，剖面线绘制在该层上。
- 其余图形均绘制在默认图层 0 上。

2．**精确绘图**：

- 按如图 6-08 所示尺寸，绘制零件图，绘图方法和图形编辑方法不限。
- 按如图 6-08 所示尺寸，绘制零件明细表。
- 图示中有未标注尺寸的位置，按机械制图有关规范自行定义尺寸（未标注的尺寸，此处只要求轮廓大致相同即可）。

3．**尺寸标注**：创建合适的标注样式，标注图形，并添加技术要求。

4．**绘制图框和标题栏**：以 1:1 比例将图形输出到 A2 图纸上，据此创建图框，并创建合适的标题栏，如图 6-08 所示。

完成后将图形存入考生文件夹，命名为 Tcad6-08.dwg。

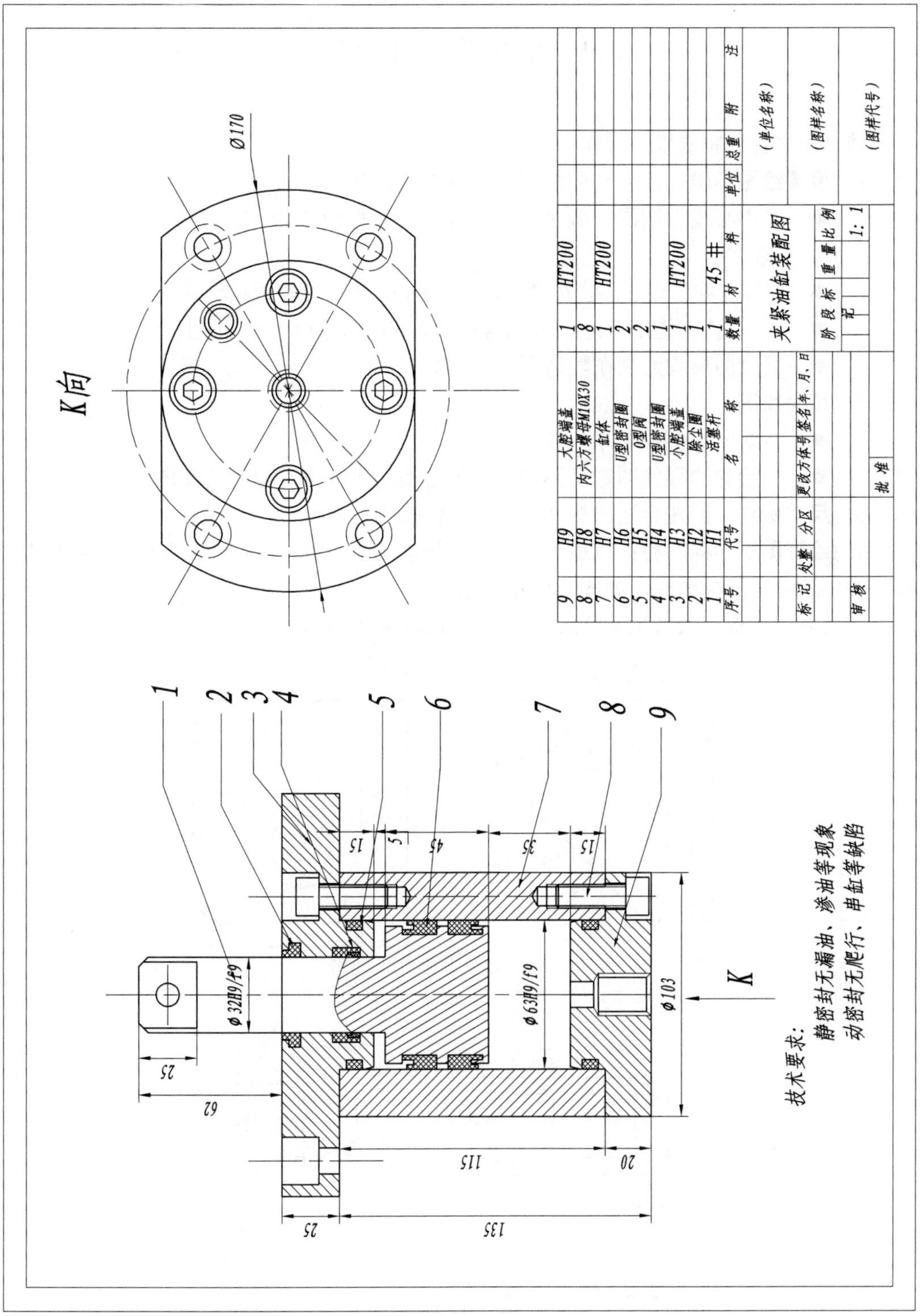
K向
Ø170
技术要求：
静密封无漏油、渗油等现象
动密封无爬行、串缸等缺陷
夹紧油缸装配图
1: 1
(单位名称)
(图样名称)
(图样代号)
9 H9 大腔端盖 1 HT200
8 H8 内六方螺母M10X30 8
7 H7 缸体 1 HT200
6 H6 U型密封圈 2
5 H5 O型阀 2
4 H4 U型密封圈 1 HT200
3 H3 小腔端盖 1
2 H2 除尘圈 1
1 H1 活塞杆 1 45＃
序号 代号 名称 数量 材料 单位 总重 附注
标记 处数 分区 更改方件号 签名 年、月、日
阶段标记 重量 比例
审核
批准
Ø32H9/f9
Ø63H9/f9
Ø103
K
25
62
115
20
135
15
5
45
35

图 6-08　完成后的图形

6.9　第 9 题（机械类）

建立新文件，完成以下操作。

1．**设置绘图环境**：建立合适的图限及栅格，创建如下图层。

- “中心线”图层：颜色设置为红色，线型设置为 CENTER，中心线绘制在该层上。
- “粗实线”图层：线宽设置为 0.70 mm，零件的轮廓线绘制在该层上。
- “虚线”图层：颜色设置为蓝色，虚线图形绘制在该图层上。
- 其余图形均绘制在默认图层 0 上。

2．**精确绘图**：

- 按如图 6-09A 所示尺寸，绘制零件图。
- 将绘制的零件图定义为块，并通过拖动等操作，绘制装配图。

3．**尺寸标注**：创建合适的标注样式，标注图形。

4．**绘制图框和标题栏**：以适当比例将图形输出到 610×789 的图纸上，据此创建图框，并创建合适的标题栏，如图 6-09B 所示。

完成后将图形存入考生文件夹，命名为 Tcad6-09.dwg。

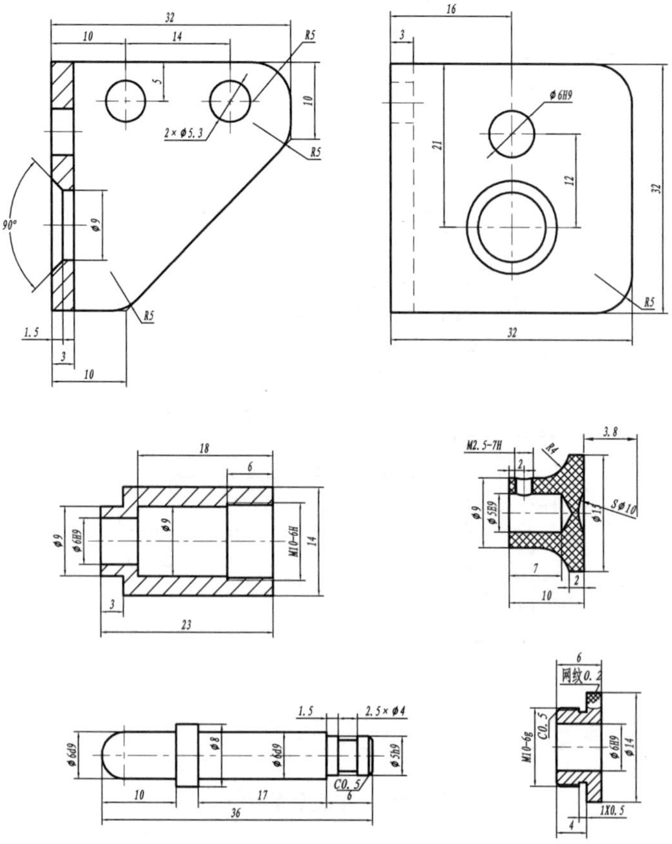

图 6-09A　完成后的图形

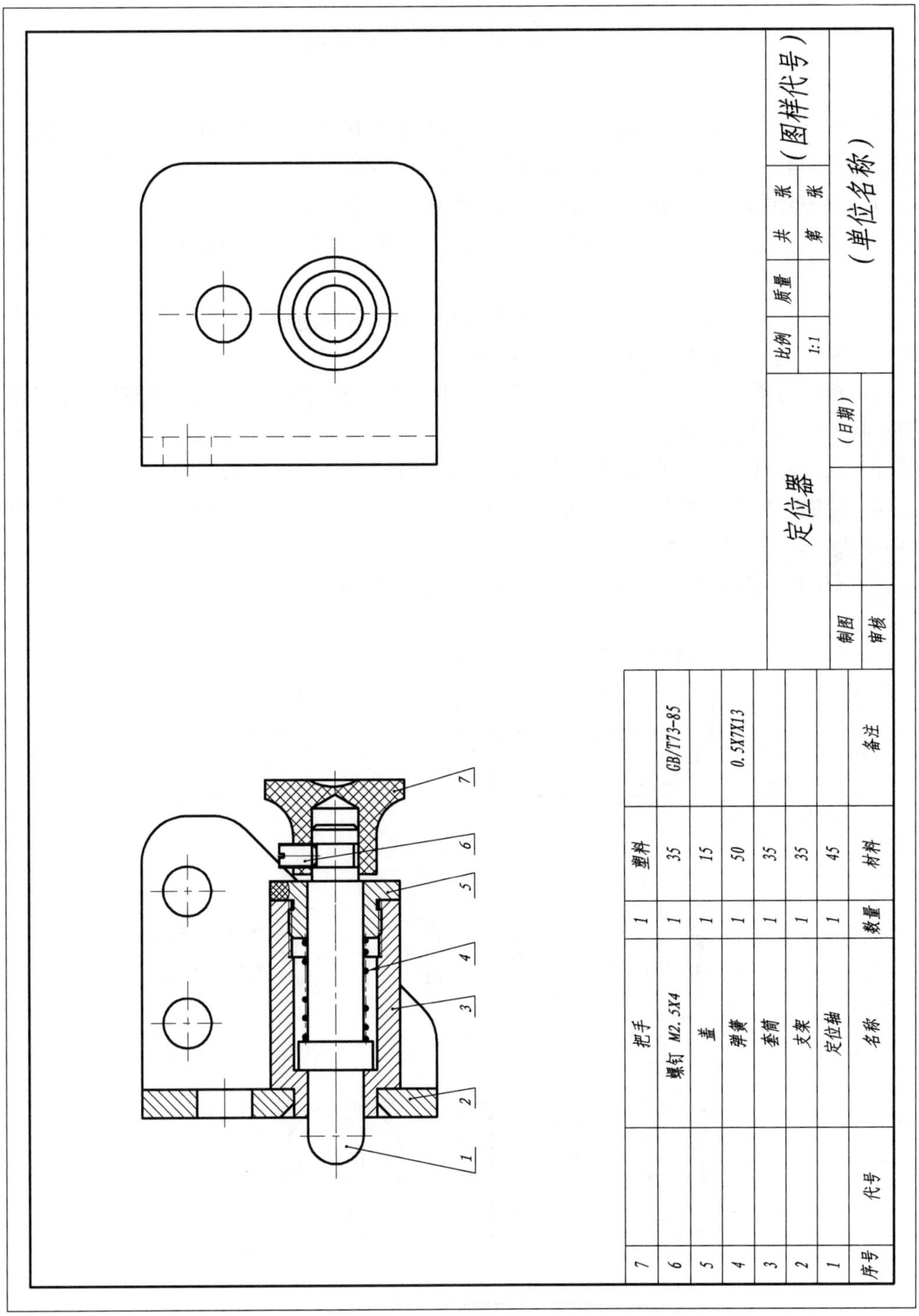

图 6-09B　完成后的图形

6.10　第 10 题（机械类）

打开 C:\2010CADTK\Unit6 中的图形文件 Scad6-10.dwg（如图 6-10A 所示），然后建立新文件，自 Scad6-10.dwg 中复制图形，完成后面操作。

1．设置绘图环境：建立合适的图限及栅格，创建如下图层。

- “中心线”图层：颜色设置为红色，线型设置为 CENTER2，中心线绘制在该层上。
- “粗实线”图层：线宽设置为 0.70 mm，零件的轮廓线绘制在该层上。
- 其余图形均令其位于图层 0 上。

2．精确绘图：自 Scad6-10.dwg 中复制图形，如图 6-10B 所示，通过拖动和修剪等对图形进行调整，绘制装配图。

3．尺寸标注：创建合适的标注样式，标注图形，并添加技术要求。

4．绘制图框和标题栏：确定适当的图纸大小，创建图框，并创建合适的标题栏和零件明细表，如图 6-10B 所示。

完成后将图形存入考生文件夹，命名为 Tcad6-10.dwg。

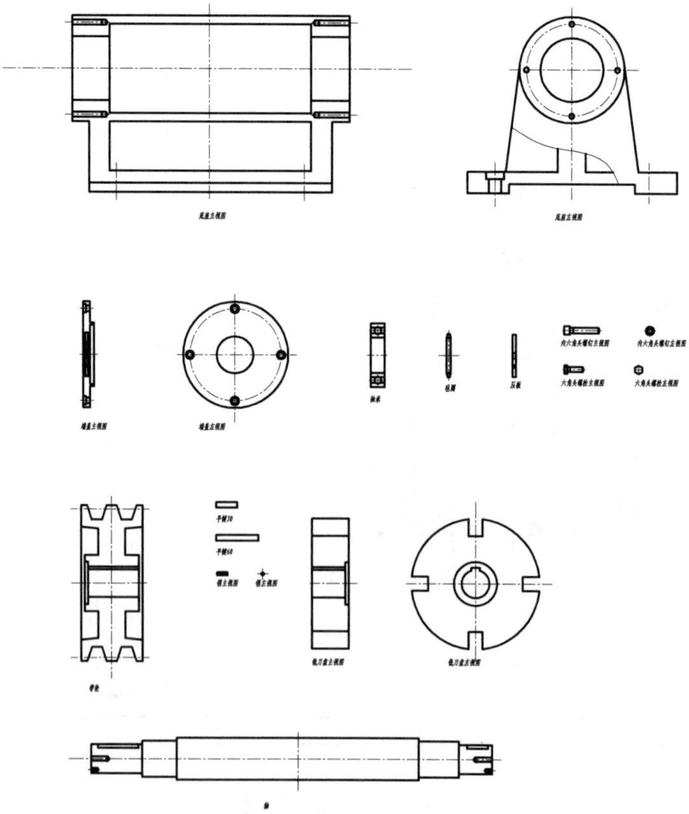

图 6-10A　打开后的图形

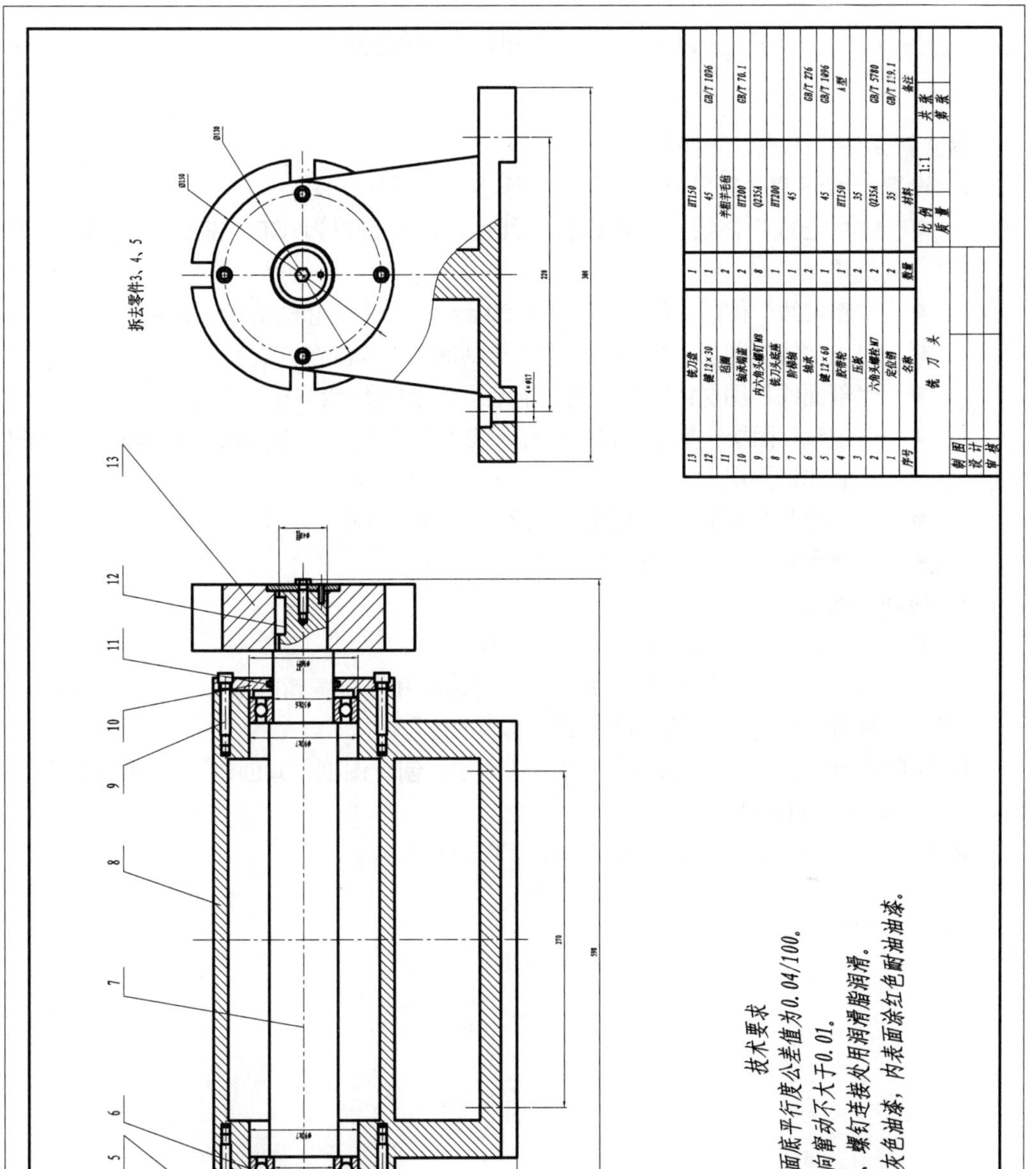

图 6-10B　完成后的图形

6.11　第 11 题（机械类）

建立新文件，完成以下操作。

1．**设置绘图环境**：建立合适的图限及栅格，创建如下图层。

- “中心线”图层：颜色设置为红色，线型设置为 CENTER，中心线绘制在该层上。
- “粗实线”图层：线宽设置为 0.50 mm，零件的轮廓线绘制在该层上。
- “细实线”图层：将需要细实线绘制的图形绘制在该层上。
- “剖面线”图层：颜色设置为青色，将剖面线绘制在该层上。
- “虚线”图层：颜色设置为洋红，线型设置为 ACAD_ISO02W100，虚线图形绘制在该图层上。
- “标注”图层：颜色设置为绿色，标注绘制在该层上。
- 其余图形均绘制在默认图层 0 上。

2．**精确绘图**：

- 按图 6-11A 所示尺寸，绘制零件图。
- 将绘制的零件图定义为块，并通过拖动和在位编辑等操作，绘制装配图。

3．**尺寸标注**：创建合适的标注样式，标注图形。

4．**绘制图框和标题栏**：确定适当的图纸大小，创建图框，并创建合适的标题栏和零件明细表，如图 6-11B 所示。

完成后将图形存入考生文件夹，命名为 Tcad6-11.dwg。

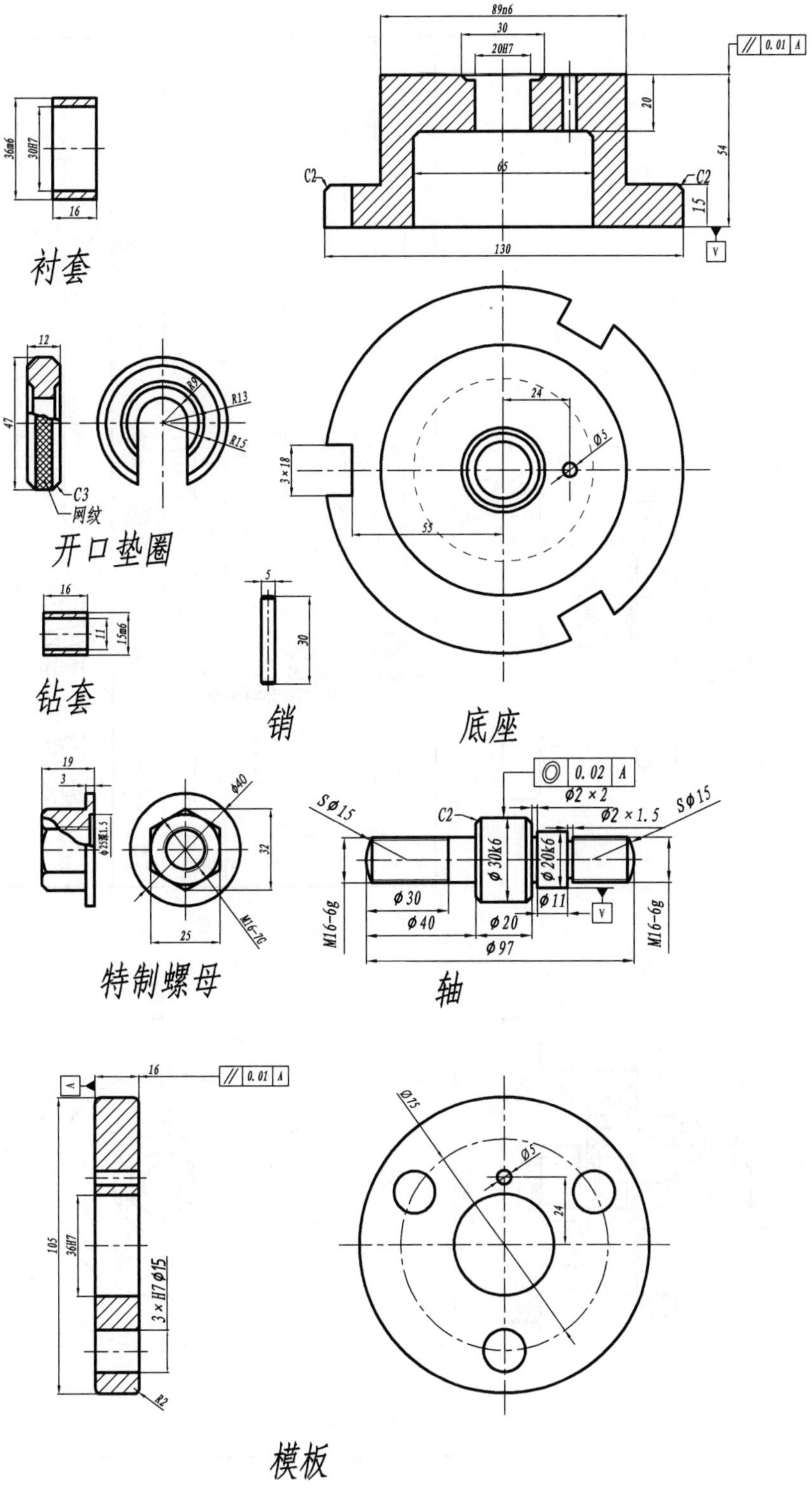

图 6-11A　完成后的图形

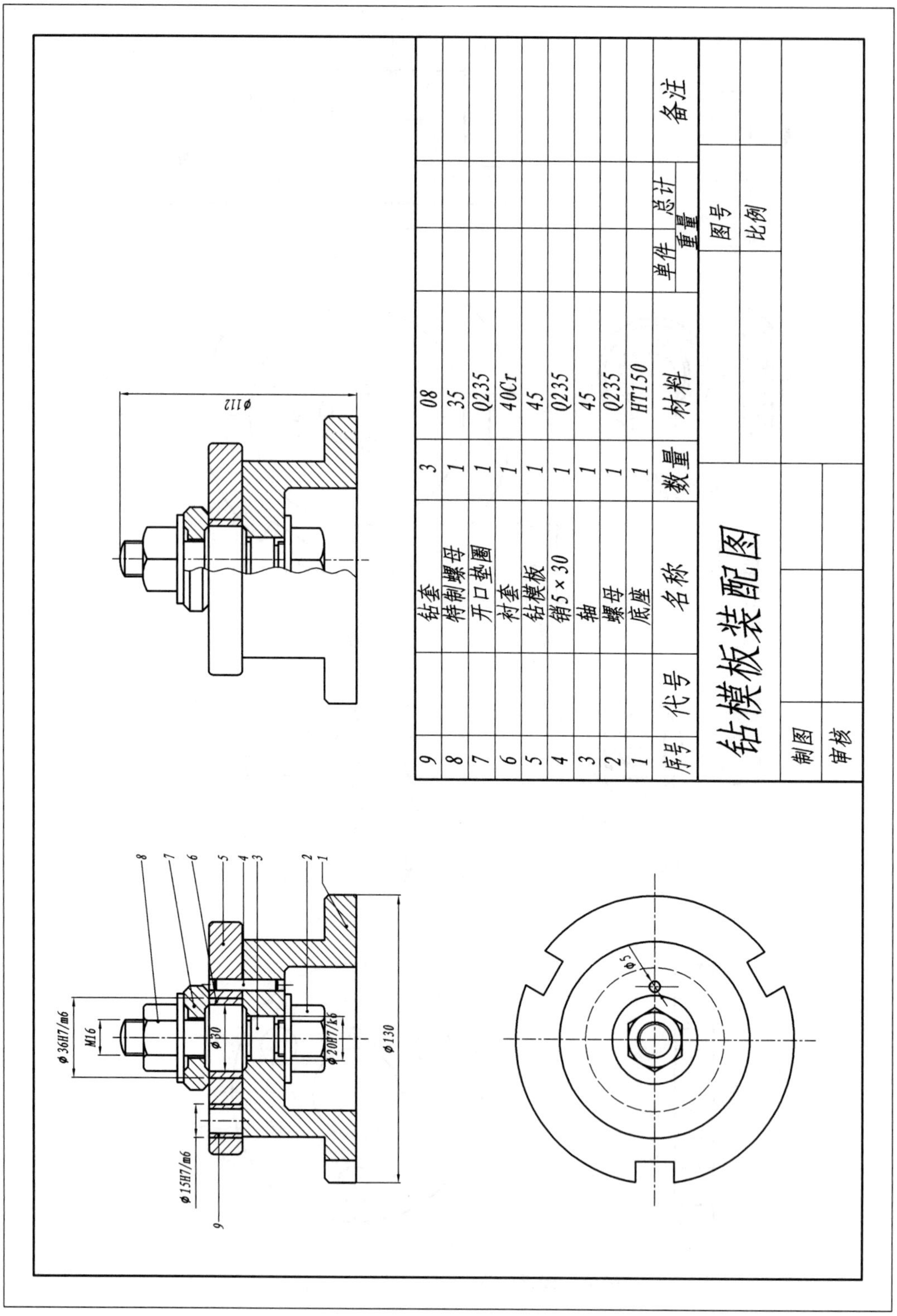

图 6-11B 完成后的图形

6.12　第 12 题（机械类）

建立新文件，完成以下操作。

1．**设置绘图环境**：建立合适的图限及栅格，创建如下图层。

- “中心线”图层：颜色设置为红色，线型设置为 CENTER，中心线绘制在该层上。
- “标注”图层：颜色设置为绿色，标注绘制在该层上。
- “粗实线”图层：线宽设置为 0.50 mm，零件的轮廓线绘制在该层上。
- “剖面线”图层：颜色设置为青色，将剖面线绘制在该层上。
- “虚线”图层：颜色设置为蓝色，线型设置为 HIDDEN，将虚线绘制在该层上。
- 其余图形均绘制在图层 0 上。

2．**精确绘图**：参照图 6-12A 所示零件图，直接绘制装配图。

3．**尺寸标注**：创建合适的标注样式，标注图形。

4．**绘制图框和标题栏**：确定适当的图纸大小，创建图框，并创建合适的标题栏和零件明细表，如图 6-12B 所示。

完成后将图形存入考生文件夹，命名为 Tcad6-12.dwg。

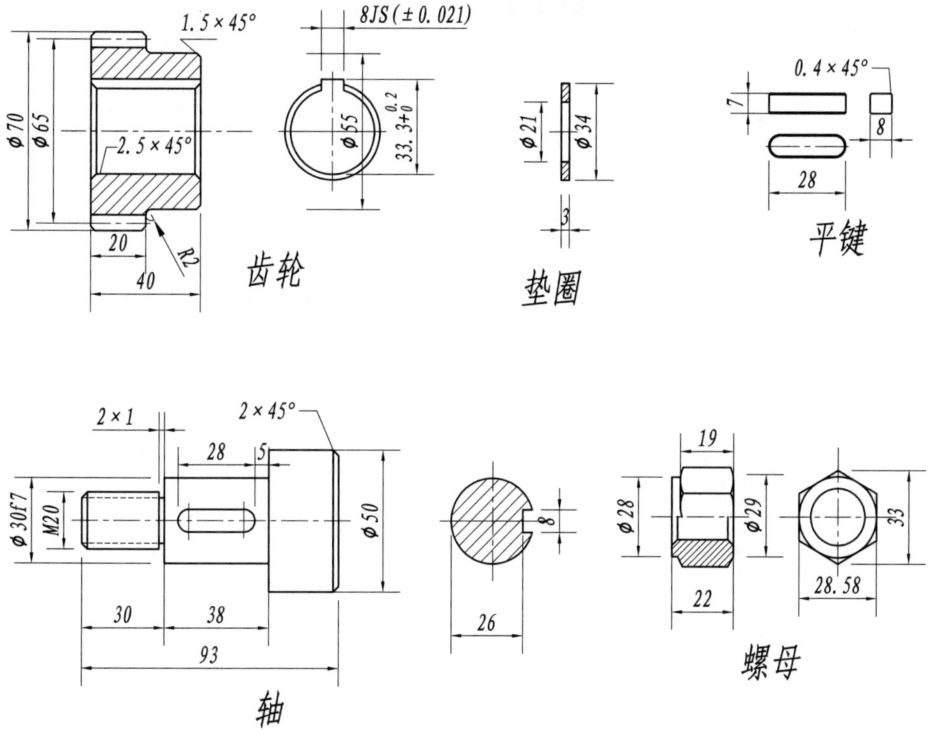

图 6-12A　零件图

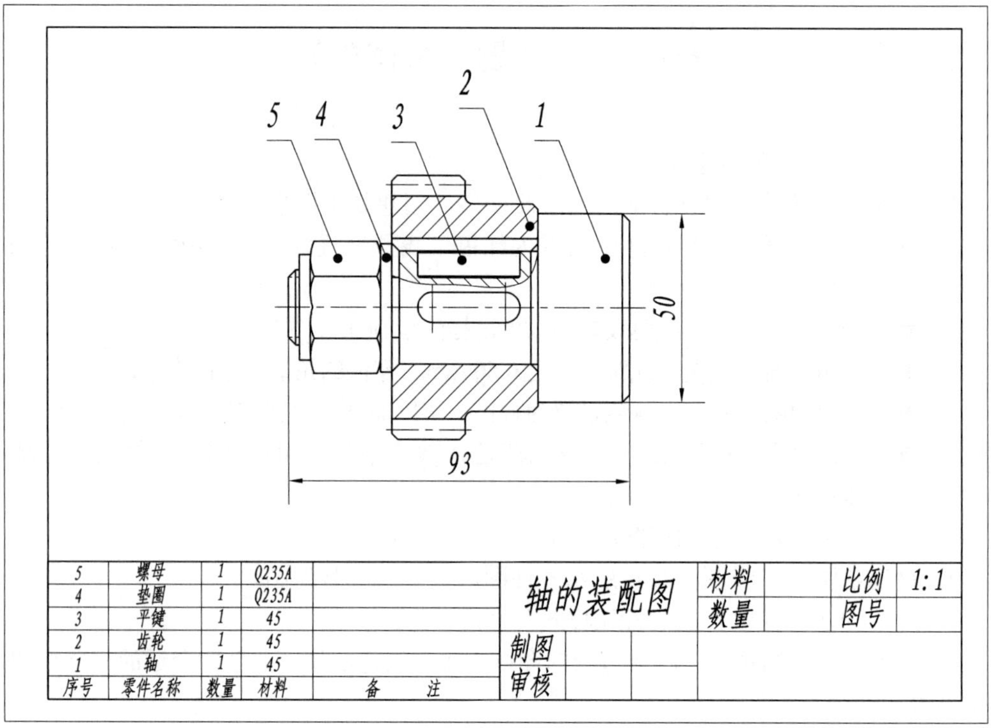

图 6-12B　完成后的图形

6.13　第 13 题（机械类）

打开 C:\2010CADTK\Unit6 中的图形文件 Scad6-13.dwg（如图 6-13A 所示），然后建立新文件，自 Scad6-13.dwg 中复制图形，完成后面的操作。

1．**设置绘图环境**：建立合适的图限及栅格，创建如下图层。

- “中心线”图层：颜色设置为红色，线型设置为 CENTER2，中心线绘制在该层上。
- “粗实线”图层：线宽设置为 0.50 mm，零件的轮廓线绘制在该层上。
- “标注”图层：颜色设置为绿色，标注绘制在该层上。
- “填充线”图层：颜色设置为青色，将剖面线绘制在该层上。
- “双点画线”图层：颜色设置为蓝色，线型设置为 PHANTOM，将折断线等绘制在该层上。
- 其余图形均令其位于图层 0 上。

2．**精确绘图**：自 Scad6-13.dwg 中复制图形，如图 6-13B 所示，通过拖动和修剪等对图形进行调整，绘制装配图（需根据对应关系绘制部分图形）。

3．**尺寸标注**：创建合适的标注样式，标注图形，并添加技术要求。

4．**绘制图框和标题栏**：确定适当的图纸大小，创建图框，并创建合适的标题栏和零件明细表，如图 6-13B 所示。

完成后将图形存入考生文件夹，命名为 Tcad6-13.dwg。

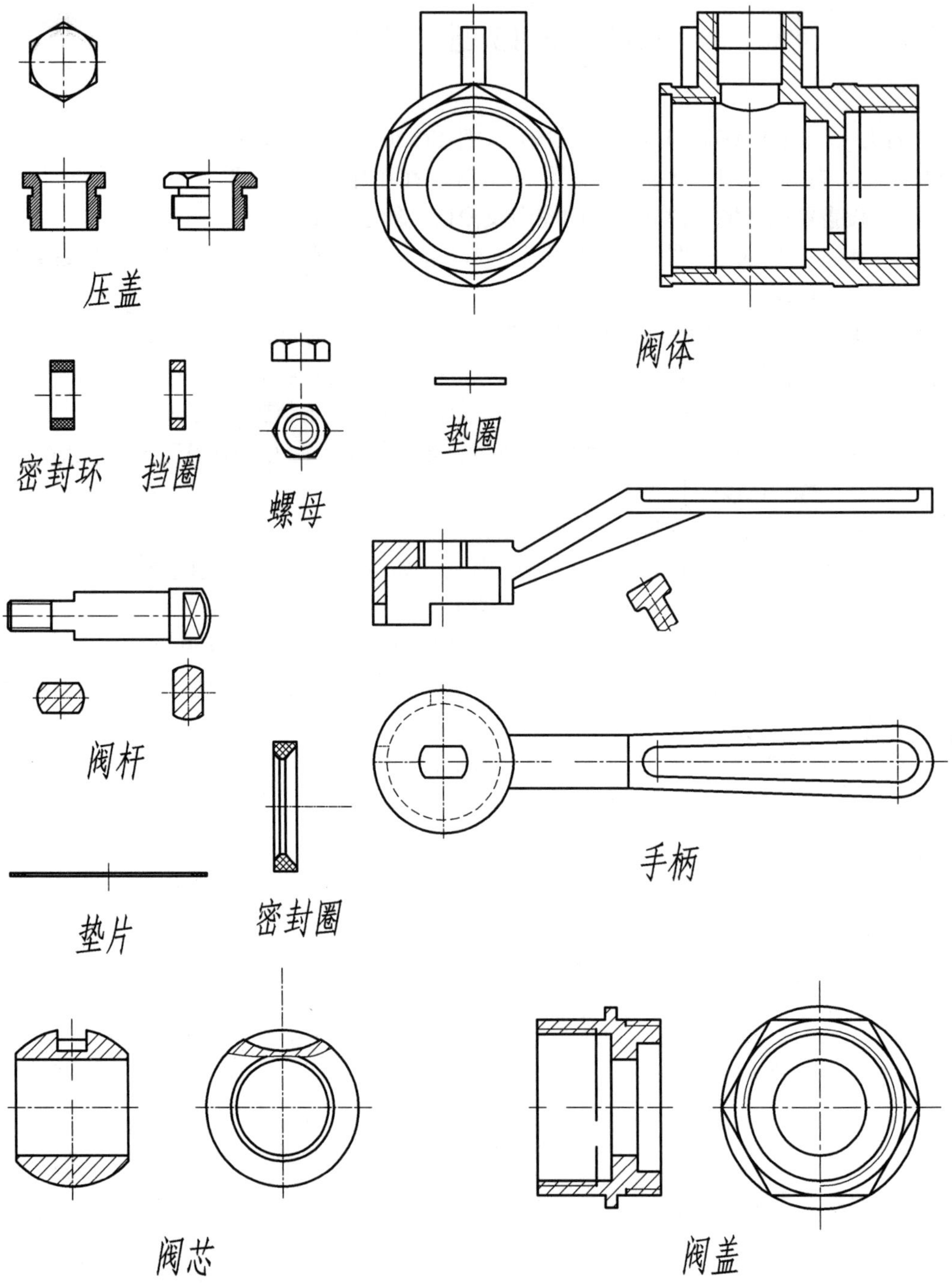

图 6-13A　打开后的图形

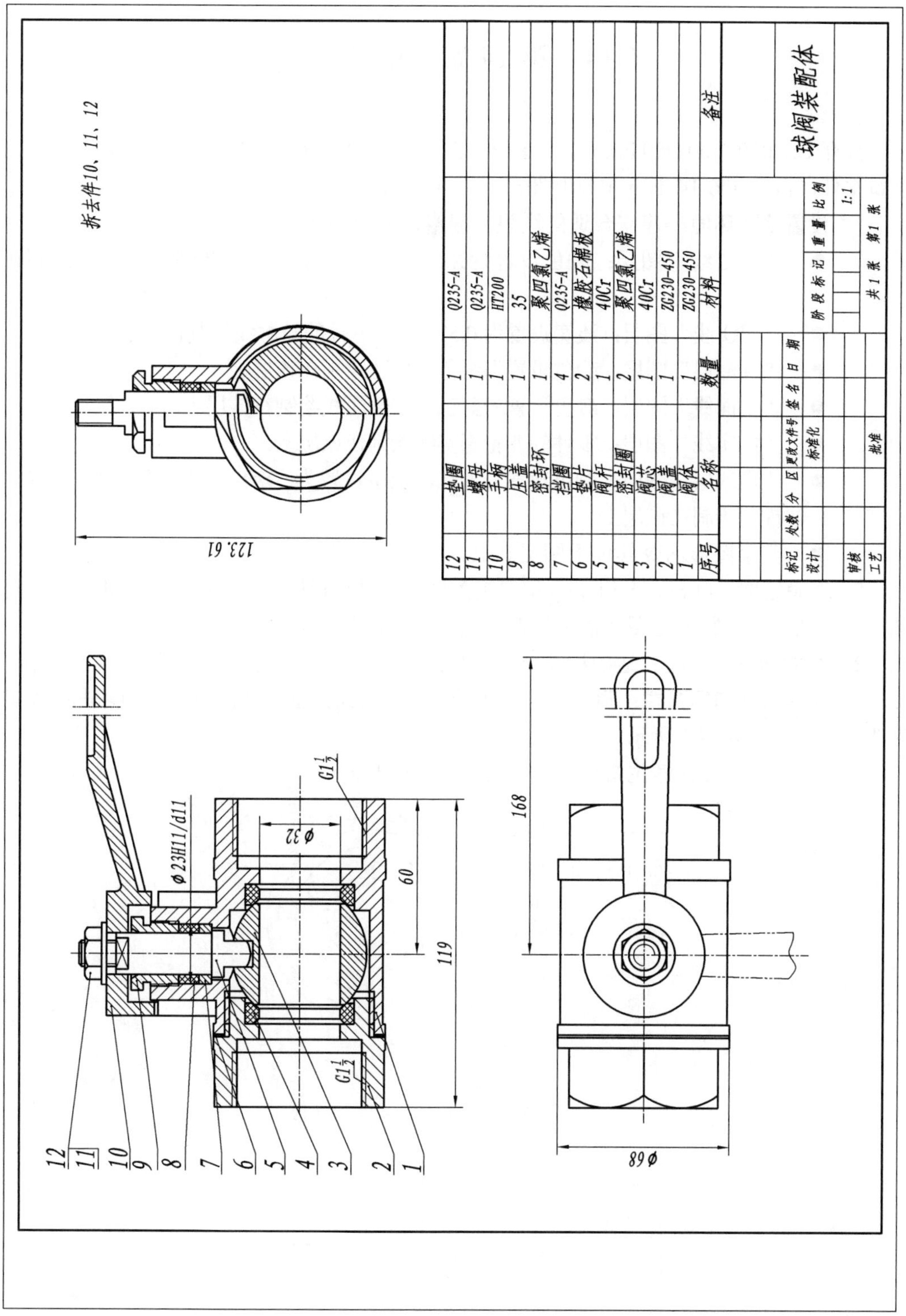

图 6-13B　完成后的图形

6.14　第 14 题（机械类）

打开 C:\2010CADTK\Unit6 中的图形文件 Scad6-14.dwg（如图 6-14A 所示），然后建立新文件，自 Scad6-14.dwg 中复制图形，完成后面操作。

1．**设置绘图环境**：建立合适的图限及栅格，创建如下图层。

- “中心线”图层：颜色设置为红色，线型设置为 CENTER，中心线绘制在该层上。
- “粗实线”图层：线宽设置为 0.50 mm，零件的轮廓线绘制在该层上。
- “标注层”图层：颜色设置为绿色，标注绘制在该层上。
- “剖面线”图层：颜色设置为蓝色，将剖面线绘制在该层上。
- “细实线”图层：零件的非轮廓实线绘制在该层上。
- “虚线层”图层：颜色设置为洋红，线型设置为 DASHED，将零件的被遮盖虚线绘制在该层上。
- 其余图形均令其位于图层 0 上。

2．**精确绘图**：自 Scad6-14.dwg 中复制图形，如图 6-14B 所示，通过拖动和修剪等对图形进行调整，绘制装配图（需根据对应关系绘制部分图形）。

3．**尺寸标注**：创建合适的标注样式，标注图形，并添加技术要求。

4．**绘制图框和标题栏**：确定适当的图纸大小，创建图框，并创建合适的标题栏和零件明细表，如图 6-14B 所示。

完成后将图形存入考生文件夹，命名为 Tcad6-14.dwg。

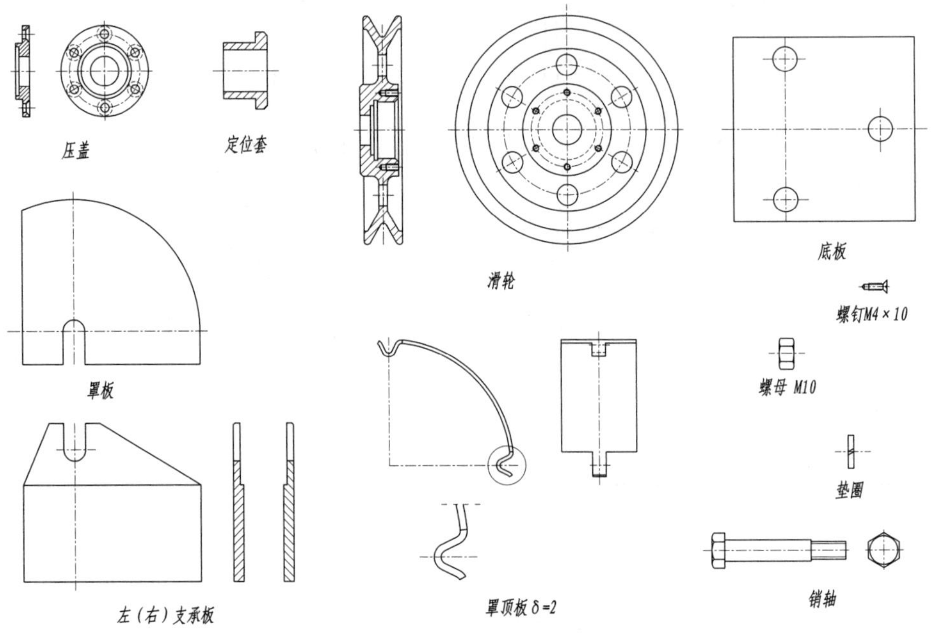

图 6-14A　打开后的图形

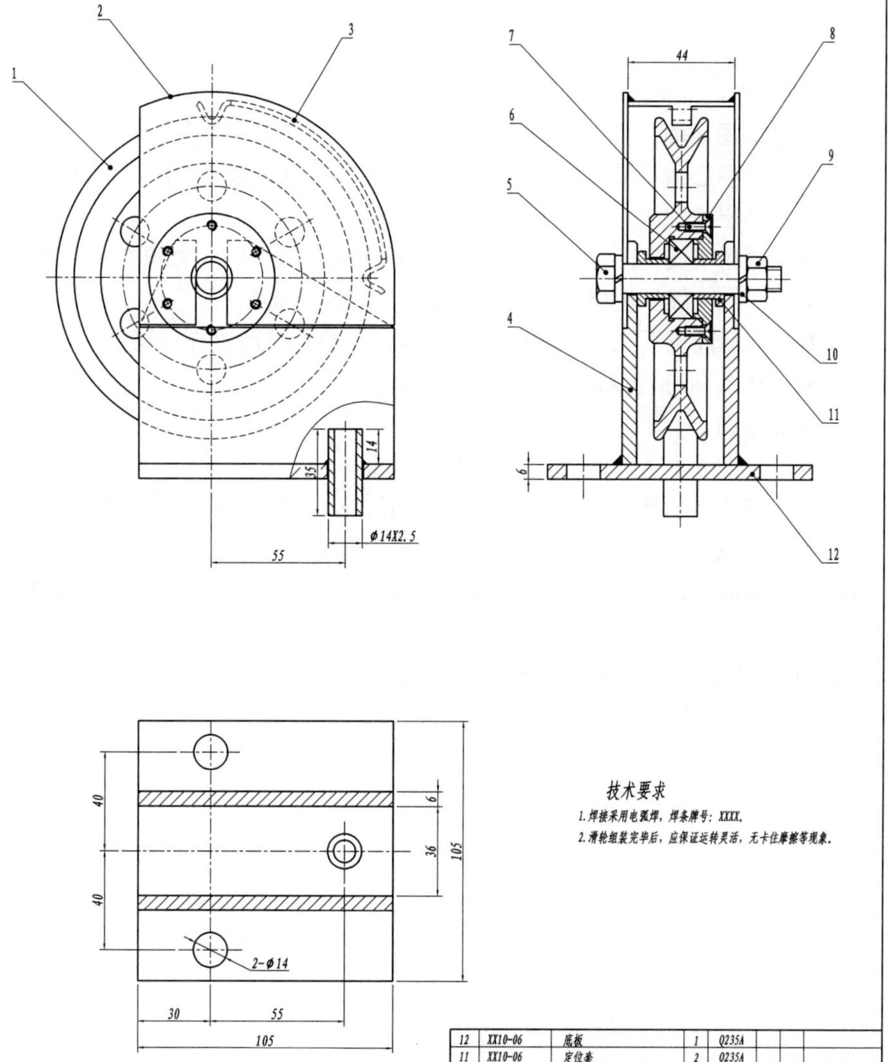

件号	图号或标准号	名　　称	数量	材 料	单 质量(Kg)	总 质量(Kg)	备　　注
12	XX10-06	底板	1	Q235A			
11	XX10-06	定位套	2	Q235A			
10	GBXX-XX	垫圈 12	2	65Mn			
9	GB/XXXX-XX	螺母 M10	1	Q235A			
8	XX10-05	压盖	1	Q235A			
7	GBXX-XX	螺钉M4×10	6	4.8			
6	GB/XXXX-XX	轴承6201	1	组合件			
5	XX10-03	销轴	1	35			
4	XX10-04	左（右）支承板	各1	Q235A			
3	XX10-05	罩顶板 δ=2	1	Q235A			
2	XX10-03	罩板	2	Q235A			
1	XX10-03	滑轮	1	Q235A			

		组合件			1: 1		
件　号		材　料	数量	质量	比例	所在图号	装配图号
设　计		浮球液位计 滑轮组装配图				设计项目	
制　图						设计阶段	
校　核						XX10-01	
审　核							
审　定						第　张	共　张
批　准		比　例	1: 1			年	版

图 6-14B　完成后的图形

6.15　第 15 题（机械类）

建立新文件，完成以下操作。

1．**设置绘图环境**：建立合适的图限及栅格，创建如下图层。

- “中心线”图层：颜色设置为红色，线型设置为 CENTER2，中心线绘制在该层上。
- “粗实线”图层：线宽设置为 0.60 mm，零件的轮廓线绘制在该层上。
- “细实线”图层：将剖面线等图形绘制在该层上。
- “标注层”图层：颜色设置为绿色，将标注绘制在该层上。
- 其余图形均绘制在默认图层 0 上。

2．**精确绘图**：

- 按图 6-15A 所示尺寸，绘制零件图。
- 将绘制的零件图定义为块，并通过拖动和在位编辑等操作，绘制装配图。

3．**尺寸标注**：创建合适的标注样式，标注图形。

4．**绘制图框和标题栏**：确定适当的图纸大小，创建图框，并创建合适的标题栏和零件明细表，如图 6-15B 所示。

完成后将图形存入考生文件夹，命名为 Tcad6-15.dwg。

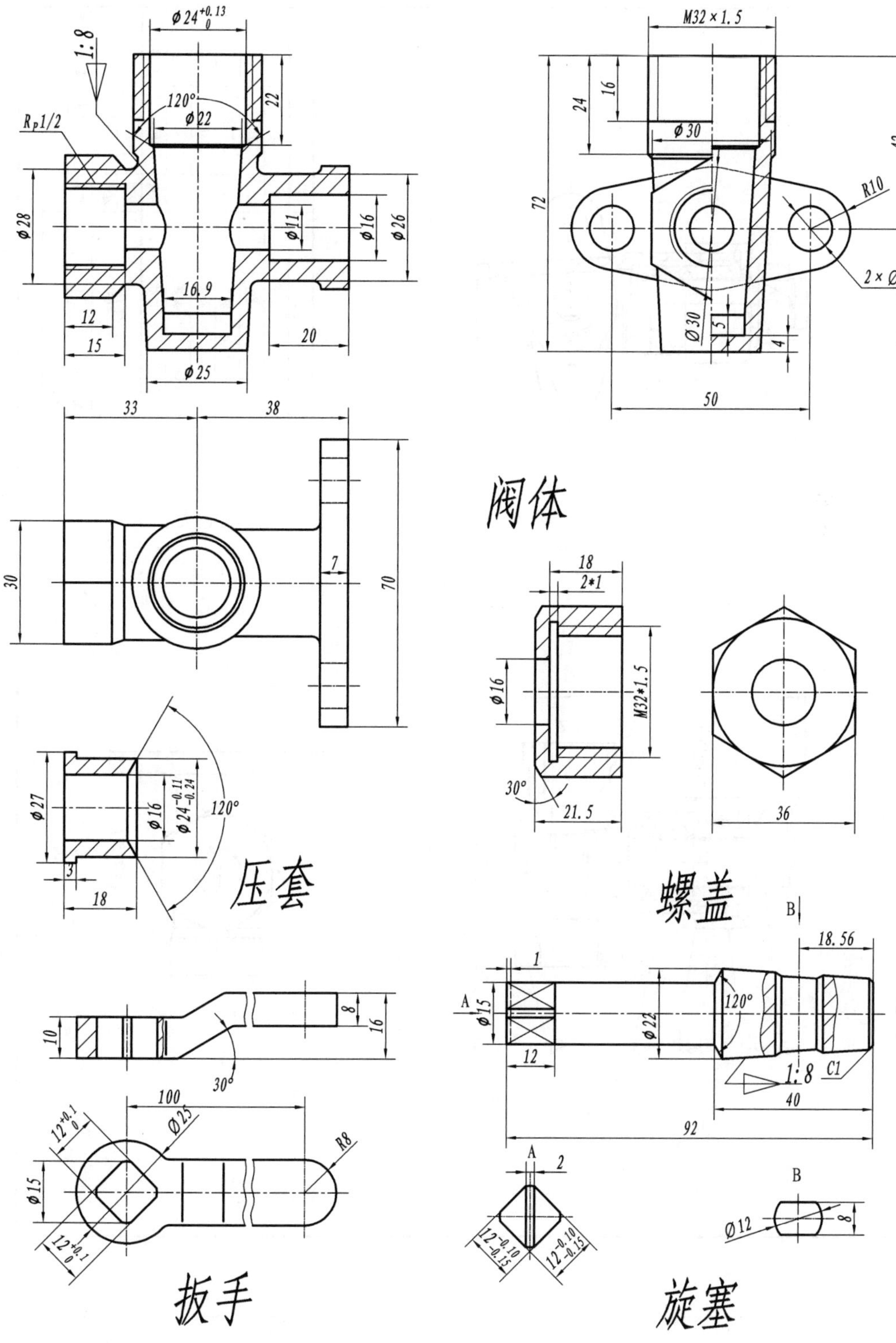

图 6-15A　零件图

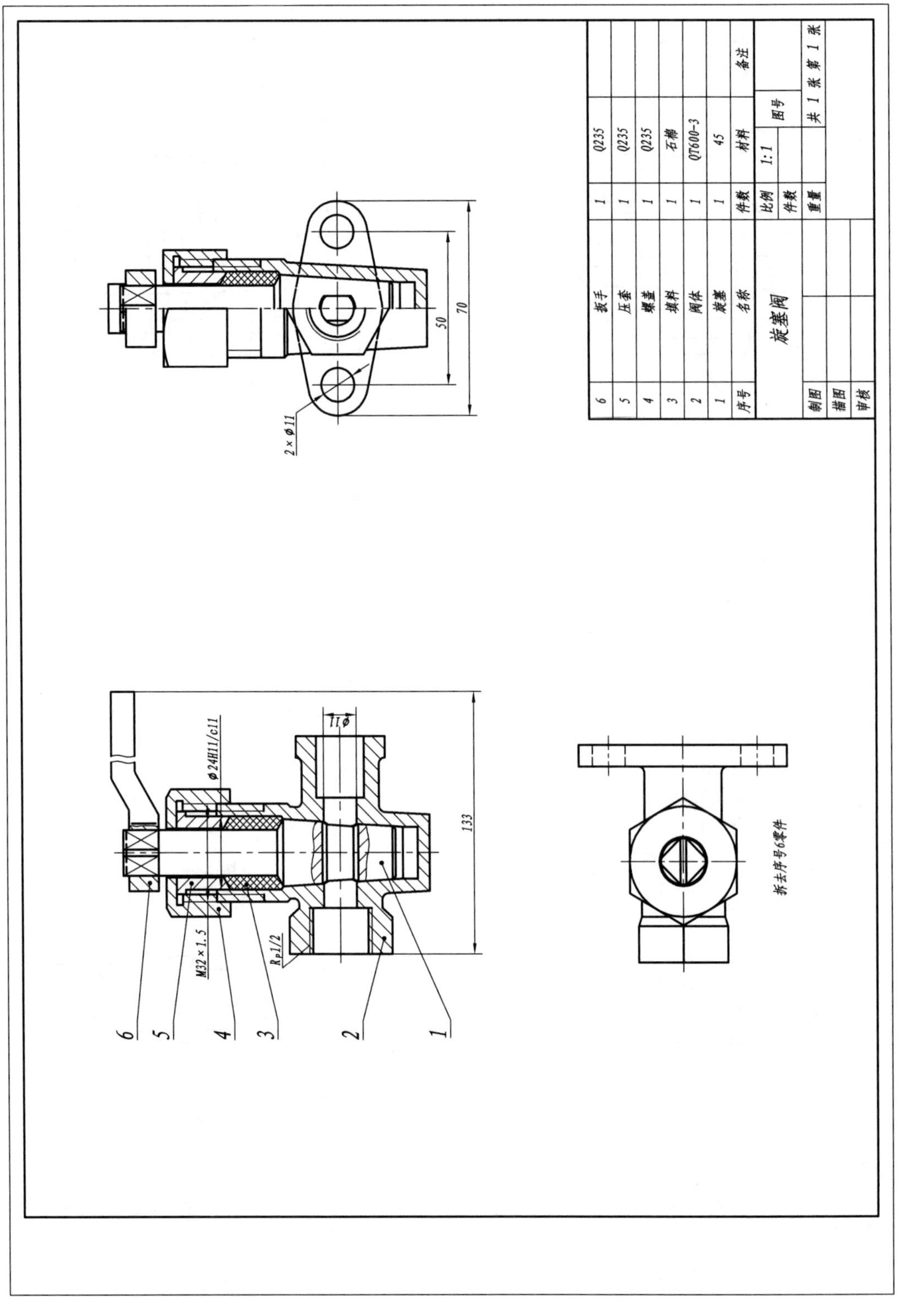

图 6-15B　完成后的图形

6.16　第 16 题（机械类）

建立新文件，完成以下操作。

1．**设置绘图环境**：建立合适的图限及栅格，创建如下图层。

- “中心线”图层：颜色设置为红色，线型设置为 ACAD_ISO04W100，中心线绘制在该层上。
- “粗实线”图层：线宽设置为 0.60 mm，零件的轮廓线绘制在该层上。
- “填充线”图层：将剖面线等图形绘制在该层上。
- “细实线”图层：零件的非轮廓实线绘制在该层上。
- “标注线”图层：颜色设置为绿色，将标注线绘制在该层上。
- 其余图形均绘制在默认图层 0 上。

2．**精确绘图**：

- 按图 6-16A 和图 6-16B 所示尺寸，绘制需要使用的零件图。
- 将绘制的零件图定义为块，并进行适当编辑和绘制，通过拖动、剪裁和填充等操作，绘制装配图。

3．**尺寸标注**：创建合适的标注样式，标注图形。

4．**绘制图框和标题栏**：确定适当的图纸大小，创建图框，并创建合适的标题栏和零件明细表，如图 6-16C 所示。

完成后将图形存入考生文件夹，命名为 Tcad6-16.dwg。

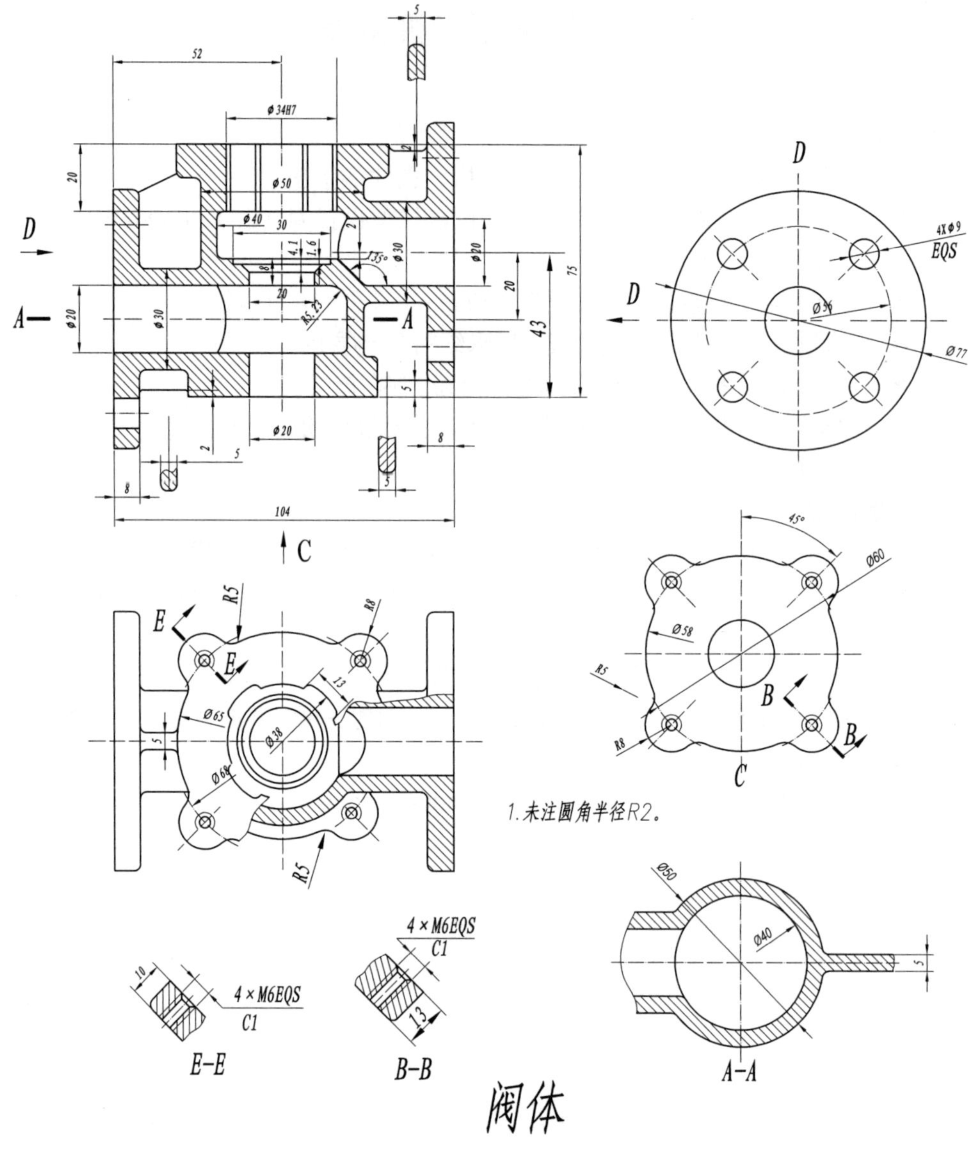

图 6-16A　零件图 1

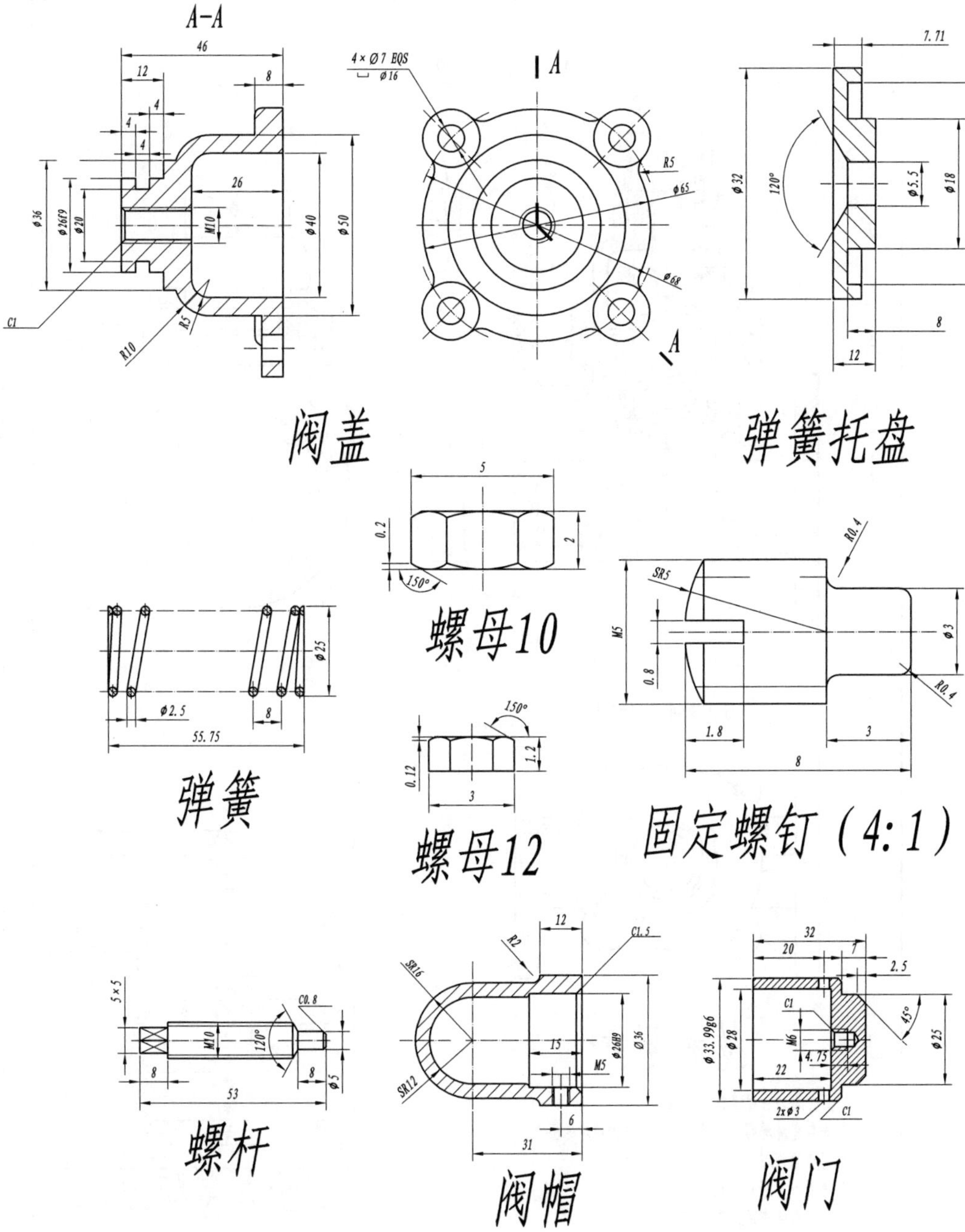

图 6-16B　零件图 2

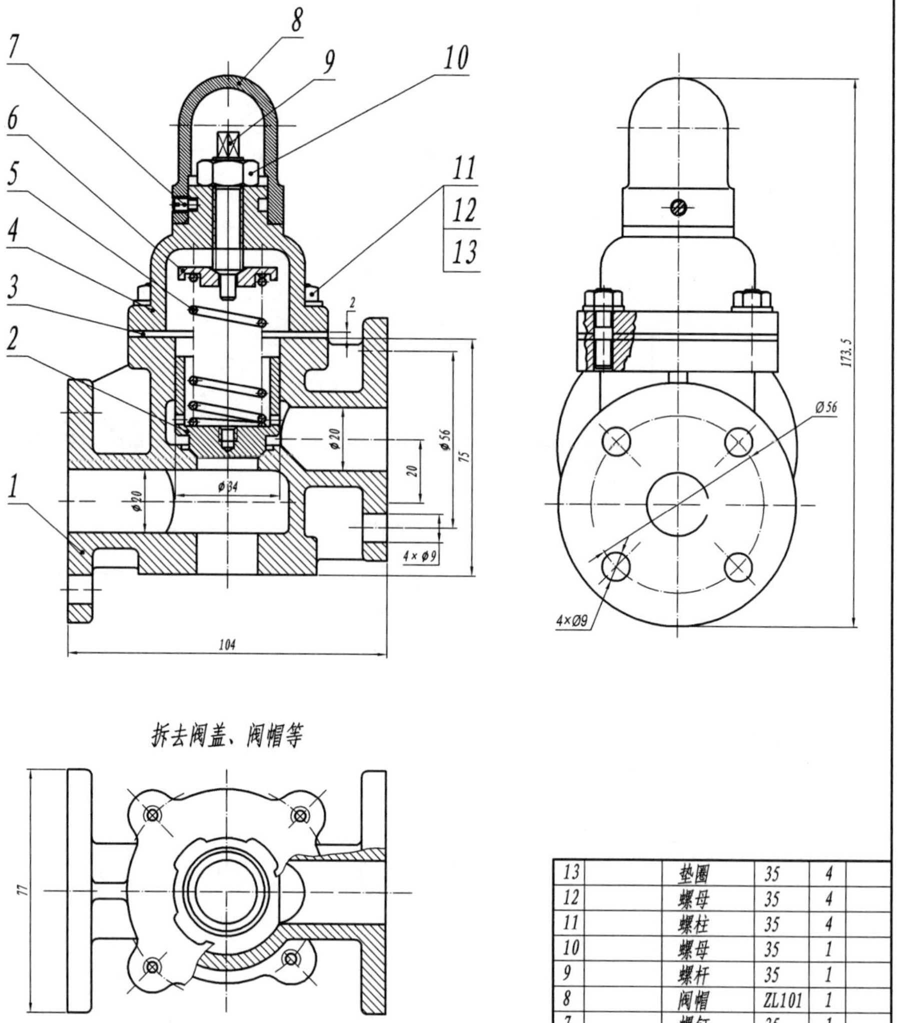

技术要求:

1. 安全阀的主要参数：XXXXXX。
2. 安装前清洗阀体及管道，并调整到规定的压力。
3. 定期检查阀门与阀座的密封情况。
4. 使用时不得有泄漏情况
5. 外表面涂灰色装饰漆或与主机配色。

序号	代号	名称	材料	数量	附注
13		垫圈	35	4	
12		螺母	35	4	
11		螺柱	35	4	
10		螺母	35	1	
9		螺杆	35	1	
8		阀帽	ZL101	1	
7		螺钉	35	1	
6		弹簧托盘	H62	1	
5		弹簧	65Mn	1	
4		阀盖	A5	1	
3		垫片	纸片	1	
2		阀门	黄铜	1	
1		阀体	铸铝	1	

安全阀装配图	比例	1:1
	共1张第1张	
制图		
审核		

图 6-16C　完成后的图形

6.17　第 17 题（机械类）

打开 C:\2010CADTK\Unit6 中的图形文件 Scad6-17.dwg（如图 6-17A 所示），然后建立新文件，自 Scad6-17.dwg 中复制图形，完成后面的操作。

1．**设置绘图环境**：建立合适的图限及栅格，创建如下图层。

- “中心线”图层：颜色设置为红色，线型设置为 ACAD_ISO04W100，中心线绘制在该层上。
- “粗实线”图层：线宽设置为 0.60 mm，零件的轮廓线绘制在该层上。
- “剖面线”图层：颜色设置为蓝色，将剖面线等图形绘制在该层上。
- “细实线”图层：零件的非轮廓实线绘制在该层上。
- “尺寸线”图层：颜色设置为绿色，将尺寸标注绘制在该层上。
- 其余图形均绘制在默认图层 0 上。

2．**精确绘图**：自 Scad6-17.dwg 中复制图形，如图 6-17B 所示，通过拖动和修剪等对图形进行调整，绘制装配图。

3．**尺寸标注**：创建合适的标注样式，标注图形，并添加技术要求。

4．**绘制图框和标题栏**：确定适当的图纸大小，创建图框，并创建合适的标题栏和零件明细表，如图 6-17B 所示。

完成后将图形存入考生文件夹，命名为 Tcad6-17.dwg。

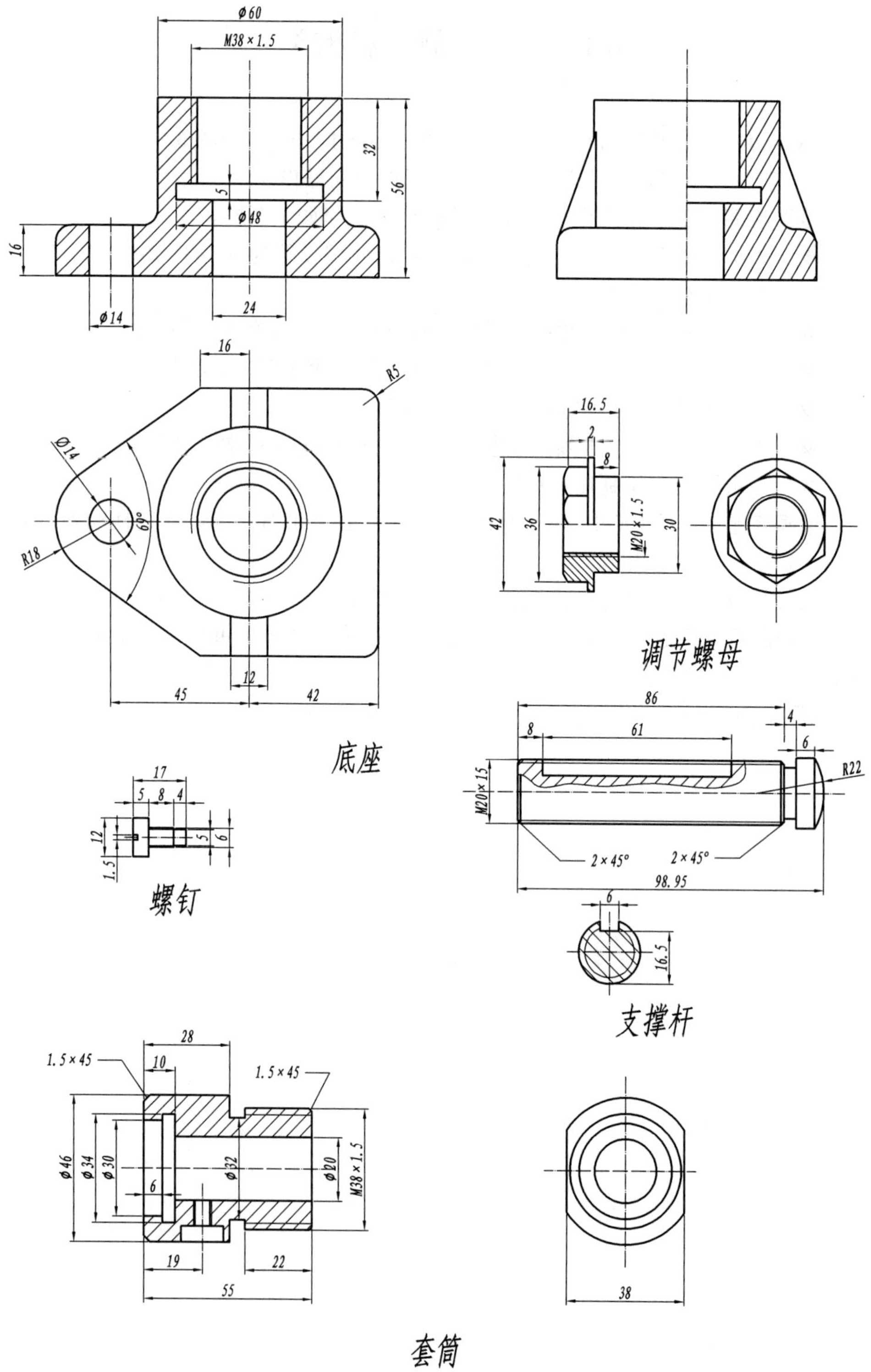

图 6-17A　打开后的图形

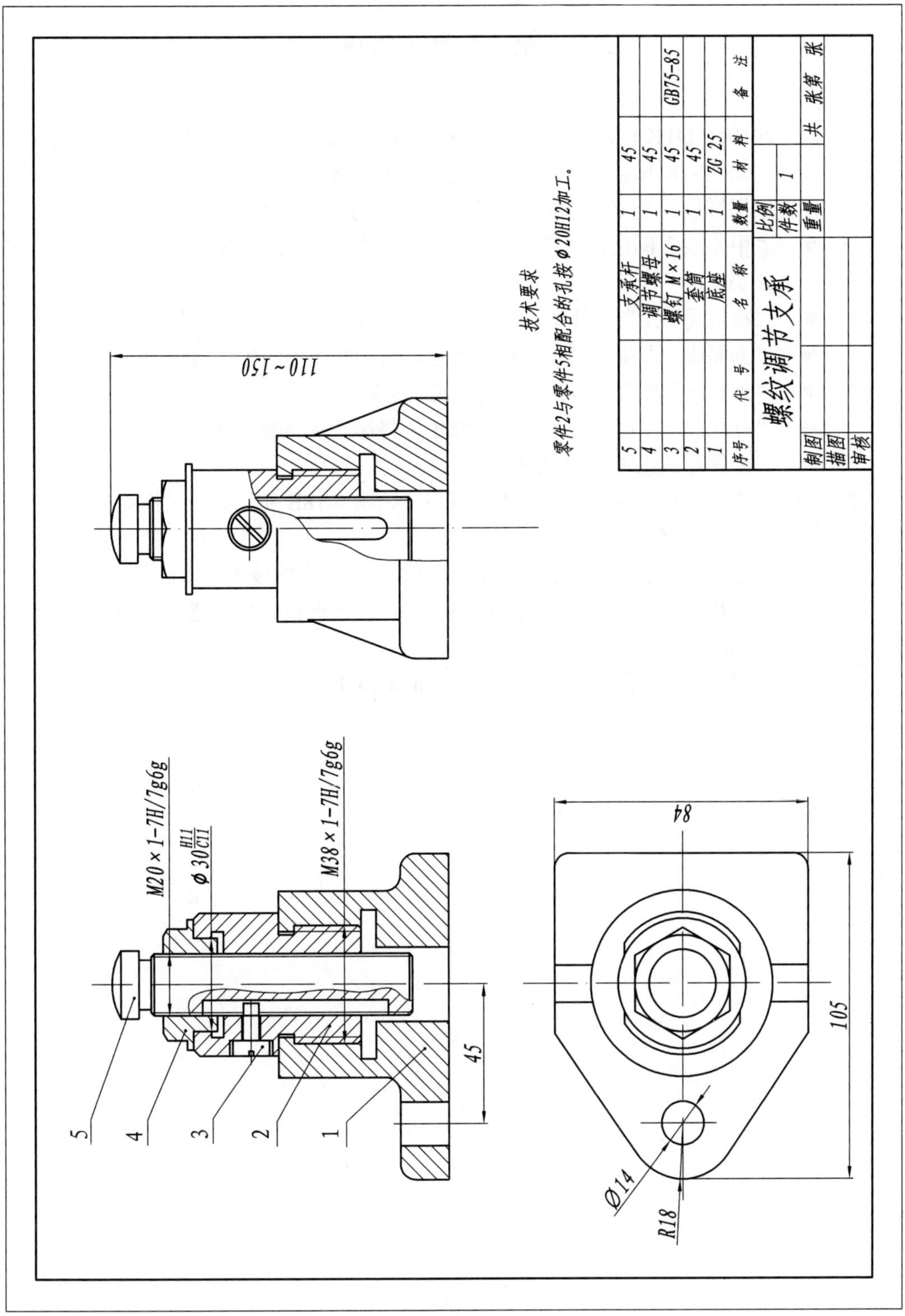

图 6-17B　完成后的图形

6.18 第 18 题（机械类）

打开 C:\2010CADTK\Unit6 中的图形文件 Scad6-18.dwg（如图 6-18A 所示），然后建立新文件，自 Scad6-18.dwg 中复制图形，完成后面的操作。

1. **设置绘图环境**：建立合适的图限及栅格，创建如下图层。
   - “中心线”图层：颜色设置为红色，线型设置为 CENTER2，中心线绘制在该层上。
   - “粗实线”图层：线宽设置为 0.50 mm，零件的轮廓线绘制在该层上。
   - “剖面线”图层：颜色设置为青色，将剖面线等图形绘制在该层上。
   - “细实线”图层：零件的非轮廓实线绘制在该层上。
   - “标注线”图层：颜色设置为绿色，将标注线绘制在该层上。
   - 其余图形均绘制在默认图层 0 上。

2. **精确绘图**：自 Scad6-18.dwg 中复制图形，如图 6-18B 所示，通过拖动和修剪等对图形进行调整，绘制装配图。

3. **尺寸标注**：创建合适的标注样式，标注图形，并添加技术要求。

4. **绘制图框和标题栏**：确定适当的图纸大小，创建图框，并创建合适的标题栏和零件明细表，如图 6-18B 所示。

完成后将图形存入考生文件夹，命名为 Tcad6-18.dwg。

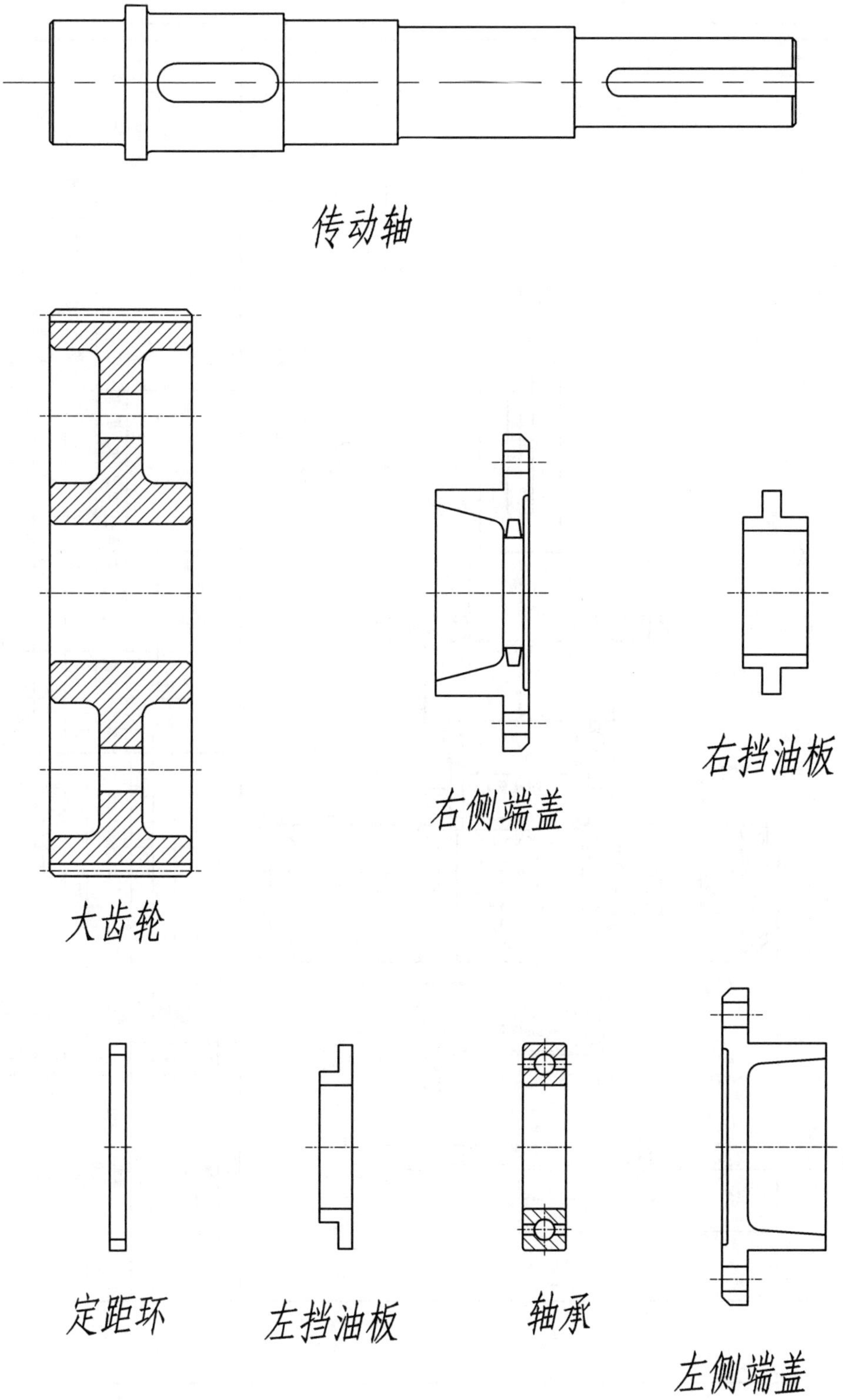

图 6-18A 打开后的图形

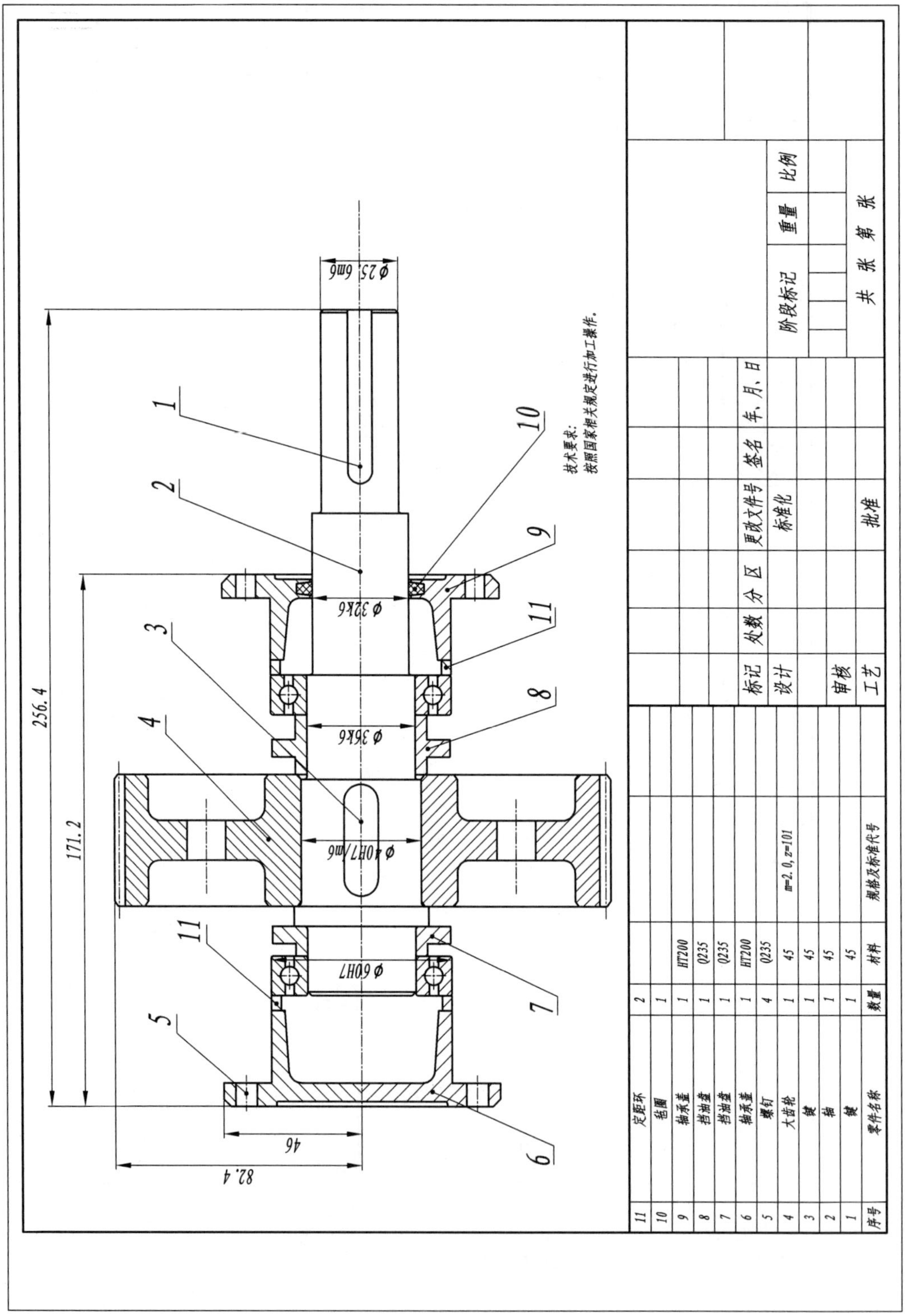

图 6-18B　完成后的图形

6.19 第 19 题（机械类）

打开 C:\2010CADTK\Unit6 中的图形文件 Scad6-19.dwg（如图 6-19A 所示），然后建立新文件，自 Scad6-19.dwg 中复制图形，完成后面的操作。

1．**设置绘图环境**：建立合适的图限及栅格，创建如下图层。

- “中心线”图层：颜色设置为红色，线型设置为 ACAD_ISO04W100，中心线绘制在该层上。
- “粗实线”图层：线宽设置为 0.50 mm，零件的轮廓线绘制在该层上。
- “文字层”图层：将技术要求和标题栏中的文字等绘制在该层上。
- “细实线”图层：零件的剖面线和其他非轮廓实线绘制在该层上。
- “尺寸线”图层：颜色设置为绿色，将尺寸标注和零件序号绘制在该层上。
- 其余图形均绘制在默认图层 0 上。

2．**精确绘图**：自 Scad6-19.dwg 中复制图形，如图 6-19B 所示，通过拖动和修剪等对图形进行调整，绘制装配图。

3．**尺寸标注**：创建合适的标注样式，标注图形，并添加技术要求。

4．**绘制图框和标题栏**：确定适当的图纸大小，创建图框，并创建合适的标题栏和零件明细表，如图 6-19B 所示。

完成后将图形存入考生文件夹，命名为 Tcad6-19.dwg。

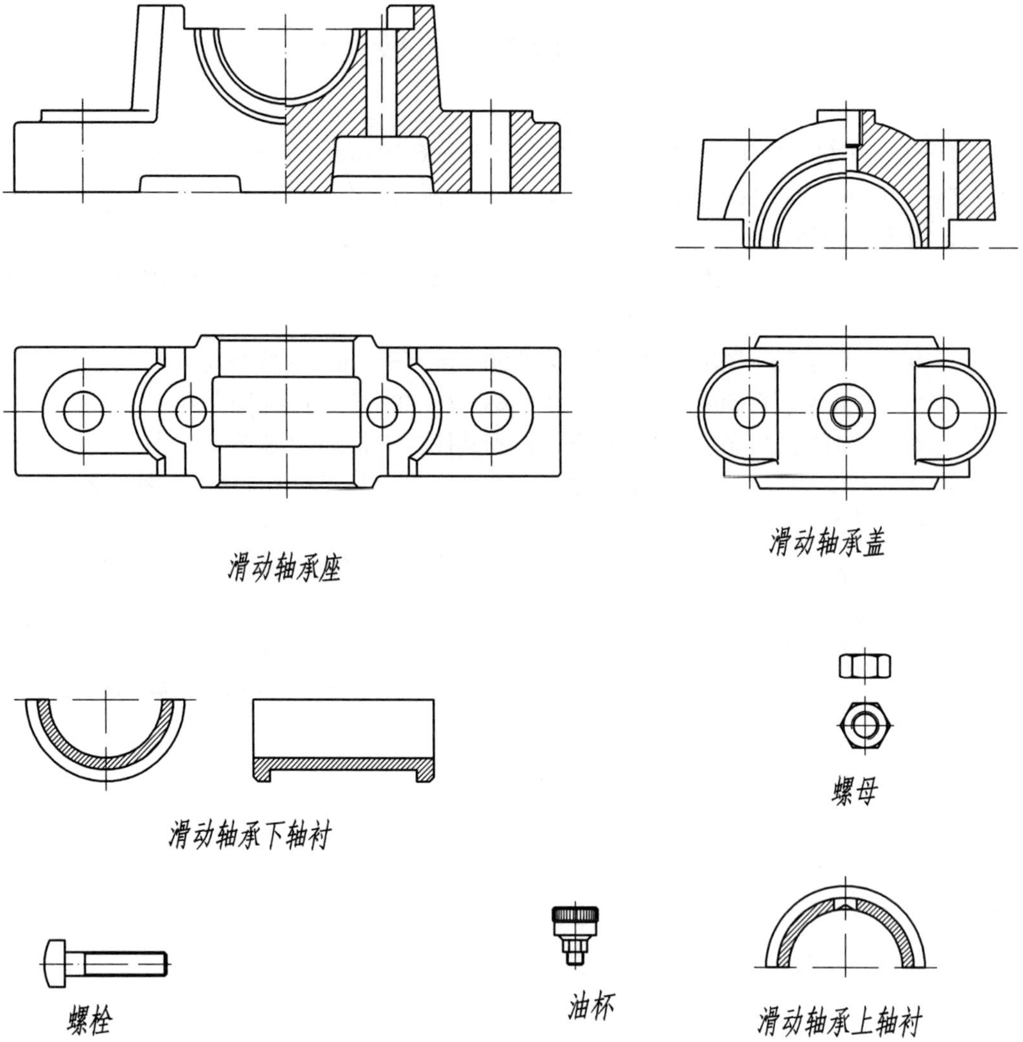

图 6-19A　打开后的图形

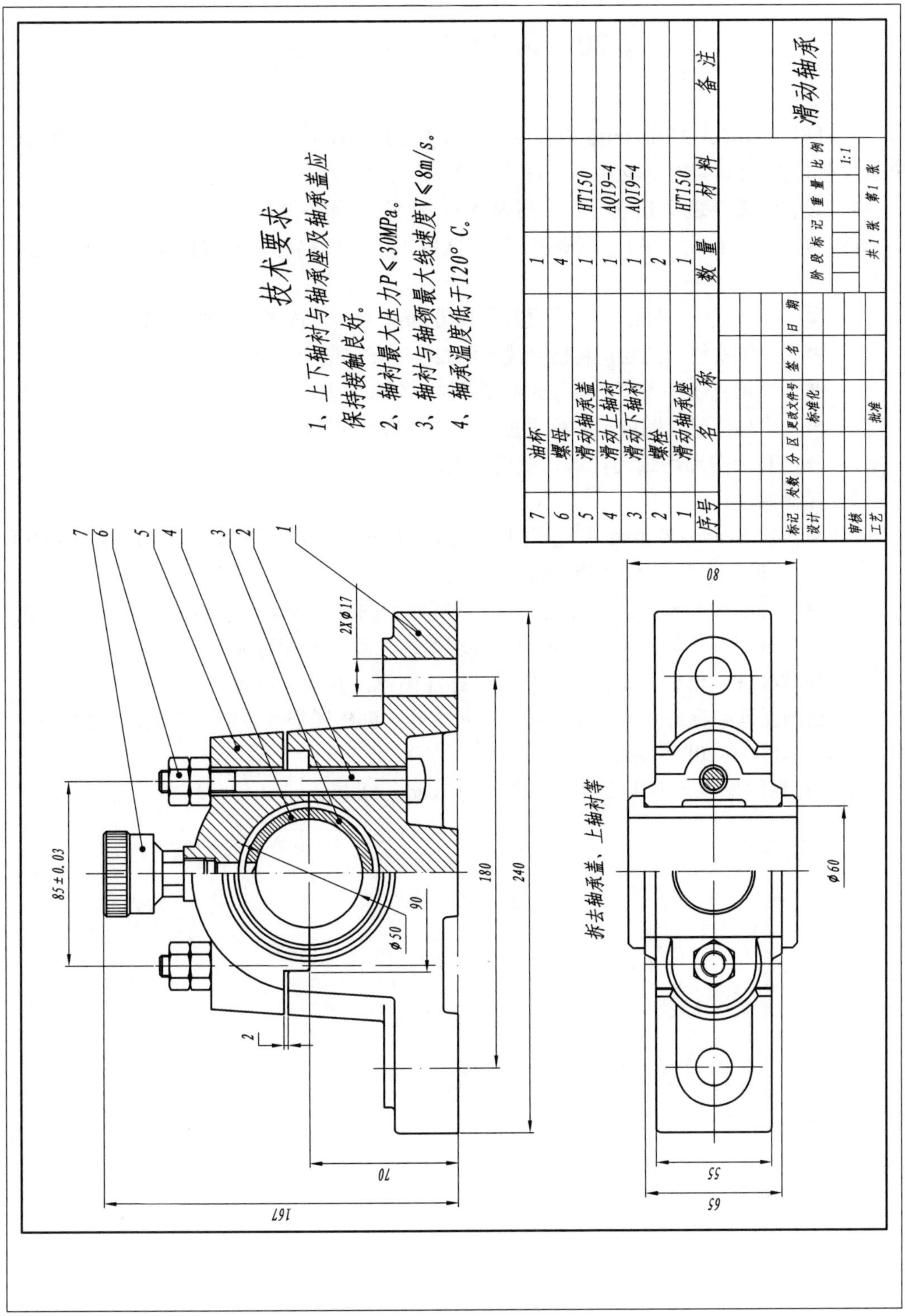

图 6-19B 完成后的图形

6.20 第 20 题（机械类）

打开 C:\2010CADTK\Unit6 中的图形文件 Scad6-20.dwg（如图 6-20A 所示），然后建立新文件，自 Scad6-20.dwg 中复制图形，完成后面的操作。

1. **设置绘图环境**：建立合适的图限及栅格，创建如下图层。
   - “中心线”图层：颜色设置为红色，线型设置为 CENTER，将中心线绘制在该层上。
   - “粗实线”图层：线宽设置为 0.50 mm，零件的轮廓线绘制在该层上。
   - “细实线”图层：将切割线等图线绘制在该层上。
   - “填充线”图层：零件的剖面线绘制在该层上。
   - “标注线”图层：颜色设置为蓝色，将标注绘制在该层上。
   - 其余图形均绘制在默认图层 0 上。
2. **精确绘图**：
   - 自 Scad6-20.dwg 中复制图形，如图 6-20B 所示，通过拖动和修剪等对图形进行调整，绘制装配图。
   - 图示中有未标注尺寸的位置，按机械制图有关规范自行定义尺寸（部分“圈”截面图未标注尺寸，此处只要求轮廓大致相同即可）。
3. **尺寸标注**：创建合适的标注样式，标注图形，并添加技术要求。
4. **绘制图框和标题栏**：确定适当的图纸大小，创建图框，并创建合适的标题栏和零件明细表，如图 6-20B 所示。

完成后将图形存入考生文件夹，命名为 Tcad6-20.dwg。

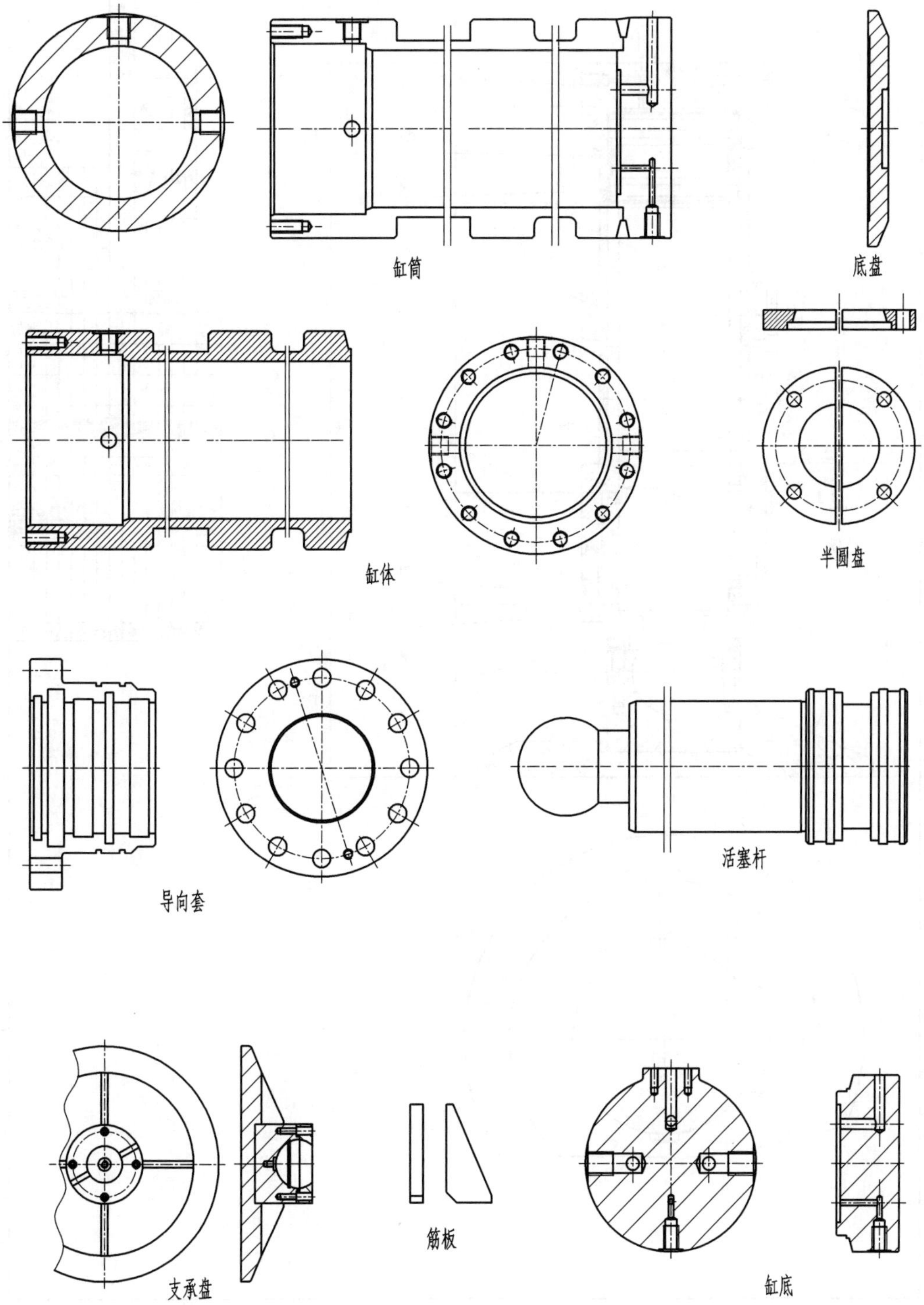

图 6-20A 打开后的图形

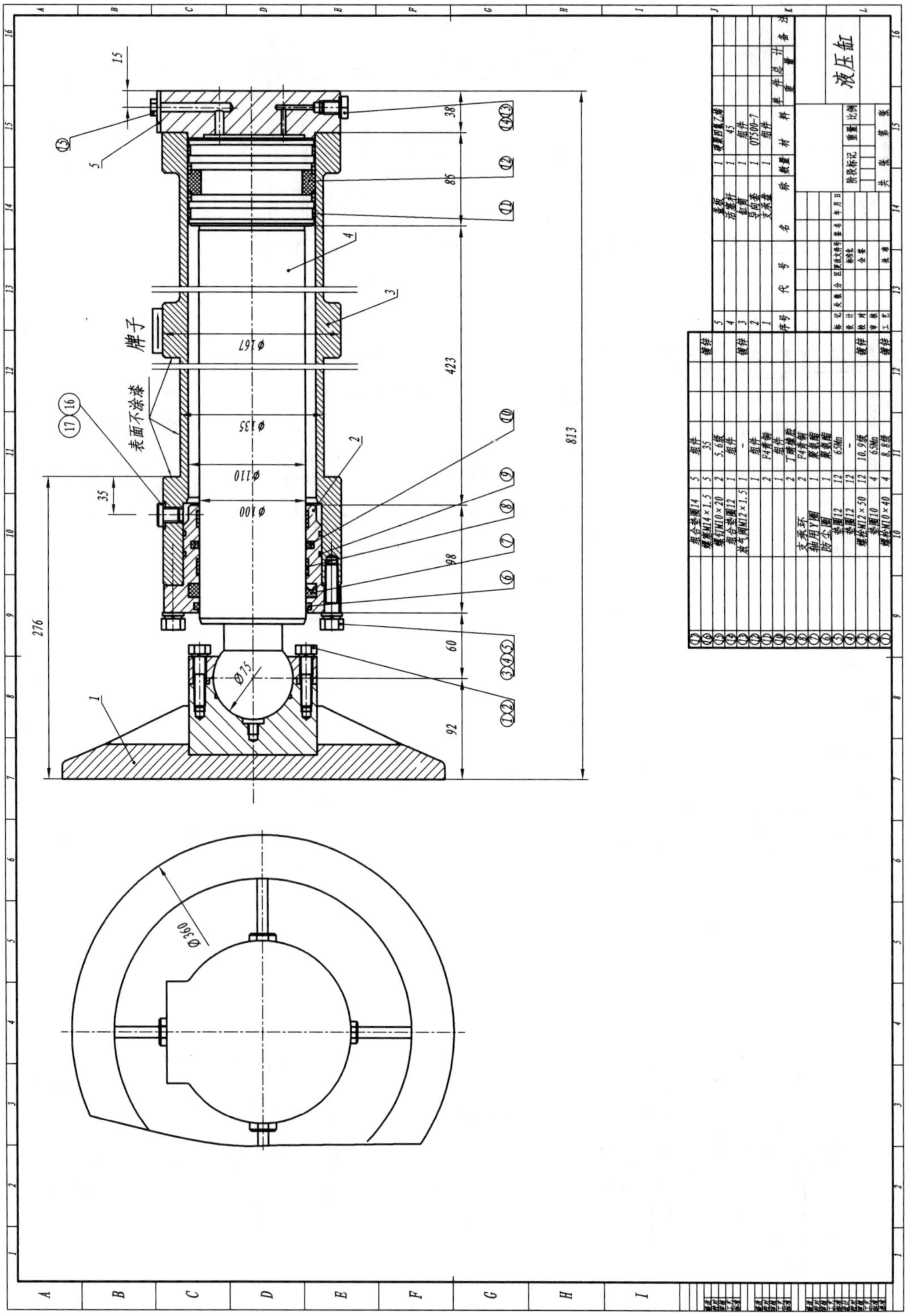

图 6-20B 完成后的图形

第七单元　绘制建筑施工图

7.1　第 1 题（建筑类）

建立新文件，完成以下操作。

1．**设置绘图环境**：建立合适的图限及栅格，创建如下图层。

- “轴线”图层：颜色设置为红色，线型设置为 CENTER，轴线绘制在该层上。
- “标注”图层：颜色设置为蓝色，标注绘制在该层上。
- “墙线”图层：宽度设置为 0.70 mm，墙线绘制在该层上。
- “文本”图层：将房间标注等文字标注在该层上。
- 其他图形均绘制在默认图层 0 上。

2．**绘制图形**：

- 根据试题注释的尺寸精确绘图，绘图方法和图形编辑方法不限。
- 墙厚为 240 mm，单墙厚为 120 mm，图示中有未标注尺寸的地方，按建筑有关规范自行定义尺寸。

3．**尺寸标注**：设置合适的标注样式，按图 7-01 所示在“标注”图层上标注图形。

4．**打印输出**：选择 PublishToWeb JPG.pc3 打印机，设置合适的分辨率，将图形完整打印输出，文件名命名为 Tcad7-01.jpg，并将其保存到考生文件夹。

完成后将图形存入考生文件夹，命名为 Tcad7-01.dwg。

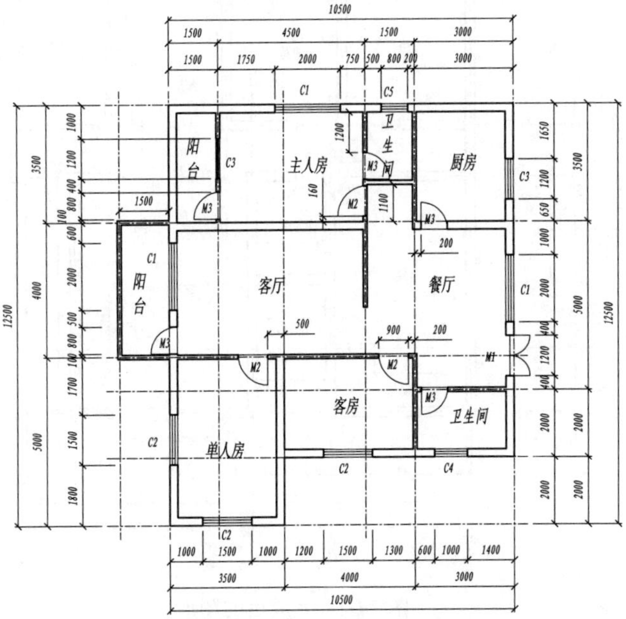

图 7-03　完成后的图形

7.2　第 2 题（建筑类）

建立新文件，完成以下操作。

1．**设置绘图环境**：建立合适的图限及栅格，创建如下图层。

- “轴线”图层：颜色设置为红色，线型设置为 CENTER，轴线绘制在该层上。
- “标注”图层：颜色设置为绿色，标注绘制在该层上。
- “墙线”图层：线宽设置为 0.70 mm，墙线绘制在该层上。
- 其他图形均绘制在默认图层 0 上。

2．**绘制图形**：

- 根据试题注释的尺寸精确绘图，绘图方法和图形编辑方法不限。
- 门洞的宽度均为 800 mm，墙厚为 240 mm，单墙厚为 120 mm，所有窗的宽度均为 120 mm。

3．**尺寸标注**：设置合适的标注样式，按图 7-02 所示在“标注”图层上标注图形。

4．**打印输出**：选择 PublishToWeb JPG.pc3 打印机，设置合适的分辨率，将图形完整打印输出，文件名命名为 Tcad7-02.jpg，并将其保存到考生文件夹。

完成后将图形存入考生文件夹，命名为 Tcad7-02.dwg。

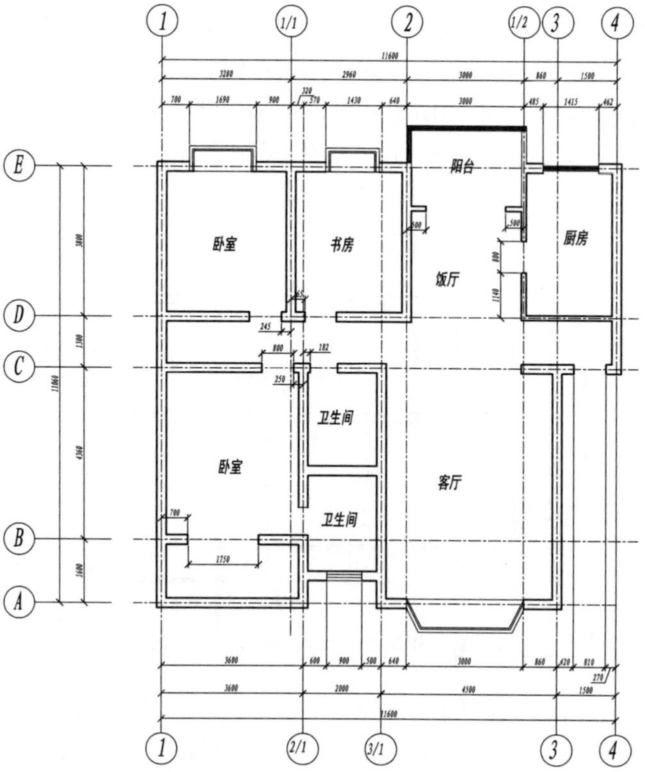

图 7-02　完成后的图形

7.3　第 3 题（建筑类）

建立新文件，完成以下操作。

1．**设置绘图环境**：建立合适的图限及栅格，创建如下图层。

- “轴线”图层：颜色设置为红色，线型设置为 CENTER，轴线绘制在该层上。
- “标注”图层：颜色设置为绿色，标注绘制在该层上。
- “墙线”图层：宽度设置为 0.70 mm，墙线绘制在该层上。
- 其他图形均绘制在默认图层 0 上。

2．**绘制图形**：

- 根据试题注释的尺寸精确绘图，绘图方法和图形编辑方法不限。
- 所有门的宽度均为 900 mm，所有门距离一侧墙的距离均为 400 mm，墙厚为 240 mm，单墙厚为 120 mm。

3．**尺寸标注**：设置合适的标注样式，按图 7-03 所示在“标注”图层上标注图形。

4．**打印输出**：选择 PublishToWeb JPG.pc3 打印机，设置合适的分辨率，将图形完整打印输出，文件名命名为 Tcad7-03.jpg，并将其保存到考生文件夹。

完成后将图形存入考生文件夹，命名为 Tcad7-03.dwg。

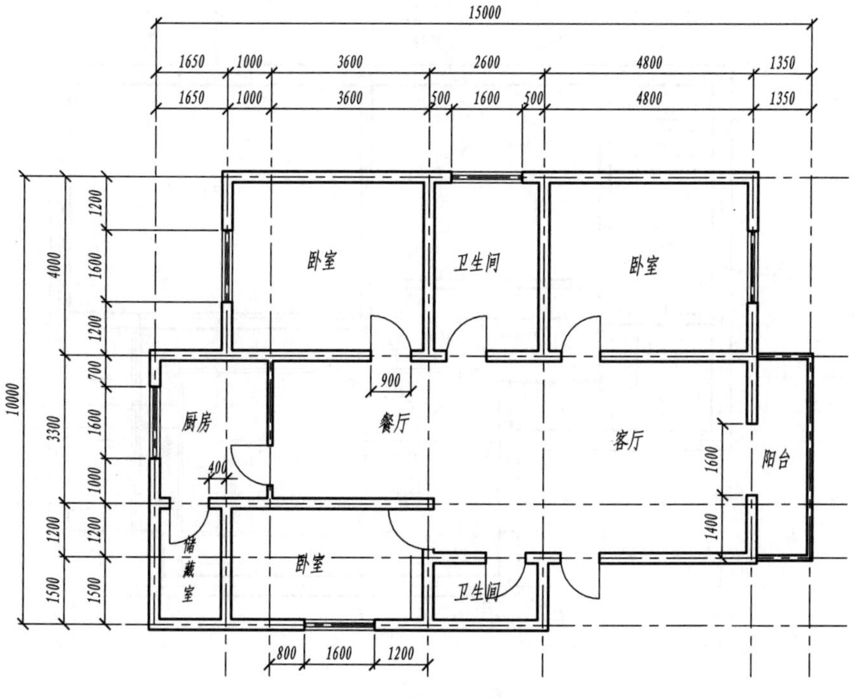

图 7-03　完成后的图形

7.4　第 4 题（建筑类）

建立新文件，完成以下操作。

1．**设置绘图环境**：建立合适的图限及栅格，创建如下图层。

- “标注”图层：颜色设置为绿色，标注绘制在该层上。
- “墙体”图层：宽度设置为 0.70 mm，墙线绘制在该层上。
- “天花”图层：颜色设置为蓝色，将天花图案等绘制在该图层上。
- “轴线”图层：线型设置为 CENTER，颜色设置为红色，将轴线绘制在该层上。
- 其他图形均绘制在默认图层 0 上。

2．**绘制图形**：该题不需要尺寸精确绘图，但注释文字要正确，绘图方法和图形编辑方法不限。

3．**尺寸标注**：设置合适的标注样式，按图 7-04 所示在“标注”图层上标注图形。

4．**打印输出**：选择 PublishToWeb PNG.pc3 打印机，设置合适的分辨率，将图形完整打印输出，文件名命名为 Tcad7-04.png，并将其保存到考生文件夹。

完成后将图形存入考生文件夹，命名为 Tcad7-04.dwg。

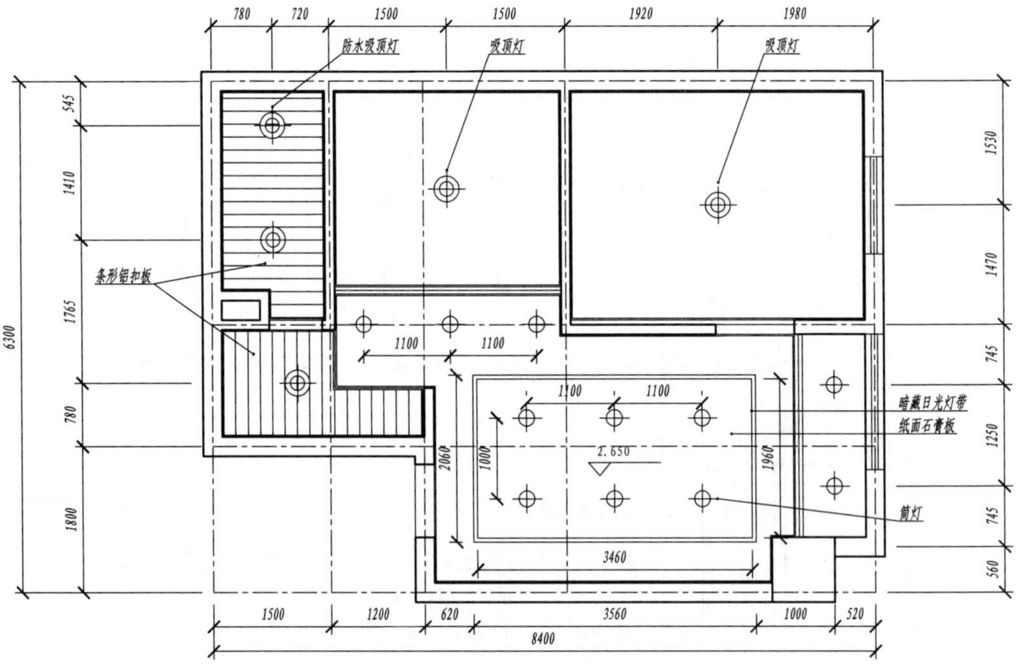

天 花 图　1:50

图 7-04　完成后的图形

7.5 第 5 题（建筑类）

建立新文件，完成以下操作。

1．**设置绘图环境**：建立合适的图限及栅格，创建如下图层。

- “标注”图层：颜色设置为绿色，标注绘制在该层上。
- “墙面分割线”图层：线宽设置为 0.70 mm，墙面分割线绘制在该层上。
- “窗户和门”图层：颜色设置为蓝色，将窗户和门等绘制在该层上。
- “标高”图层：颜色设置为“索引颜色 8”灰色，将标高绘制在该层上。
- 其他图形均绘制在默认图层 0 上。

2．**绘制图形**：该题不需要尺寸精确绘图，但注释文字要正确，绘图方法和图形编辑方法不限。

3．**尺寸标注**：设置合适的标注样式，按图 7-05 所示在“标注”图层上标注图形。

4．**打印输出**：选择 PublishToWeb JPG.pc3 打印机，设置合适的分辨率，将图形完整打印输出，文件名命名为 Tcad7-05.jpg，并将其保存到考生文件夹。

完成后将图形存入考生文件夹，命名为 Tcad7-05.dwg。

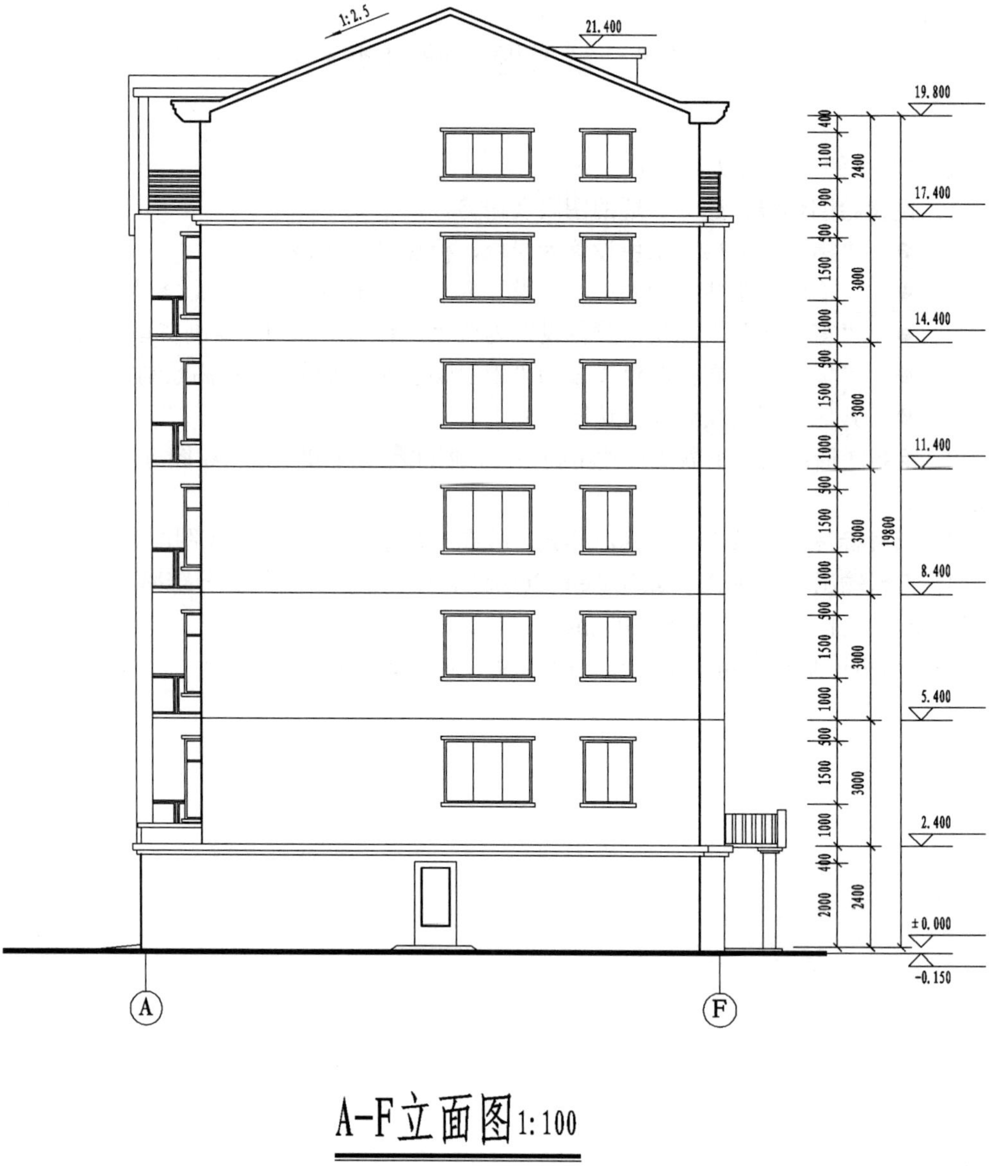
1:2.5
21.400
19.800
17.400
14.400
11.400
8.400
5.400
2.400
±0.000
-0.150
19800
A
F
A-F立面图1:100

图 7-05 完成后的图形

7.6　第 6 题（建筑类）

建立新文件，完成以下操作。

1．设置绘图环境：建立合适的图限及栅格。

- “轮廓”图层：线宽设置为 0.60 mm，将墙面轮廓线等绘制在该层上。
- “标注”图层：颜色设置为蓝色，标注绘制在该层上。
- “引线标注”图层：颜色设置为绿色，将引线标注绘制在该层上。
- “家具”图层：颜色设置为青色，将家具侧面图形绘制在该层上。
- 其他图形均绘制在默认图层 0 上。

2．绘制图形：该题不需要尺寸精确绘图，但注释文字要正确，绘图方法和图形编辑方法不限（图中家具等图形，可复制自 C:\2010CADTK\Unit7 中的图形文件 Scad7-06.dwg）。

3．尺寸标注：设置合适的标注样式，按图 7-06 所示在“标注”图层上标注图形。

4．打印输出：选择 PublishToWeb JPG.pc3 打印机，设置合适的分辨率，将图形完整打印输出，文件名命名为 Tcad7-06.jpg，并将其保存到考生文件夹。

完成后将图形（如图 7-06 所示）存入考生文件夹，命名为 Tcad7-06.dwg。

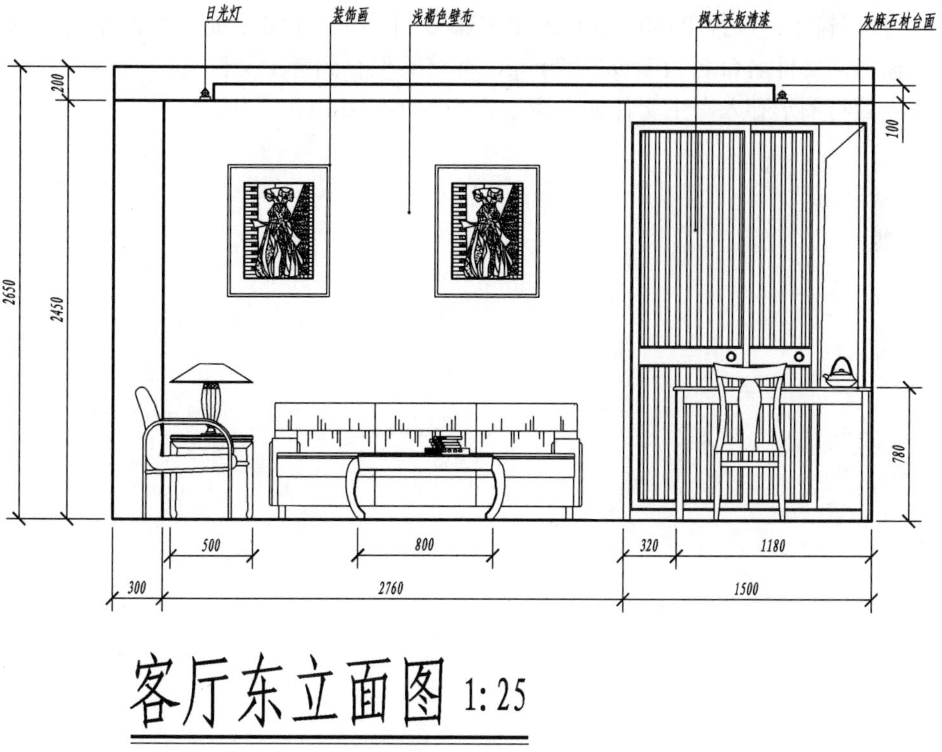

图 7-06　完成后的图形

7.7 第 7 题（建筑类）

建立新文件，完成以下操作。

1. **设置绘图环境**：建立合适的图限及栅格，创建如下图层。
   - “轴线”图层：颜色设置为红色，线型设置为 CENTER，轴线绘制在该层上。
   - “标注”图层：颜色设置为蓝色，标注绘制在该层上。
   - “墙线”图层：线宽设置为 0.70 mm，墙线绘制在该层上。
   - “文字”图层：将房间标注等文字标注在该层上。
   - “门和窗户”图层：颜色设置为洋红，将门和窗户等绘制在该层上。
   - “块”图层：将浴池等块绘制在该层上。
   - 其他图形均绘制在默认图层 0 上。
2. **绘制图形**：
   - 根据试题注释的尺寸精确绘图，绘图方法和图形编辑方法不限。
   - 浴池等图块，不要求精确绘制，大概相似即可。
   - 图示中有未标注尺寸的地方，按建筑有关规范自行定义尺寸。
3. **尺寸标注**：设置合适的标注样式，按图 7-07 所示在“标注”图层上标注图形。
4. **打印输出**：选择 PublishToWeb PNG.pc3 打印机，设置合适的分辨率，将图形完整打印输出，文件名命名为 Tcad7-07.png，并将其保存到考生文件夹。

完成后将图形存入考生文件夹，命名为 Tcad7-07.dwg。

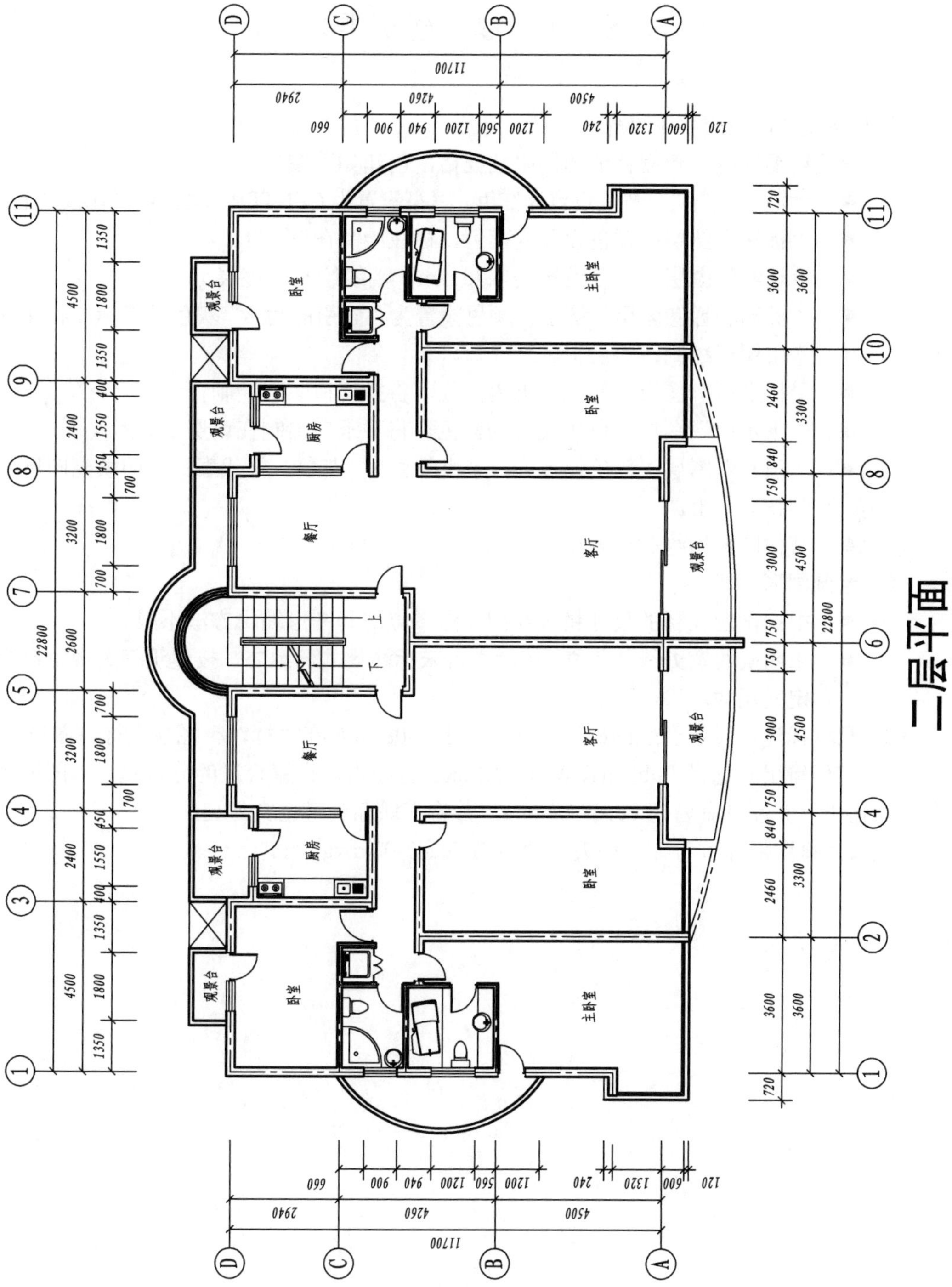

图 7-07　完成后的图形

7.8　第 8 题（建筑类）

建立新文件，完成以下操作。

1．**设置绘图环境**：建立合适的图限及栅格，创建如下图层。

- “轴线”图层：颜色设置为红色，线型设置为 CENTER，轴线绘制在该层上。
- “标注”图层：颜色设置为蓝色，标注绘制在该层上。
- “墙线”图层：宽度设置为 0.70 mm，墙线绘制在该层上。
- “标高和详图索引”图层：颜色设置为“索引颜色 8”灰色，将标高和详图索引图形绘制在该层上。
- “排烟口”图层：颜色设置为洋红，将排烟口图形绘制在该层上。
- “下水口”图层：颜色设置为蓝色，将下水口绘制在该层上。
- “填充”图层：颜色设置为“索引颜色 8”灰色，将代表瓦片的填充图形绘制在该层上。
- 其他图形均绘制在默认图层 0 上。

2．**绘制图形**：

- 根据试题注释的尺寸精确绘图，绘图方法和图形编辑方法不限。
- 未明确线宽处线宽为 0。图示中有未标注尺寸的地方，按建筑有关规范自行定义尺寸。

3．**尺寸标注**：设置合适的标注样式，按图 7-08 所示在“标注”图层上标注图形。

4．**打印输出**：选择 PublishToWeb PNG.pc3 打印机，设置合适的分辨率，将图形完整打印输出，文件名命名为 Tcad7-08.png，并将其保存到考生文件夹。

完成后将图形存入考生文件夹，命名为 Tcad7-08.dwg。

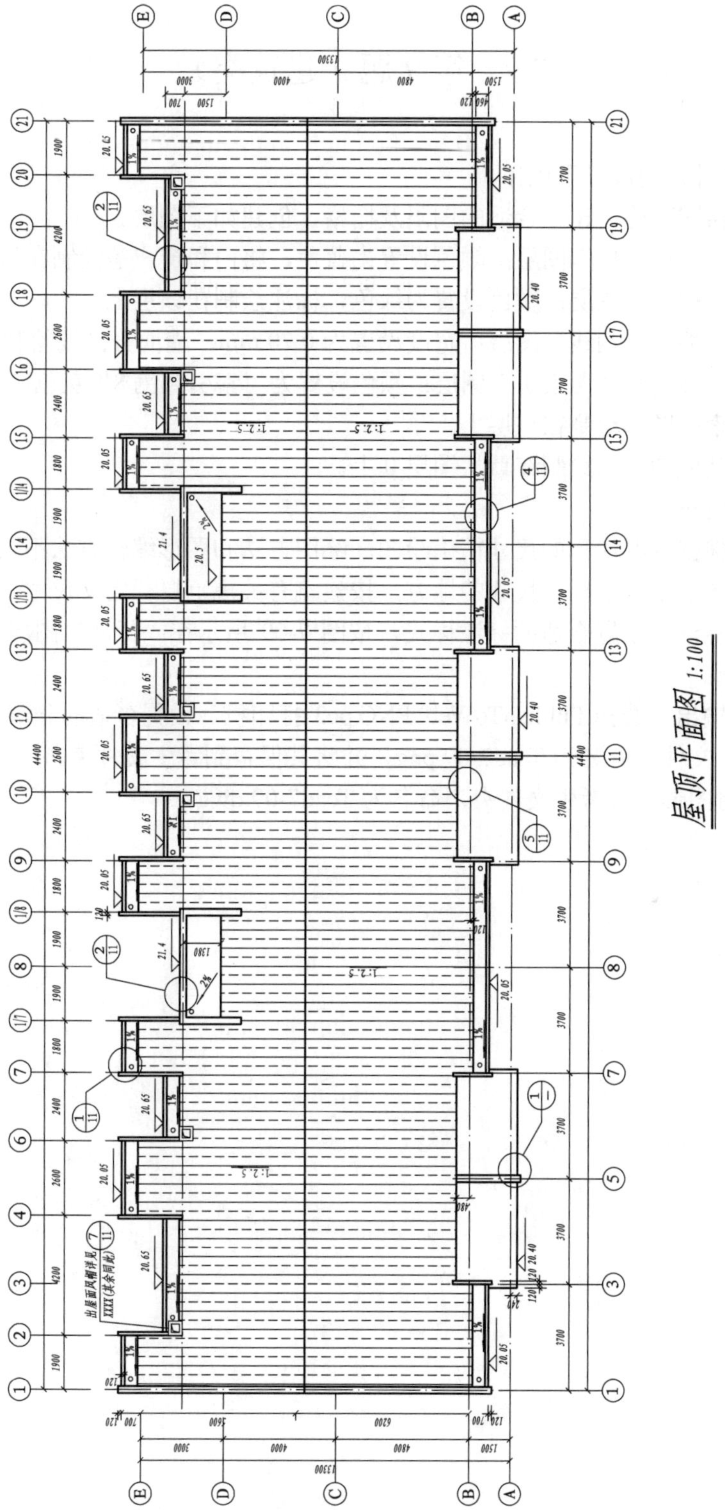

图 7-08　完成后的图形

7.9　第 9 题（建筑类）

建立新文件，完成以下操作。

1. **设置绘图环境**：建立合适的图限及栅格，创建如下图层。
    - “门和窗户”图层：颜色设置为蓝色，将门和窗户等绘制在该层上。
    - “标注”图层：颜色设置为绿色，标注绘制在该层上。
    - “墙面分割线”图层：宽度设置为 0.70 mm，墙面分割线绘制在该层上。
    - “标高和详图索引”图层：颜色设置为“索引颜色 8”灰色，将标高和详图索引图形绘制在该层上。
    - 其他图形均绘制在默认图层 0 上。
2. **绘制图形**：
    - 根据试题注释的尺寸精确绘图，绘图方法和图形编辑方法不限。
    - 图示中有未标注尺寸的地方，按建筑有关规范自行定义尺寸。

3. **尺寸标注**：设置合适的标注样式，按图 7-09 所示在“标注”图层上标注图形并输入文字注释。

4. **打印输出**：选择 PublishToWeb PNG.pc3 打印机，设置合适的分辨率，将图形完整打印输出，文件名命名为 Tcad7-09.png，并将其保存到考生文件夹。

完成后将图形存入考生文件夹，命名为 Tcad7-09.dwg。

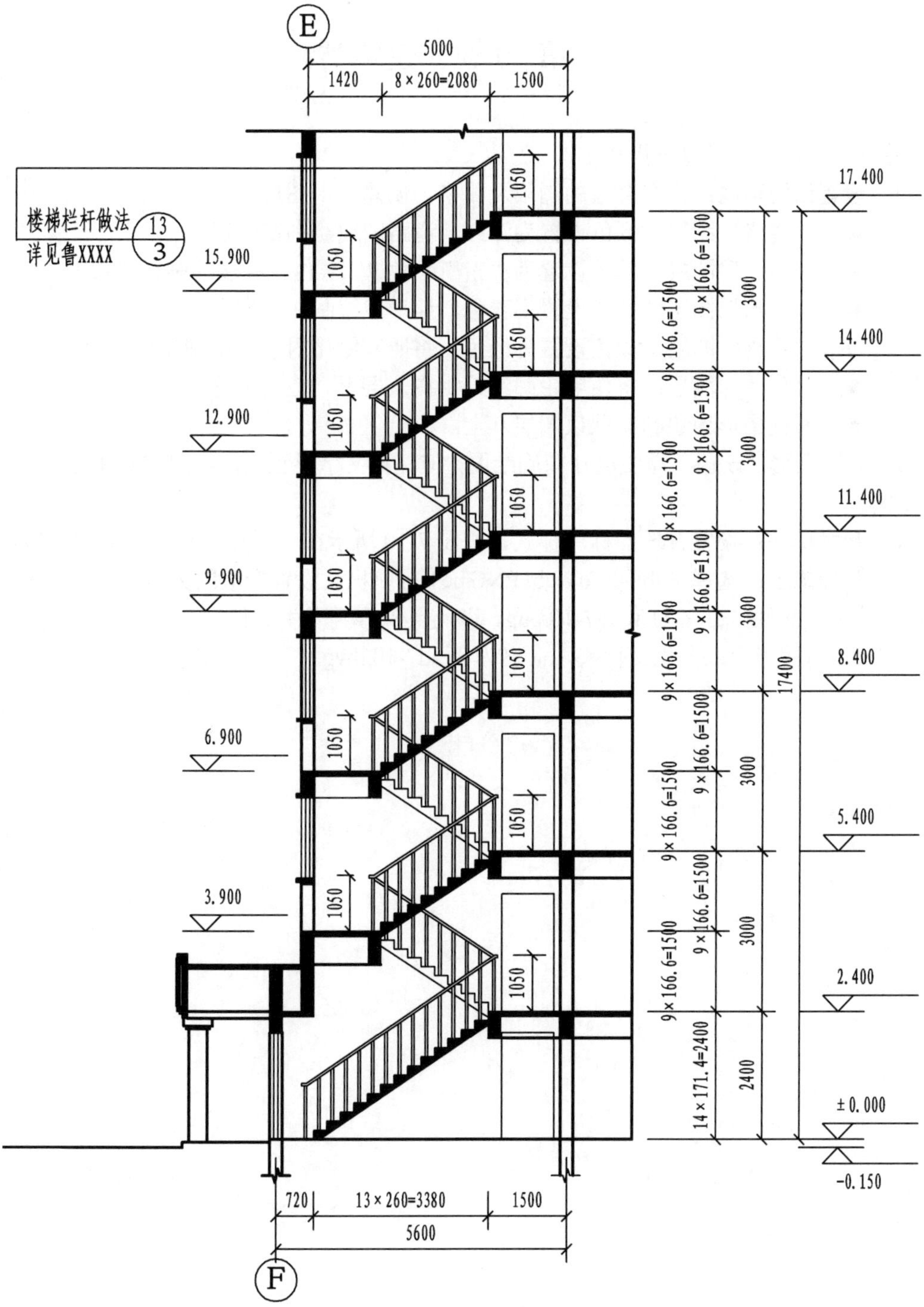

楼梯A-A剖面图 1:100

图 7-09　完成后的图形

7.10 第 10 题（建筑类）

建立新文件，完成以下操作。

1．**设置绘图环境**：建立合适的图限及栅格，创建如下图层。

- “道路”图层：颜色设置为洋红，道路图线绘制在该层上。
- “标注”图层：颜色设置为“索引颜色 9”灰色，标注绘制在该层上。
- “地形”图层：颜色设置为青色，地形线绘制在该层上。
- “绿化”图层：颜色设置为绿色，将所有绿化内容，绘制在该层上。
- “住宅”图层：将住宅轮廓线绘制在该层上。
- 其他图形均绘制在默认图层 0 上。

2．**绘制图形**：该题不需要尺寸精确绘图，但注释文字要正确，绘图方法和图形编辑方法不限。

3．**尺寸标注**：设置合适的标注样式，按图 7-10 所示在“标注”图层上标注图形。

4．**打印输出**：选择 PublishToWeb PNG.pc3 打印机，设置合适的分辨率，将图形完整打印输出，文件名命名为 Tcad7-10.png，并将其保存到考生文件夹。

完成后将图形存入考生文件夹，命名为 Tcad7-10.dwg。

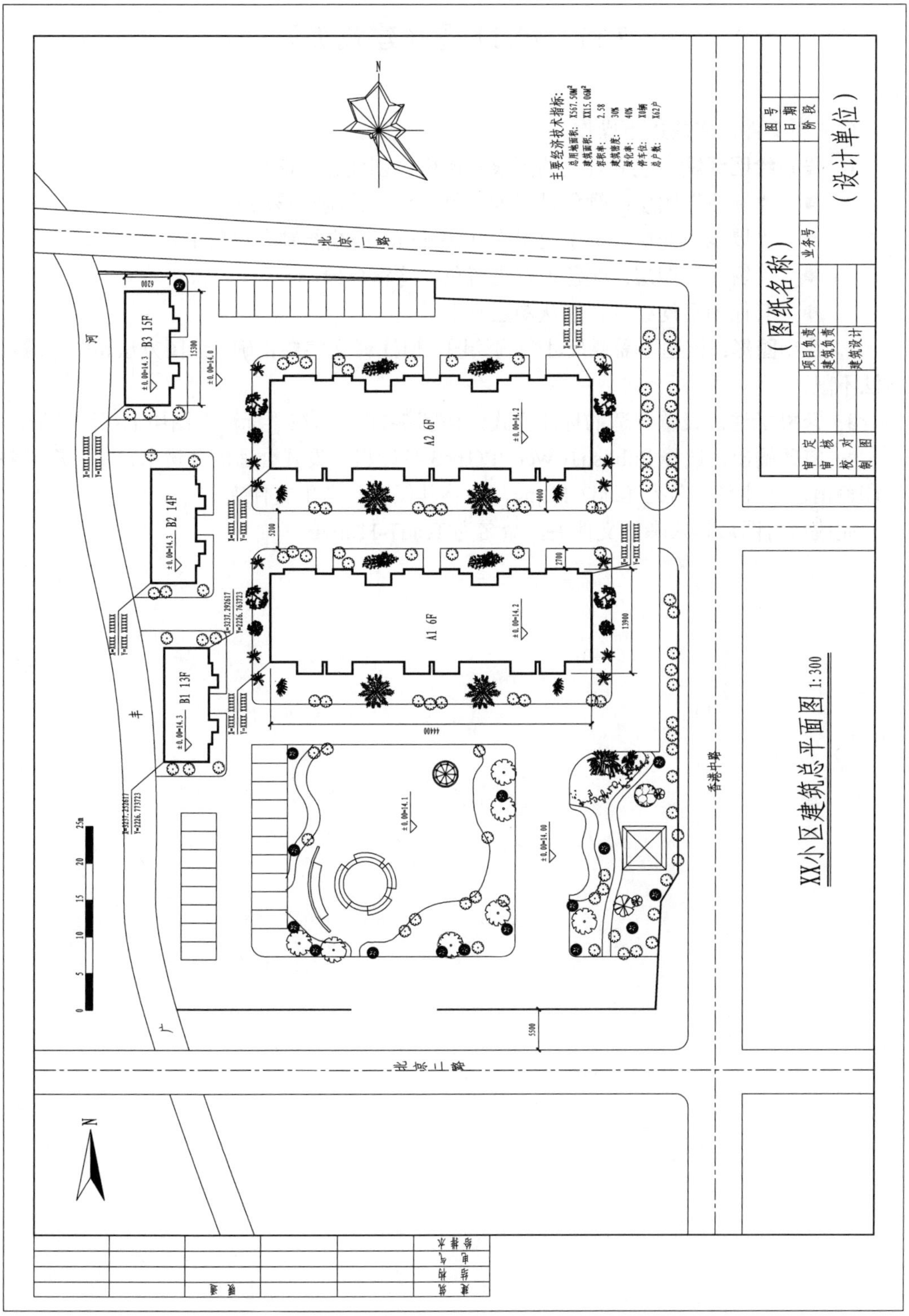
XX小区建筑总平面图 1:300
（图纸名称）
（设计单位）
北京一路
北京二路
香港中路
A1 6F
A2 6F
B1 13F
B2 14F
B3 15F

图 7-10　完成后的图形

7.11　第 11 题（建筑类）

建立新文件，完成以下操作。

1．**设置绘图环境**：建立合适的图限及栅格，创建如下图层。

- “标注”图层：颜色设置为绿色，标注绘制在该层上。
- “墙线”图层：宽度设置为 0.50 mm，墙线绘制在该层上。
- “窗户”图层：颜色设置为蓝色，将窗户绘制在该层上。
- 其他图形均绘制在默认图层 0 上。

2．**绘制图形**：该题不需要尺寸精确绘图，但注释文字要正确，绘图方法和图形编辑方法不限。

3．**尺寸标注**：设置合适的标注样式，按图 7-11 所示在“标注”图层上标注图形。

4．**打印输出**：选择 PublishToWeb JPG.pc3 打印机，设置合适的分辨率，将图形完整打印输出，文件名命名为 Tcad7-11.jpg，并将其保存到考生文件夹。

完成后将图形存入考生文件夹，命名为 Tcad7-11.dwg。

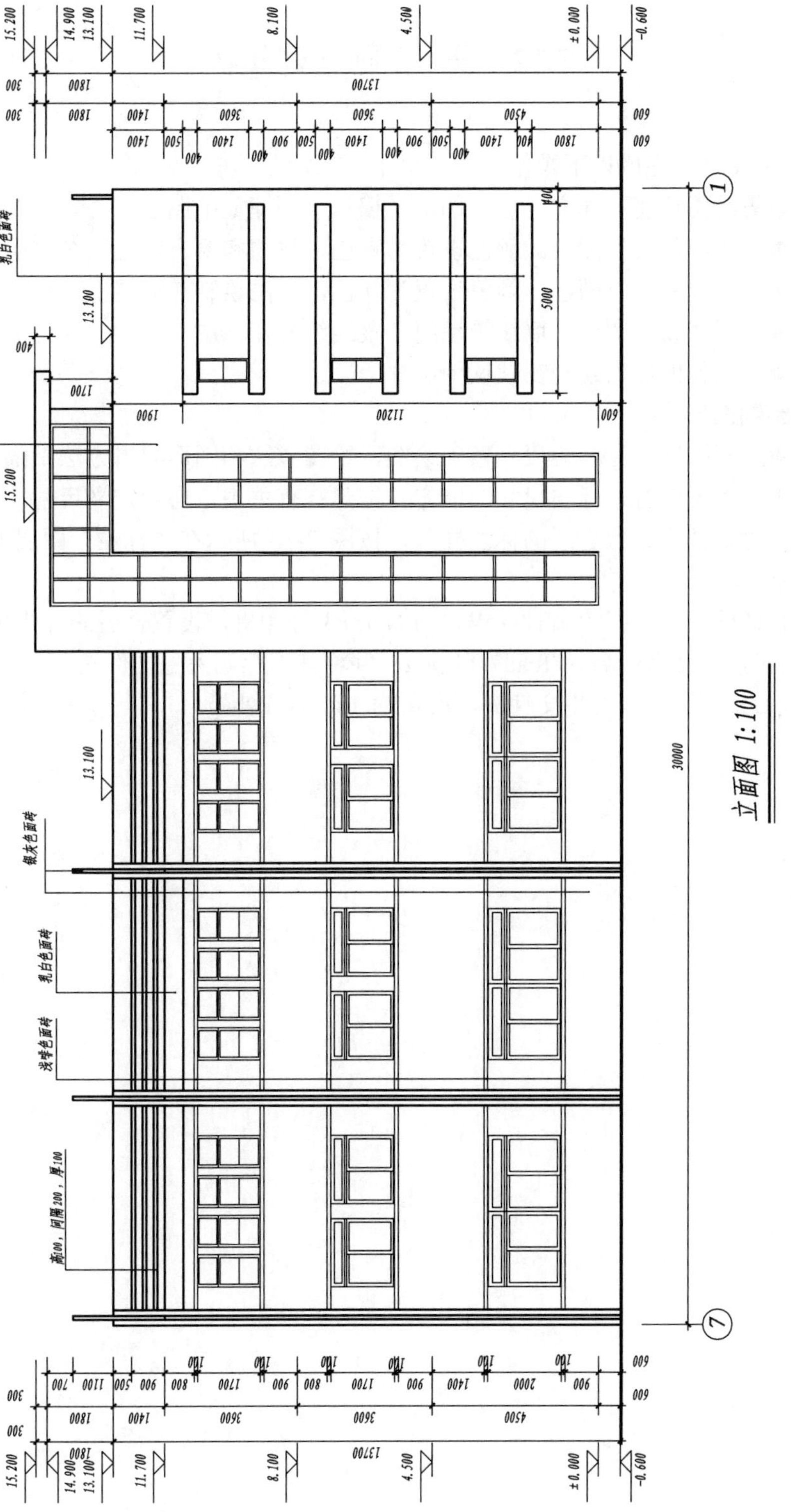
立面图 1:100
乳白色面砖
浅啡色面砖
银灰色面砖
高100，间隔200，厚100
30000
15.200
14.900
13.100
11.700
8.100
4.500
±0.000
-0.600

图 7-11　完成后的图形

7.12　第 12 题（建筑类）

建立新文件，完成以下操作。

1. **设置绘图环境**：建立合适的图限及栅格，创建如下图层。
   - “门窗线”图层：颜色设置为青色，将门和窗户等绘制在该层上。
   - “尺寸线”图层：颜色设置为绿色，标注绘制在该层上。
   - “墙线”图层：墙线等使用多段线绘制在该层上。
   - 其他图形均绘制在默认图层 0 上。
2. **绘制图形**：
   - 根据试题注释的尺寸精确绘图，绘图方法和图形编辑方法不限。
   - 图示中有未标注尺寸的地方，按建筑有关规范自行定义尺寸。
3. **尺寸标注**：设置合适的标注样式，按图 7-12 所示在“标注”图层上标注图形并输入文字注释。
4. **打印输出**：选择 PublishToWeb PNG.pc3 打印机，设置合适的分辨率，将图形完整打印输出，文件名命名为 Tcad7-12.png，并将其保存到考生文件夹。

完成后将图形存入考生文件夹，命名为 Tcad7-12.dwg。

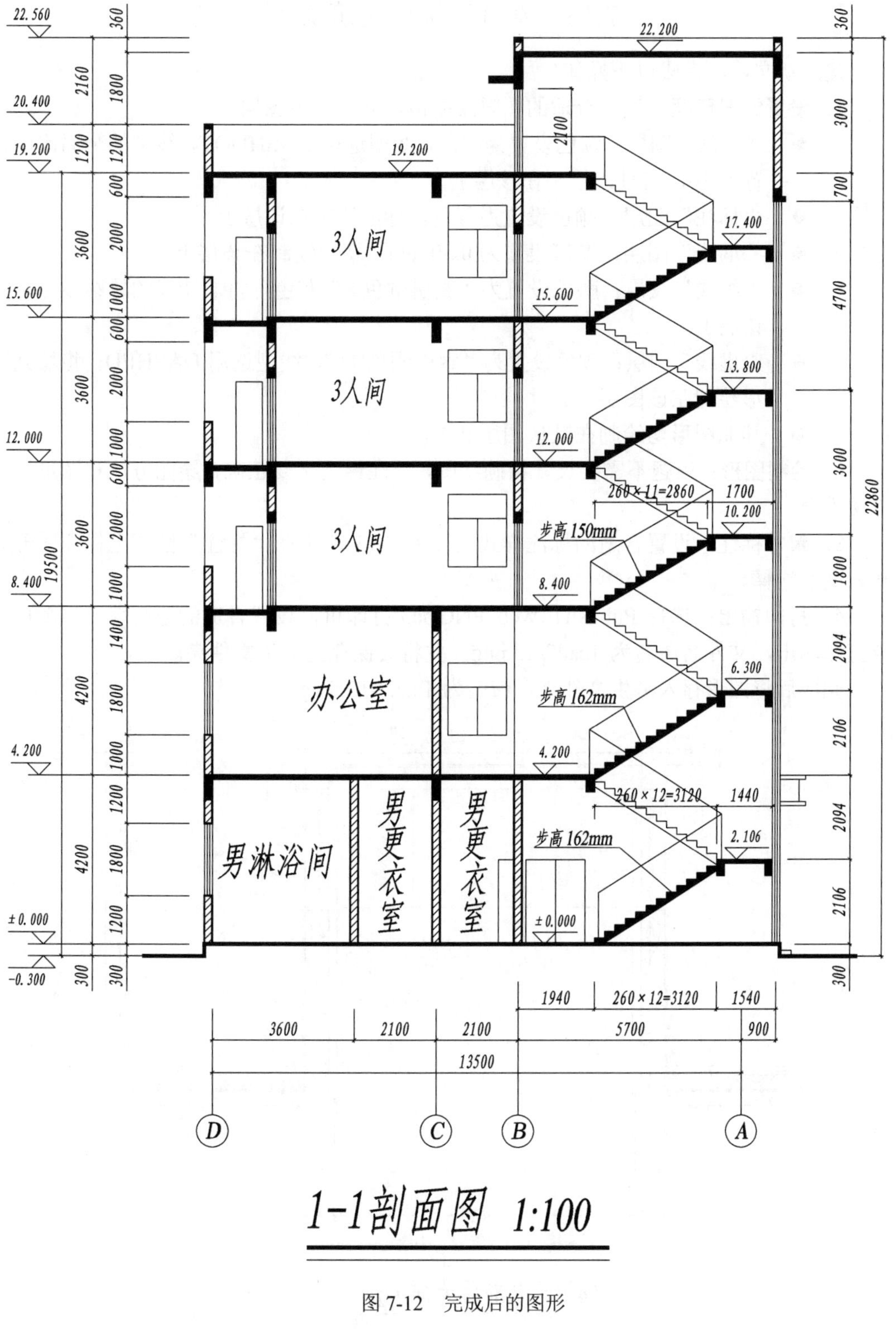
22.560
20.400
19.200
15.600
12.000
8.400
4.200
±0.000
-0.300
22.200
19.200
17.400
15.600
13.800
12.000
10.200
8.400
6.300
4.200
2.106
±0.000
3人间
3人间
3人间
办公室
男淋浴间
男更衣室
男更衣室
步高150mm
步高162mm
步高162mm
260×11=2860
1700
260×12=3120
1440
1940
260×12=3120
1540
3600
2100
2100
5700
900
13500
22860
19500
D
C
B
A
1-1剖面图 1:100

图 7-12　完成后的图形

7.13　第 13 题（建筑类）

建立新文件，完成以下操作。

1．**设置绘图环境**：建立合适的图限及栅格，创建如下图层。

- "轴线"图层：颜色设置为红色，线型选用 DASHDOT，线型的全局比例设置为 10，将轴线绘制在该层上。
- "标注"图层：颜色设置为蓝色，标注绘制在该层上。
- "墙线"图层：宽度设置为 0.50 mm，墙线绘制在该层上。
- "细线"图层：颜色设置为"索引颜色 8"灰色，将非墙线的轮廓线绘制在该层上。
- "虚线"图层：颜色设置为"索引颜色 11"，线型选用 DASHED，将填充图形绘制在该图层上。
- 其他图形均绘制在默认图层 0 上。

2．**绘制图形**：该题不需要尺寸精确绘图，但注释文字要正确，绘图方法和图形编辑方法不限。

3．**尺寸标注**：设置合适的标注样式，按图 7-13 所示在"标注"图层上标注图形并输入文字注释。

4．**打印输出**：选择 PublishToWeb PNG.pc3 打印机，设置合适的分辨率，将图形完整打印输出，文件名命名为 Tcad7-13.png，并将其保存到考生文件夹。

完成后将图形存入考生文件夹，命名为 Tcad7-13.dwg。

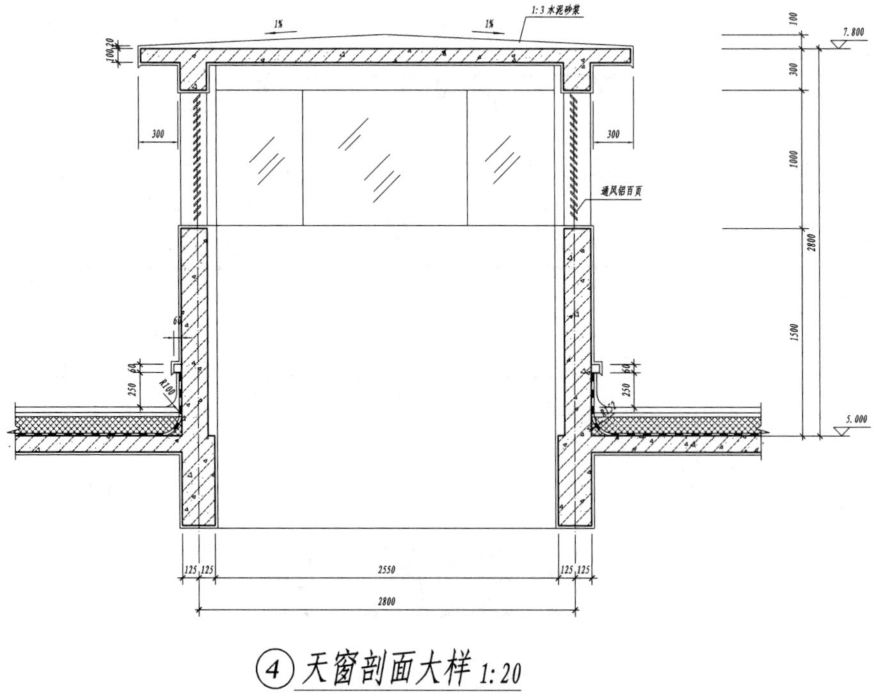

图 7-13　完成后的图形

7.14　第 14 题（建筑类）

建立新文件，完成以下操作。

1．**设置绘图环境**：建立合适的图限及栅格，创建如下图层。

- “门窗”图层：颜色设置为蓝色，将门和窗户等绘制在该层上。
- “标注”图层：颜色设置为绿色，标注和轴号绘制在该层上。
- “墙线”图层：线宽设置为 0.60 mm，墙线绘制在该层上。
- “轴线”图层：颜色设置为红色，线型选用 ACAD_ISO04W100，线型的全局比例设置为 0.5，将轴线绘制在该层上。
- “楼梯”图层：颜色设置为“索引颜色 8”灰色，将楼梯绘制在该层上。
- “散水”图层：颜色设置为黄色，将散水线绘制在该层上。
- 其他图形均绘制在默认图层 0 上。

2．**绘制图形**：

- 根据试题注释的尺寸精确绘图，绘图方法和图形编辑方法不限。
- 图示中有未标注尺寸的地方，按建筑有关规范自行定义尺寸。
- 图中浴池、燃气灶等图块，可复制自 C:\2010CADTK\Unit7 中的图形文件 Scad7-14.dwg。

3．**尺寸标注**：设置合适的标注样式，按图 7-14 所示在“标注”图层上标注图形并输入文字注释。

4．**打印输出**：选择 PublishToWeb JPG.pc3 打印机，设置合适的分辨率，将图形完整打印输出，文件名命名为 Tcad7-14.jpg，并将其保存到考生文件夹。

完成后将图形存入考生文件夹，命名为 Tcad7-14.dwg。

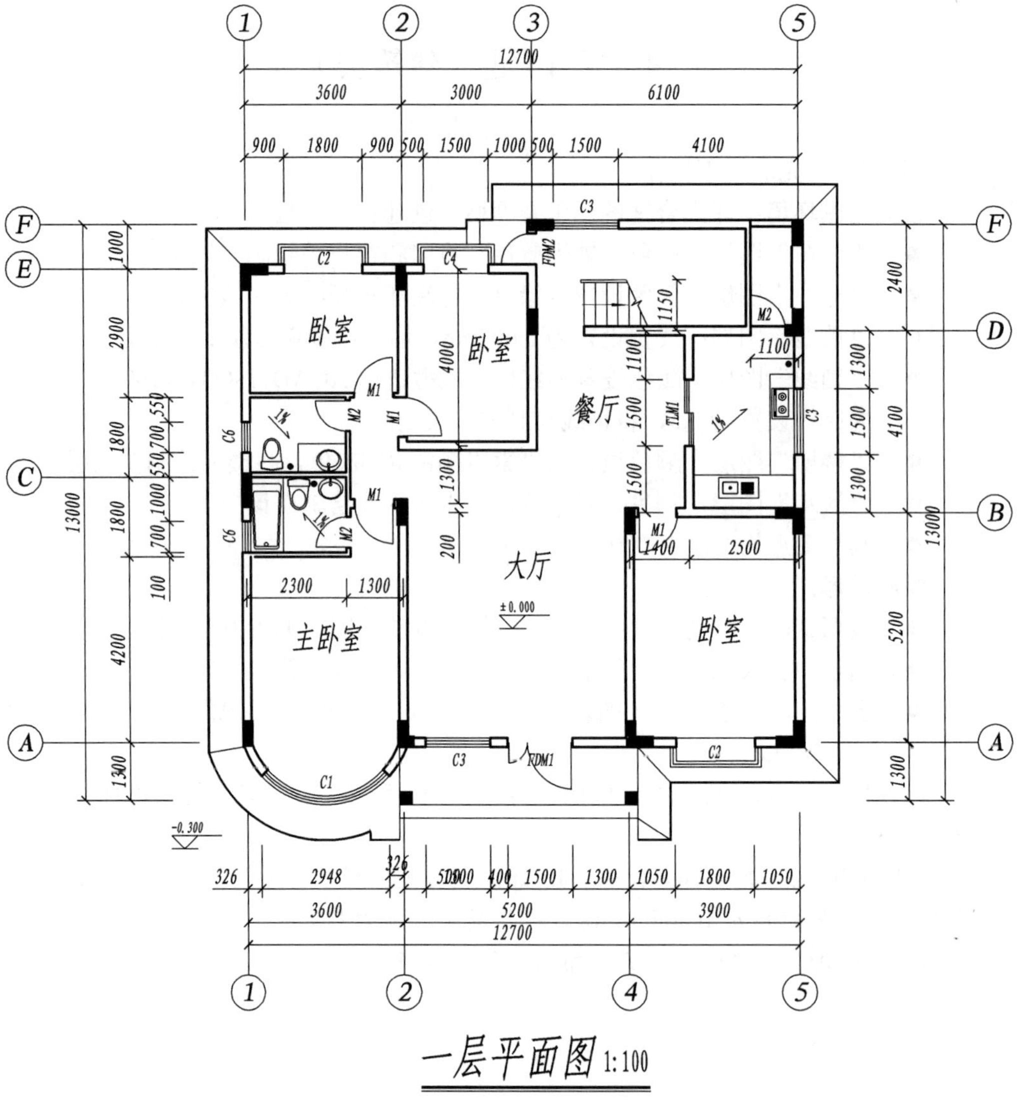

图 7-14　完成后的图形

7.15　第 15 题（建筑类）

建立新文件，完成以下操作。

1．**设置绘图环境**：建立合适的图限及栅格，创建如下图层。

- “细线”图层：道路、绿化和建筑边线等绘制在该层上。
- “标注”图层：颜色设置为绿色，标高和标注等绘制在该层上。
- “用地红线”图层：颜色设置为红色，线型设置为 DASHED2，线宽设置为 0.50 mm，用地红线绘制在该层上。
- “轴线”图层：颜色设置为红色，线型设置为 CENTER，将道路中心线绘制在该层上。
- “新建建筑”图层：线宽设置为 0.40 mm，将新建建筑轮廓线绘制在该层上。
- 其他图形均绘制在默认图层 0 上。

2．**绘制图形**：该题不需要尺寸精确绘图，但重要的绘图元素要齐全（用地红线、建筑物、坐标值），注释文字要正确，绘图方法和图形编辑方法不限。

3．**尺寸标注**：设置合适的标注样式，按图 7-15 所示在“标注”图层上标注图形。

4．**打印输出**：选择 PublishToWeb PNG.pc3 打印机，设置合适的分辨率，将图形完整打印输出，文件名命名为 Tcad7-15.png，并将其保存到考生文件夹。

完成后将图形存入考生文件夹，命名为 Tcad7-15.dwg。

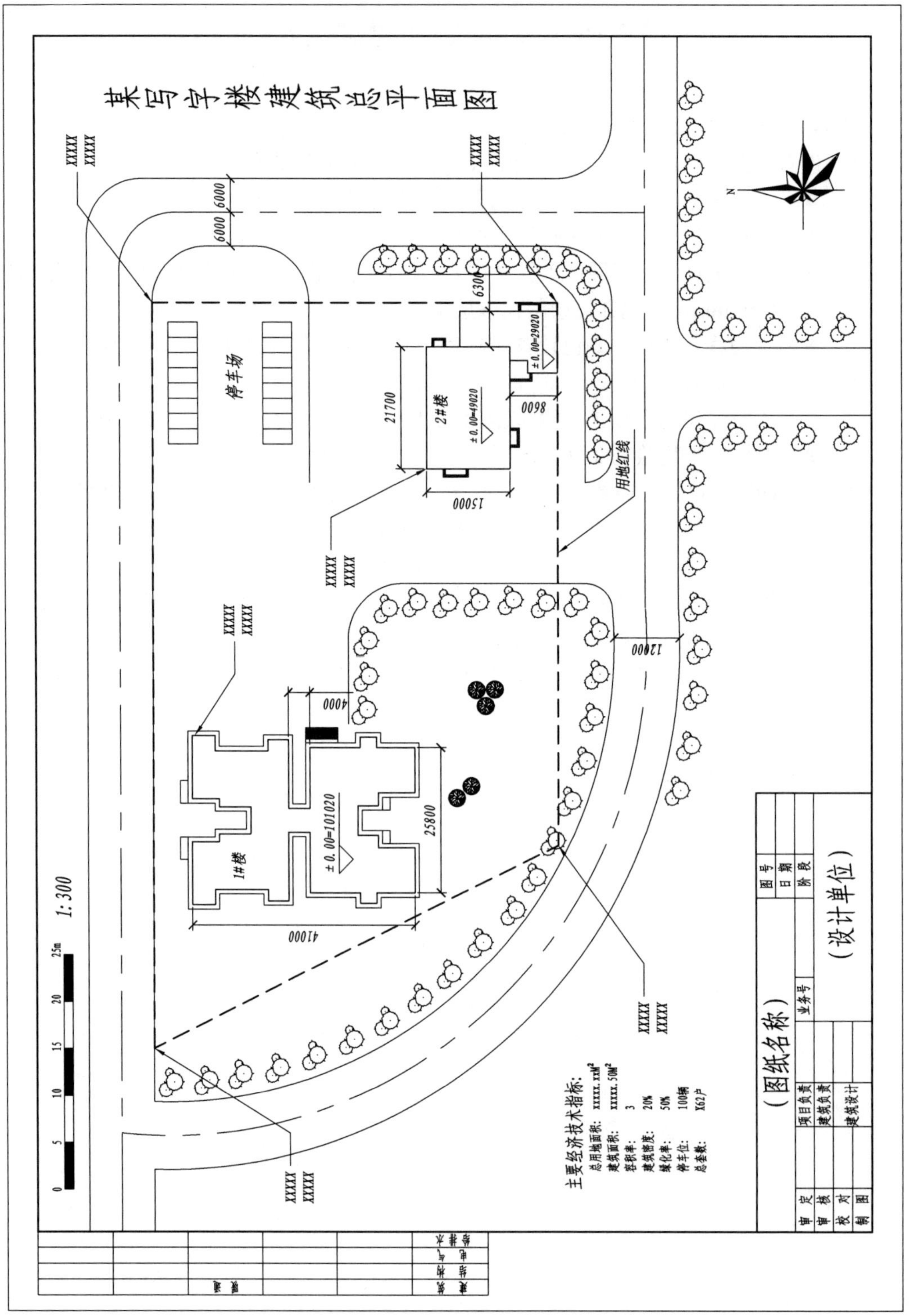

图 7-15　完成后的图形

7.16　第16题（建筑类）

建立新文件，完成以下操作。

1．**设置绘图环境**：建立合适的图限及栅格，创建如下图层。

- “轴线”图层：颜色设置为红色，线型选用 ACAD_ISO10W100，将轴线绘制在该层上。
- “门窗”图层：颜色设置为蓝色，将门和窗户等绘制在该层上。
- “尺寸标注”图层：颜色设置为绿色，标注绘制在该层上。
- “墙线”图层：宽度设置为 0.50 mm，墙线绘制在该层上。
- “图块”图层：颜色设置为青色，将 C:\2010CADTK\Unit7 中文件 Scad7-16.dwg 中的图块复制到该图层。
- 其他图形均绘制在默认图层 0 上。

2．**绘制图形**：

- 根据试题注释的尺寸精确绘图，绘图方法和图形编辑方法不限。
- 图示中有未标注尺寸的地方，按建筑有关规范自行定义尺寸。

3．**尺寸标注**：设置合适的标注样式，按图 7-16 所示在“尺寸标注”图层上标注图形并输入文字注释。

4．**打印输出**：选择 PublishToWeb PNG.pc3 打印机，设置合适的分辨率，将图形完整打印输出，文件名命名为 Tcad7-16.png，并将其保存到考生文件夹。

完成后将图形存入考生文件夹，命名为 Tcad7-16.dwg。

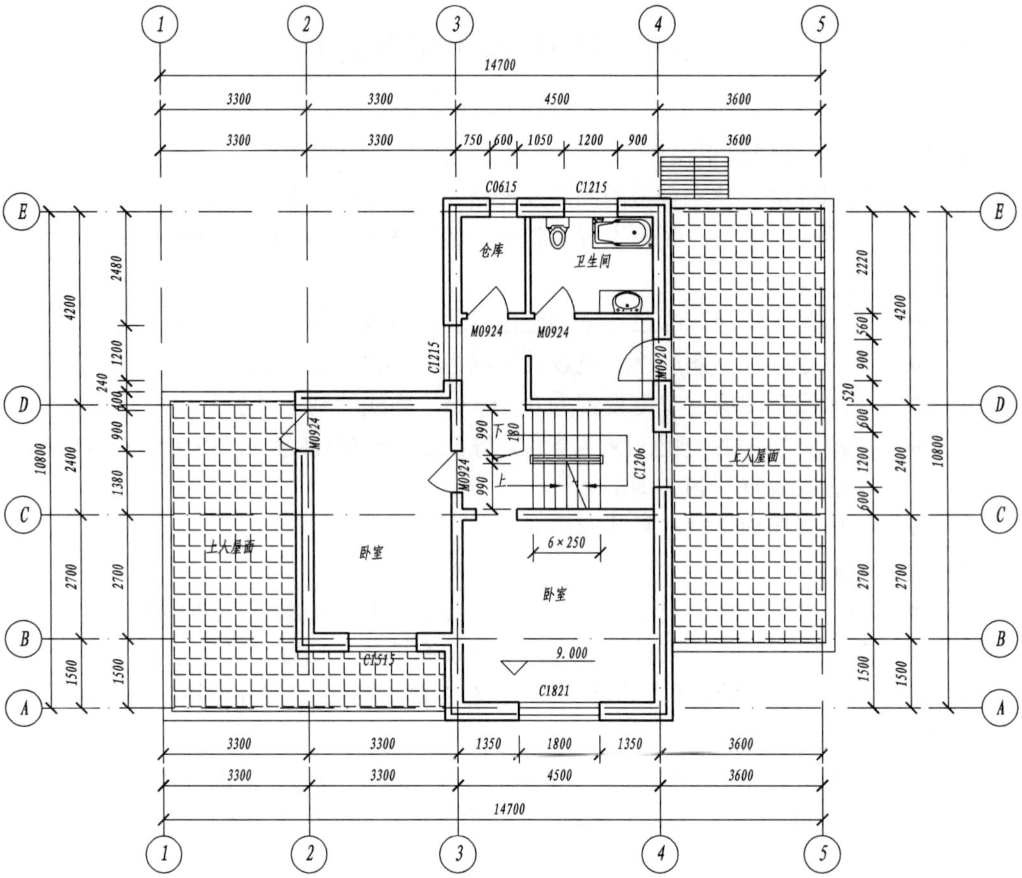

图 7-16　完成后的图形

7.17 第 17 题（建筑类）

建立新文件，完成以下操作。

1．**设置绘图环境**：建立合适的图限及栅格，创建如下图层。

- “门窗”图层：颜色设置为蓝色，将门和窗户等绘制在该层上。
- “标注”图层：颜色设置为绿色，标注绘制在该层上。
- “墙线”图层：线宽设置为 0.70 mm，墙线绘制在该层上。
- “栏杆”图层：颜色设置为洋红，将栏杆绘制在该层上。
- 其他图形均绘制在默认图层 0 上。

2．**绘制图形**：该题不需要尺寸精确绘图，但注释文字要正确，绘图方法和图形编辑方法不限（图中窗户等图块，可复制自 C:\2010CADTK\Unit7 中的图形文件 Scad7-17.dwg）。

3．**尺寸标注**：设置合适的标注样式，按图 7-17 所示在“标注”图层上标注图形并输入文字注释。

4．**打印输出**：选择 PublishToWeb PNG.pc3 打印机，设置合适的分辨率，将图形完整打印输出，文件名命名为 Tcad7-17.png，并将其保存到考生文件夹。

完成后将图形存入考生文件夹，命名为 Tcad7-17.dwg。

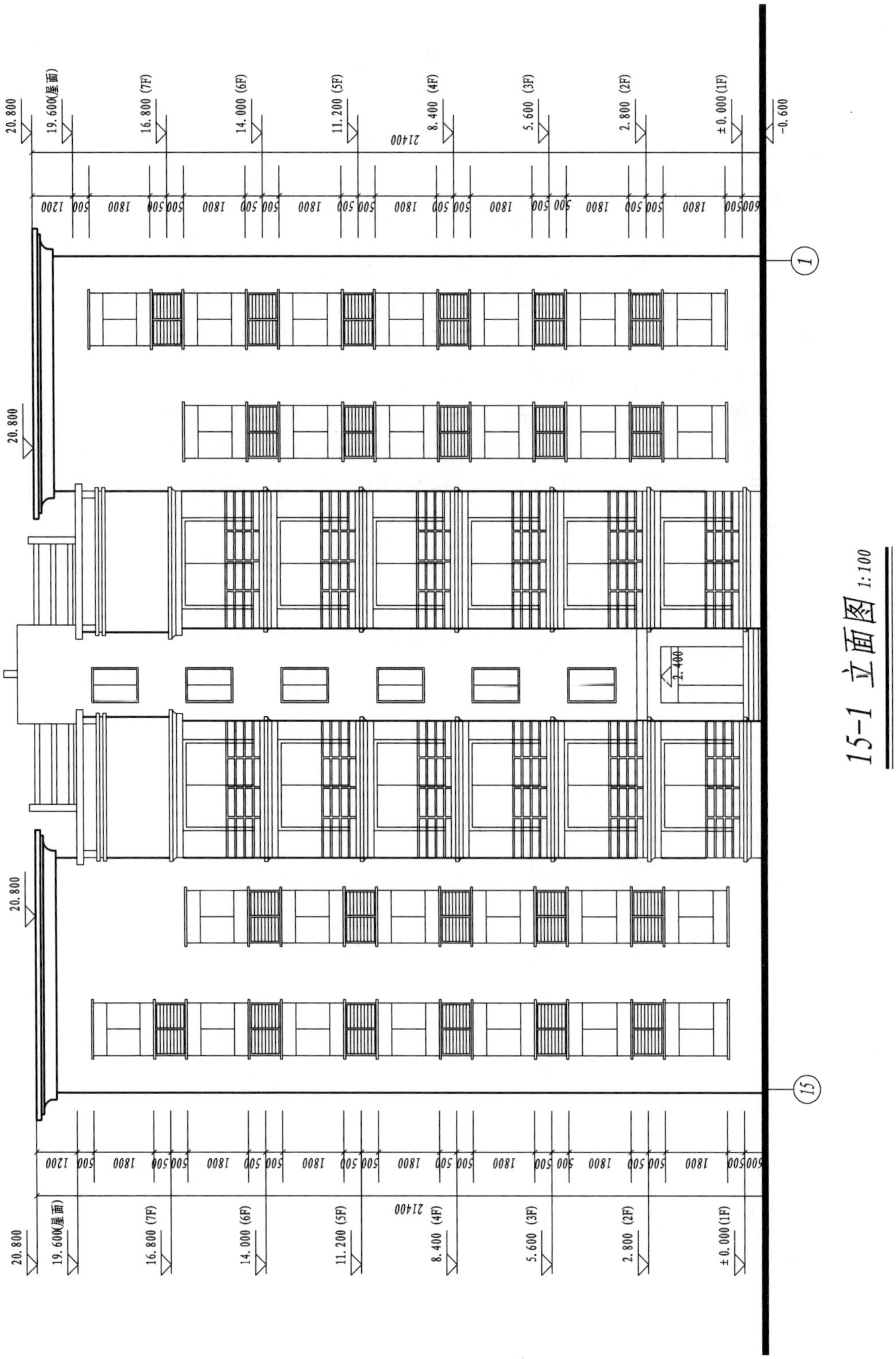
15-1 立面图 1:100
20.800
19.600(屋面)
16.800 (7F)
14.000 (6F)
11.200 (5F)
8.400 (4F)
5.600 (3F)
2.800 (2F)
±0.000(1F)
-0.600
21400
2.400

图 7-17　完成后的图形

7.18 第 18 题（建筑类）

建立新文件，完成以下操作。

1．**设置绘图环境**：建立合适的图限及栅格，创建如下图层。

- “门窗”图层：颜色设置为蓝色，将门和窗户等绘制在该层上。
- “标注”图层：颜色设置为绿色，标注绘制在该层上。
- “墙线”图层：线宽设置为 0.60 mm，墙线绘制在该层上。
- “轴线”图层：颜色设置为红色，线型设置为 ACAD_ISO04W100，将所有轴线绘制在该层上。
- “图块”图层：颜色设置为洋红，将所有图块绘制在该层上。
- 其他图形均绘制在默认图层 0 上。

2．**绘制图形**：该题不需要尺寸精确绘图，但注释文字要正确，绘图方法和图形编辑方法不限（图中窗户等图块，可复制自 C:\2010CADTK\Unit7 中的图形文件 Scad7-18.dwg）。

3．**尺寸标注**：设置合适的标注样式，按图 7-18 所示在“标注”图层上标注图形并输入文字注释。

4．**打印输出**：选择 PublishToWeb PNG.pc3 打印机，设置合适的分辨率，将图形完整打印输出，文件名命名为 Tcad7-18.png，并将其保存到考生文件夹。

完成后将图形存入考生文件夹，命名为 Tcad7-18.dwg。

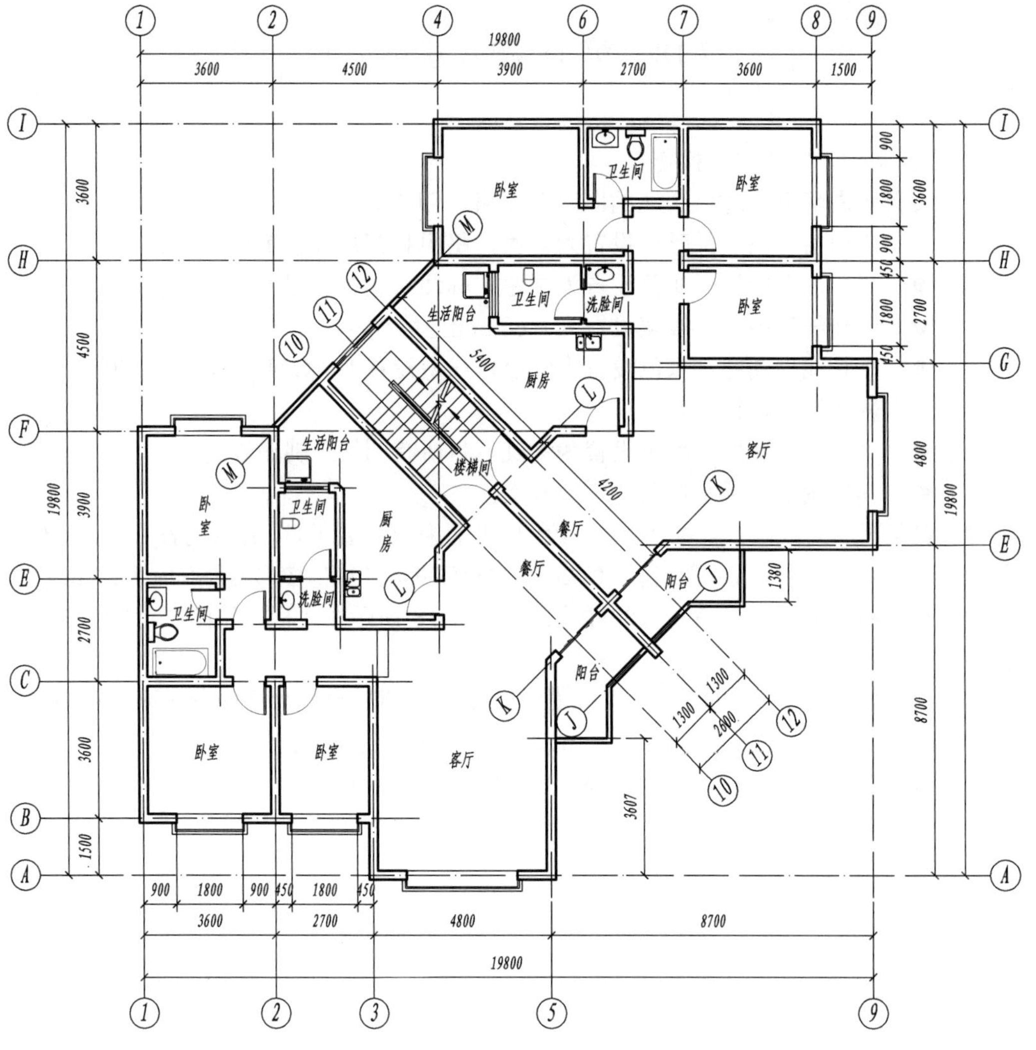

标准层平面图 1: 100

图 7-18　完成后的图形

7.19　第 19 题（建筑类）

建立新文件，完成以下操作。

1. **设置绘图环境**：建立合适的图限及栅格，创建如下图层。
   - “标注”图层：颜色设置为绿色，标注绘制在该层上。
   - “墙线”图层：宽度设置为 0.53 mm，墙线绘制在该层上。
   - “山石”图层：颜色设置为“索引颜色 43”，将山石绘制在该层上。
   - 其他图形均绘制在默认图层 0 上。
2. **绘制图形**：
   - 根据试题注释的尺寸精确绘图，绘图方法和图形编辑方法不限。
   - 图示中有未标注尺寸的地方，按建筑有关规范自行定义尺寸。
3. **尺寸标注**：设置合适的标注样式，按图 7-19 所示在“标注”图层上标注图形并输入文字注释。
4. **打印输出**：选择 PublishToWeb PNG.pc3 打印机，设置合适的分辨率，将图形完整打印输出，文件名命名为 Tcad7-19.png，并将其保存到考生文件夹。

完成后将图形存入考生文件夹，命名为 Tcad7-19.dwg。

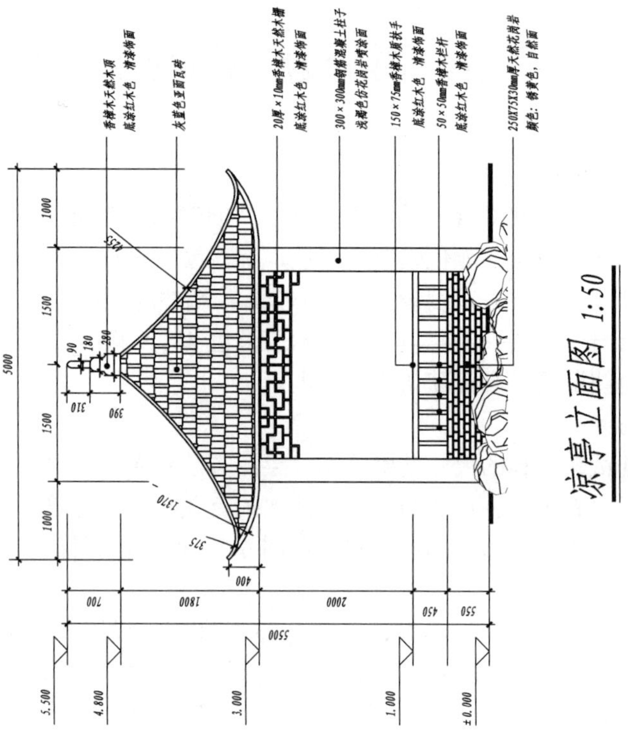
凉亭立面图 1:50
香樟木天然木顶
底涂红木色 清漆饰面
灰瓷色亚面瓦砖
20厚×10mm香樟木天然木栅
底涂红木色 清漆饰面
300×300mm钢筋混凝土柱子
浅褐色仿花岗岩喷涂面
150×75mm香樟木质扶手
底涂红木色 清漆饰面
50×50mm香樟木栏杆
底涂红木色 清漆饰面
250X75X30mm厚天然花岗岩
颜色：锈黄色，自然面
5000
1000
1500
1500
1000
700
1800
2000
450
550
5500
400
5.500
4.800
3.000
1.000
±0.000

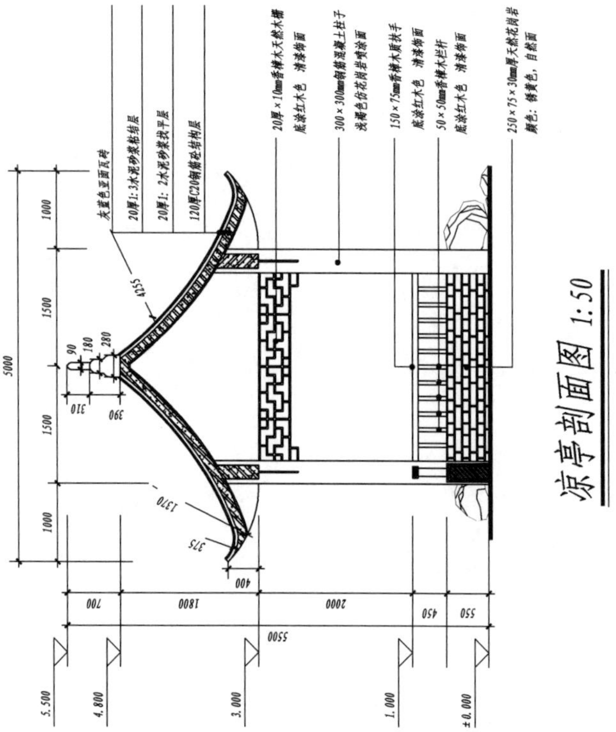
凉亭剖面图 1:50
灰瓷色亚面瓦砖
20厚1:3水泥砂浆粘结层
20厚1：2水泥砂浆找平层
120厚C20钢筋砼结构层
20厚×10mm香樟木天然木栅
底涂红木色 清漆饰面
300×300mm钢筋混凝土柱子
浅褐色仿花岗岩喷涂面
150×75mm香樟木质扶手
底涂红木色 清漆饰面
50×50mm香樟木栏杆
底涂红木色 清漆饰面
250×75×30mm厚天然花岗岩
颜色：锈黄色，自然面
5000
1000
1500
1500
1000
700
1800
2000
450
550
5500
400
5.500
4.800
3.000
1.000
±0.000

图 7-19　完成后的图形

7.20　第 20 题（建筑类）

建立新文件，完成以下操作。

1．设置绘图环境：建立合适的图限及栅格，创建如下图层。

- “标注”图层：颜色设置为蓝色，标注绘制在该层上。
- “墙线”图层：宽度设置为 0.53 mm，墙线绘制在该层上。
- “细线”图层：将栏杆轮廓线绘制在该层上。
- 其他图形均绘制在默认图层 0 上。

2．绘制图形：

- 根据试题注释的尺寸精确绘图，绘图方法和图形编辑方法不限。
- 图示中有未标注尺寸的地方，按建筑有关规范自行定义尺寸。

3．尺寸标注：设置合适的标注样式，按图 7-20 所示在“标注”图层上标注图形并输入文字注释。

4．打印输出：选择 PublishToWeb PNG.pc3 打印机，设置合适的分辨率，将图形完整打印输出，文件名命名为 Tcad7-20.png，并将其保存到考生文件夹。

完成后将图形存入考生文件夹，命名为 Tcad7-20.dwg。

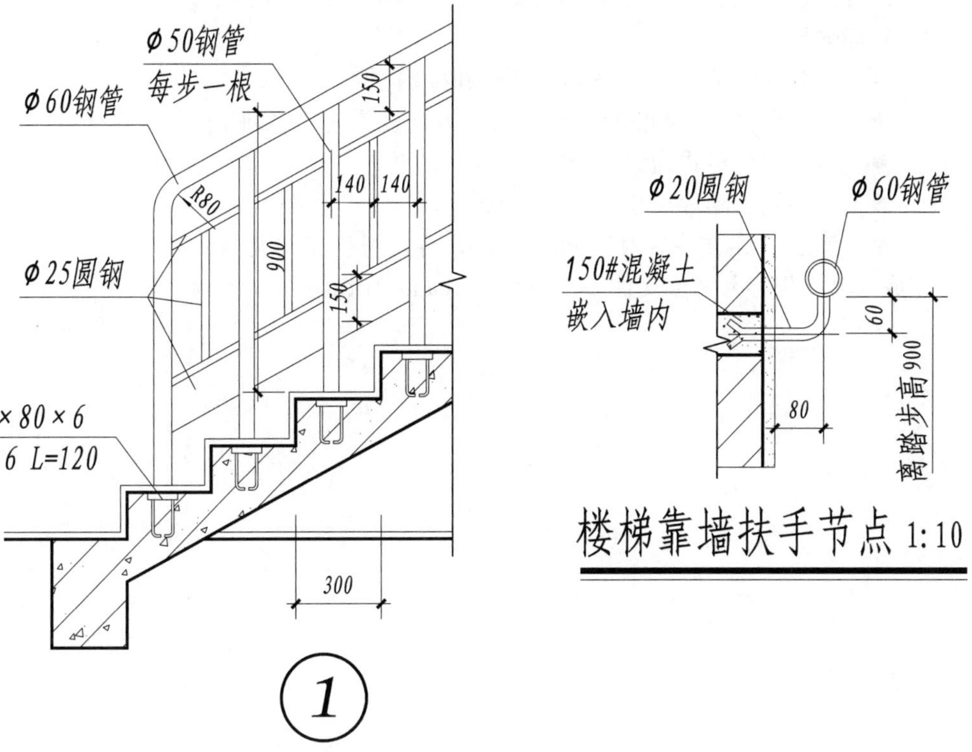

图 7-20　完成后的图形

第八单元　绘制建筑结构和设备施工图①

8.1　第 1 题（建筑类）

建立新文件，完成以下操作。

1．**设置绘图环境**：建立合适的图限及栅格，创建如下图层。

- “墙线”图层：线宽设置为 0.70 mm，墙线绘制在该层上。
- “墙面分割线”图层：线宽设置为 0.35 mm，墙面分割线绘制在该层上。
- “标注”图层：颜色设置为蓝色，尺寸标注绘制在该层上。
- 其余图形均绘制在默认图层 0 上。

2．**精确绘图**：

- 根据试题注释的尺寸精确绘图，绘图方法和图形编辑方法不限。
- 墙厚为 250 mm，注意绘图比例。
- 未明确线宽处使用默认线宽。图示中有未标注尺寸的地方，按建筑有关规范自行定义尺寸。

3．**尺寸标注**：设置合适的标注样式，按图 8-01 所示标注图形。

4．**打印输出**：

- 按图 8-01 所示绘制图名、图框和标题栏。
- 框选图框最外侧图框输出图形，方向设置为“横向”。
- 输出文件格式为 JPG.pc3。
- 调整输出图片尺寸为 789×610。
- 输出 JPG 文件名为 Tcad8-01.jpg，存入考生文件夹中。

完成后将图形存入考生文件夹，命名为 Tcad8-01.dwg。

① 在本单元题目中会使用到钢筋符号，可自行从网上下载钢筋符号字体，并复制到 AutoCAD 软件的相应安装目录下。

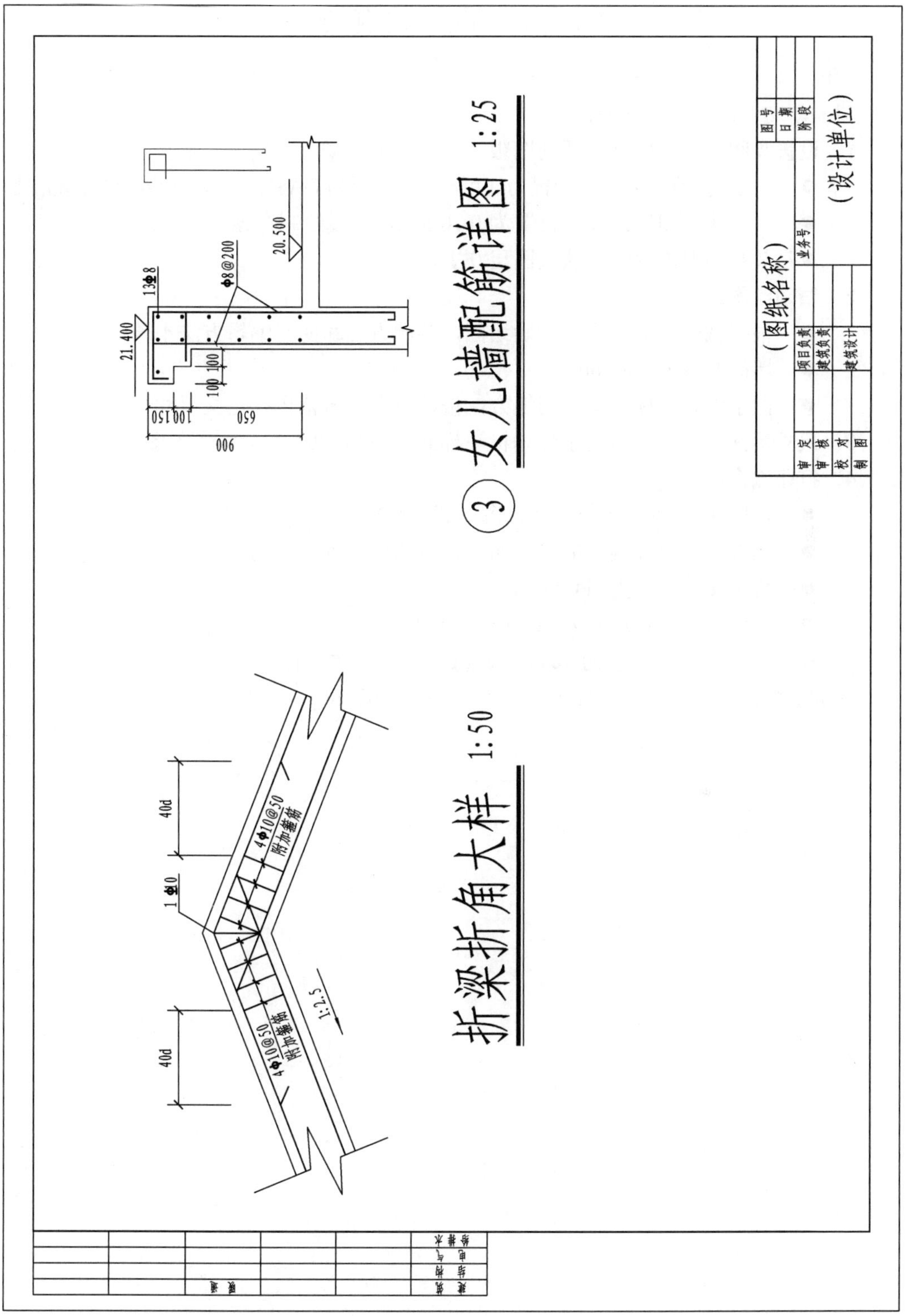

图 8-01　完成后的图形

8.2　第 2 题（建筑类）

建立新文件，完成以下操作。

1. **设置绘图环境**：建立合适的图限及栅格，创建如下图层。
   - “轴线”图层：颜色设置为红色，线型设置为 DASHDOT，轴线绘制在该层上。
   - “墙线”图层：线宽设置为 0.70 mm，墙线绘制在该图层上。
   - 其余图形均绘制在默认图层 0 上。
2. **精确绘图**：
   - 根据试题注释的尺寸精确绘图，绘图方法和图形编辑方法不限。
   - 墙的厚度为 250 mm。
   - 图示中有未标注尺寸的地方，按建筑有关规范自行定义尺寸。
3. **尺寸标注**：设置合适的字体和标注样式，按图 8-02 所示标注图形。
4. **打印输出**：
   - 按图 8-02 所示绘制图名、图框和标题栏。
   - 框选图框最外侧线框输出图形，方向设置为“横向”。
   - 输出文件格式为 JPG.pc3。
   - 调整输出图片尺寸为 1600×1200。
   - 输出 JPG 文件名为 Tcad8-02.jpg，存入考生文件夹中。

完成后将图形存入考生文件夹，命名为 Tcad8-02.dwg。

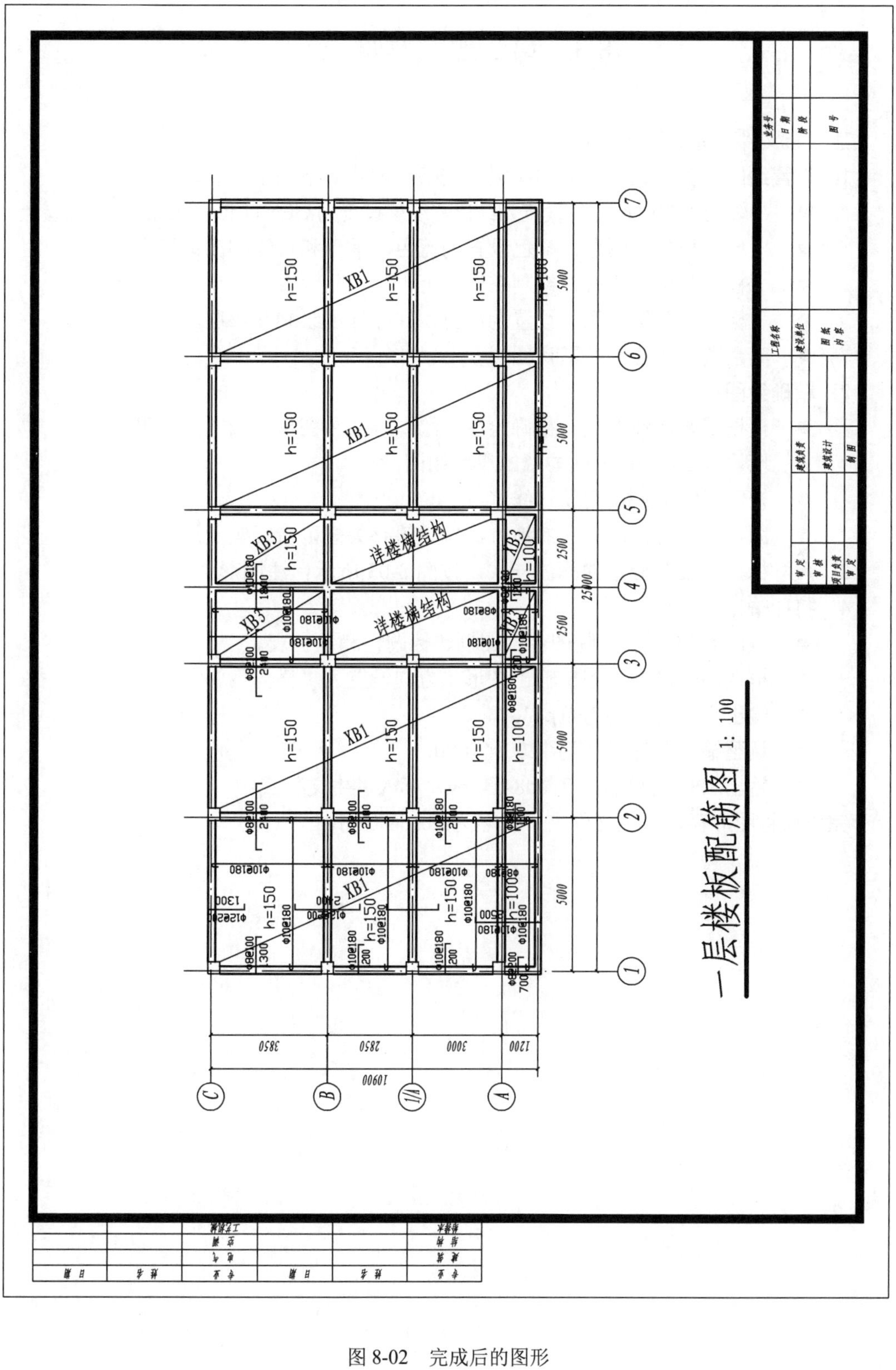
一层楼板配筋图 1: 100
XB1
XB3
h=150
h=100
详楼梯结构
5000
2500
25000
3850
2850
3000
1200
10900

图 8-02　完成后的图形

8.3　第 3 题（建筑类）

建立新文件，完成以下操作。

1. **设置绘图环境**：建立合适的图限及栅格，创建如下图层。
    - “轴线”图层：颜色设置为红色，线型设置为 CENTER，轴线绘制在该层上。
    - “承台和桩”图层：颜色设置为蓝色，承台和桩绘制在该层上。
    - “柱”图层：所有柱绘制在该层上。
    - “标注”图层：颜色设置为绿色，尺寸标注绘制在该层上。
    - 其余图形均绘制在默认图层 0 上。
2. **精确绘图**：
    - 根据试题注释的尺寸精确绘图，绘图方法和图形编辑方法不限。
    - 墙厚为 240 mm，柱与墙的厚度相同。
    - 未明确线宽处使用默认线宽。
    - 图示中有未标注尺寸的地方，按建筑有关规范自行定义尺寸。
3. **尺寸标注**：设置合适的标注样式，按图 8-03 所示标注图形。
4. **打印输出**：
    - 按图 8-03 所示绘制图名、图框、标题栏和承台表。
    - 框选图框最外侧图框输出图形，方向设置为“横向”。
    - 输出文件格式为 JPG.pc3。
    - 调整输出图片尺寸为 1200×1600。
    - 输出 JPG 文件名为 Tcad8-03.jpg，存入考生文件夹中。

完成后将图形存入考生文件夹，命名为 Tcad8-03.dwg。

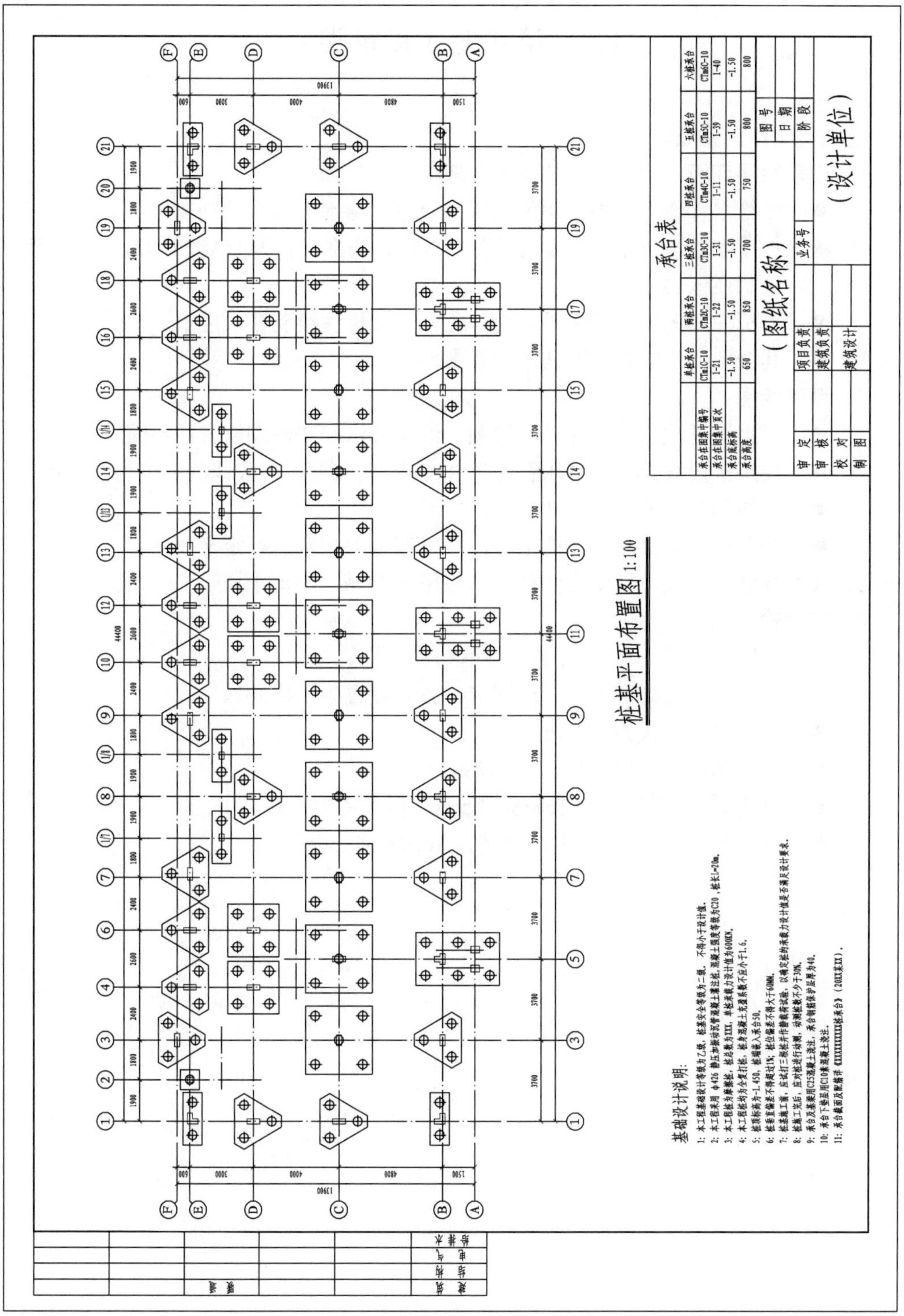

图 8-03　完成后的图形

8.4　第 4 题（建筑类）

建立新文件，完成以下操作。

1. **设置绘图环境**：建立合适的图限及栅格，创建如下图层。
    - “给水管道”图层：颜色设置为绿色，给水管道线绘制在该层上。
    - “排水管道”图层：颜色设置为黄色，线型设置为 DASHED2，排水管道线绘制在该层上。
    - “标注”图层：颜色设置为红色，尺寸标注绘制在该层上。
    - 其余图形均绘制在默认图层 0 上。
2. **精确绘图**：
    - 根据试题注释的尺寸精确绘图，绘图方法和图形编辑方法不限。
    - 使用多段线绘制“给水管道”和“排水管道”，多段线的宽度为 50 mm。
    - 未明确线宽处使用默认线宽。
    - 图示中有未标注尺寸的地方，按建筑有关规范自行定义尺寸。
3. **尺寸标注**：设置合适的标注样式，按图 8-04 所示标注图形。
4. **打印输出**：
    - 按图 8-04 所示绘制图名、图框和标题栏。
    - 框选图框最外侧图框输出图形，方向设置为“横向”。
    - 输出文件格式为 PNG.pc3。
    - 调整输出图片尺寸为 610×789。
    - 输出 PNG 文件名为 Tcad8-04.png，存入考生文件夹中。

完成后将图形存入考生文件夹，命名为 Tcad8-04.dwg。

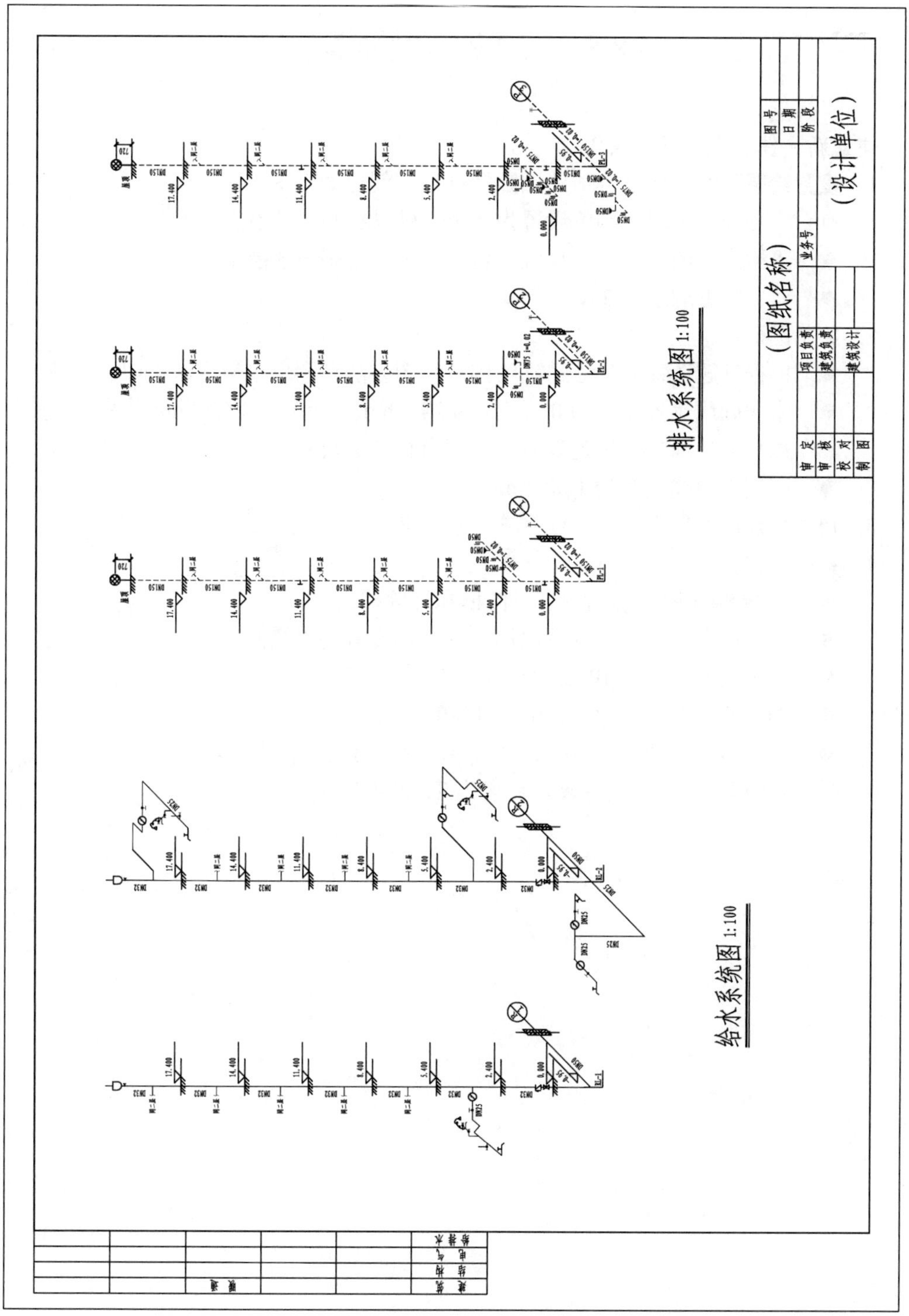

图 8-04　完成后的图形

8.5 第 5 题（建筑类）

建立新文件，完成以下操作。

1. **设置绘图环境**：建立合适的图限及栅格，创建如下图层。
   - “轴线”图层：颜色设置为红色，轴线绘制在该层上。
   - “标注”图层：颜色设置为蓝色，标注绘制在该层上。
   - 其他图形均绘制在默认图层 0 上。
2. **绘制图形**：
   - 根据试题注释的尺寸精确绘图，绘图方法和图形编辑方法不限。
   - 未明确线宽处线宽为 0。墙厚为 240 mm，单墙厚为 100 mm，图示中有未标注尺寸的地方，按建筑有关规范自行定义尺寸。
   - 图例中粗线线宽为 1.00 mm。
3. **尺寸标注**：设置合适的标注样式，按图 8-05 所示标注图形。
4. **打印输出**：
   - 按图 8-05 所示绘制图名、图框和标题栏。
   - 框选图框最外侧图框输出图形，方向设置为“横向”。
   - 输出文件格式为 JPG.pc3。
   - 调整输出图片尺寸为 1600×1280。
   - 输出 JPG 文件名为 Tcad8-05.jpg，存入考生文件夹中。

完成后将图形存入考生文件夹，命名为 Tcad8-05.dwg。

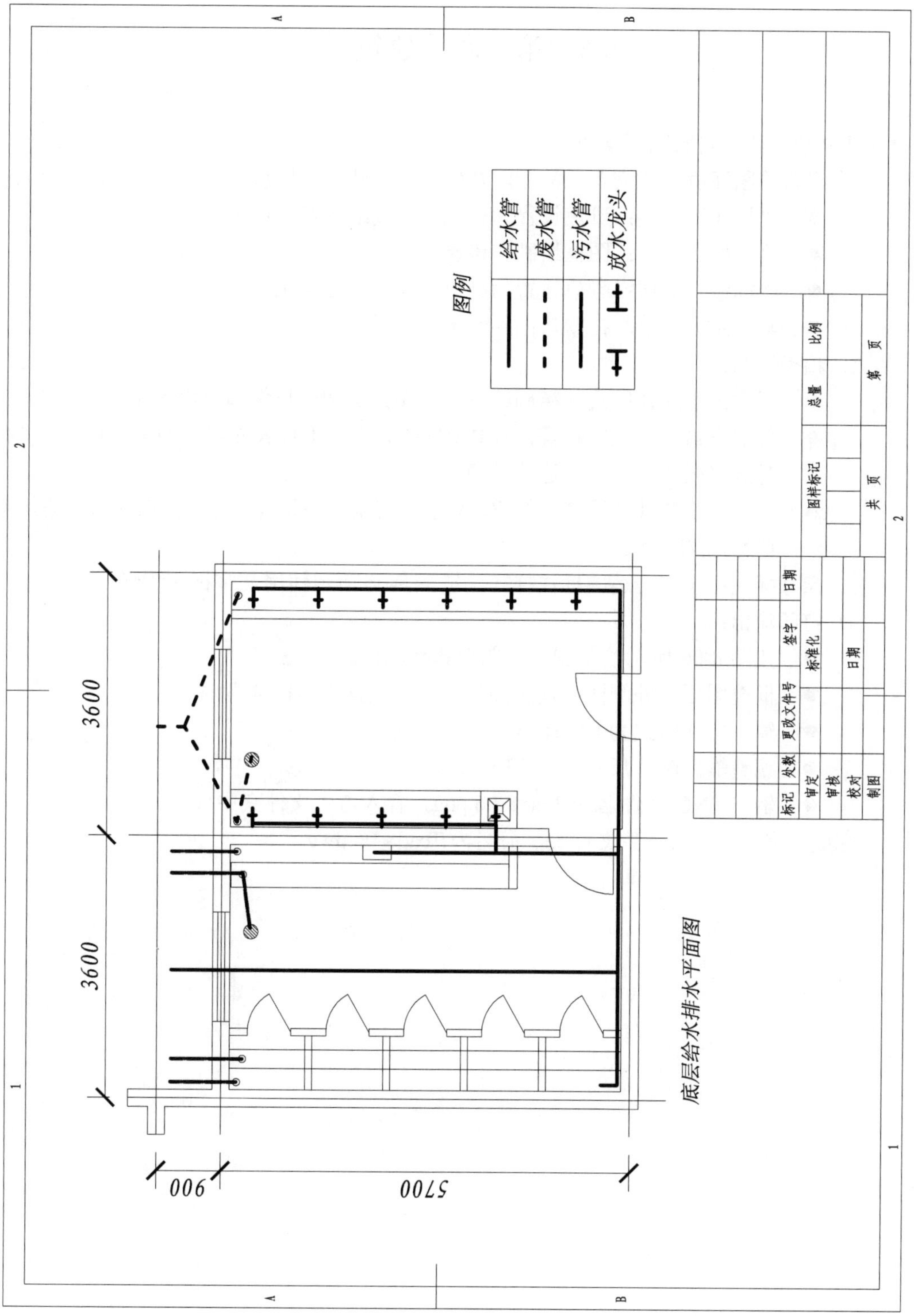
图例
给水管
废水管
污水管
放水龙头
3600
3600
900
5700
底层给水排水平面图
标记
处数
更改文件号
签字
日期
审定
审核
校对
制图
标准化
日期
图样标记
总量
比例
共　页
第　页

图 8-05　完成后的图形

8.6 第 6 题（建筑类）

建立新文件，完成以下操作。

1. **设置绘图环境：**建立合适的图限及栅格，创建如下图层。
   - “导线”图层：颜色设置为青色，导线绘制在该层上。
   - “图框”图层：图框绘制在该层上。
   - “标注”图层：颜色设置为绿色，尺寸标注绘制在该层上。
   - 其余图形均绘制在默认图层 0 上。
2. **精确绘图：**
   - 根据试题注释的尺寸精确绘图，绘图方法和图形编辑方法不限。
   - 总配电箱和户配电箱等，图中图框的大小并不代表配电箱的具体尺寸，绘制时能将配电示意图表达清楚即可。
   - 未明确线宽处使用默认线宽。图示中有未标注尺寸的地方，按建筑有关规范自行定义尺寸。
3. **尺寸标注：**设置合适的标注样式，按图 8-06 所示使用文字标注图形。
4. **打印输出：**
   - 按图 8-06 所示绘制图名、图框和标题栏。
   - 框选图框最外侧图框输出图形，方向设置为“横向”。
   - 输出文件格式为 PNG.pc3。
   - 调整输出图片尺寸为 1723×1115。
   - 输出 PNG 文件名为 Tcad8-06.png，存入考生文件夹中。

完成后将图形存入考生文件夹，命名为 Tcad8-06.dwg。

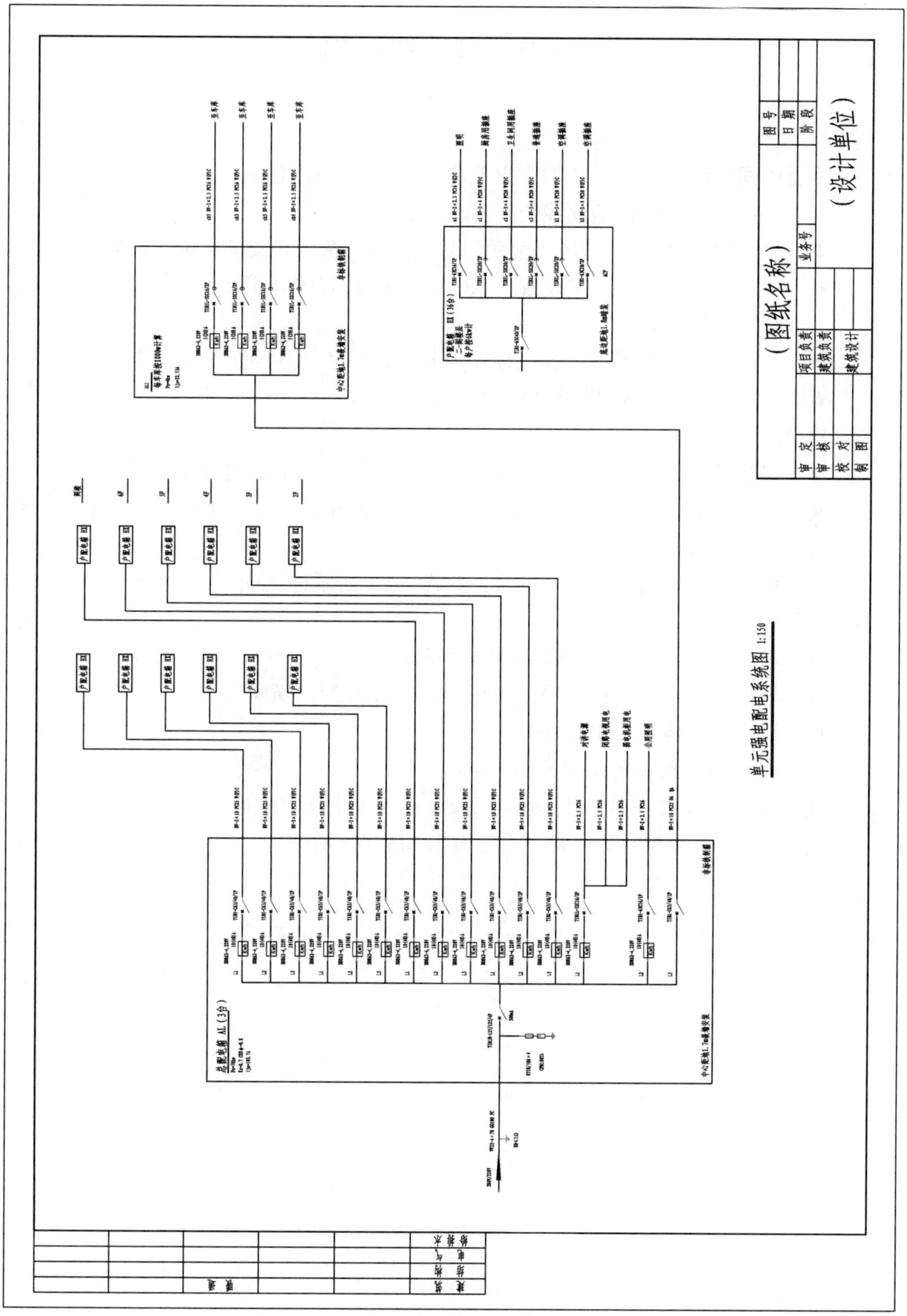
单元强电配电系统图 1:150
（图纸名称）
（设计单位）
图号
日期
阶段
业务号
项目负责
建筑负责
建筑设计
审定
审核
校对
制图

图 8-06　完成后的图形

8.7　第 7 题（建筑类）

建立新文件，完成以下操作。

1. **设置绘图环境**：建立合适的图限及栅格，创建如下图层。
   - “钢筋”图层：钢筋线绘制在该层上。
   - “基础和梁轮廓”图层：颜色设置为蓝色，基础和梁的轮廓线绘制在该层上。
   - “轴线”图层：线型设置为 ACAD_ISO10W100，颜色设置为红色，轴线绘制在该层上。
   - “尺寸标注”图层：颜色设置为蓝色，尺寸标注绘制在该层上。
   - 其余图形均绘制在默认图层 0 上。
2. **精确绘图**：
   - 根据试题注释的尺寸精确绘图，绘图方法和图形编辑方法不限。
   - 未明确线宽处使用默认线宽。图示中有未标注尺寸的地方，按建筑有关规范自行定义尺寸。
3. **尺寸标注**：设置合适的标注样式，按图 8-07 所示标注图形。
4. **打印输出**：
   - 按图 8-07 所示绘制图名、图框和标题栏。
   - 框选图框最外侧图框输出图形，方向设置为“横向”。
   - 输出文件格式为 JPG.pc3。
   - 调整输出图片尺寸为 87×134。
   - 输出 JPG 文件名为 Tcad8-07.jpg，存入考生文件夹中。

完成后将图形存入考生文件夹，命名为 Tcad8-07.dwg。

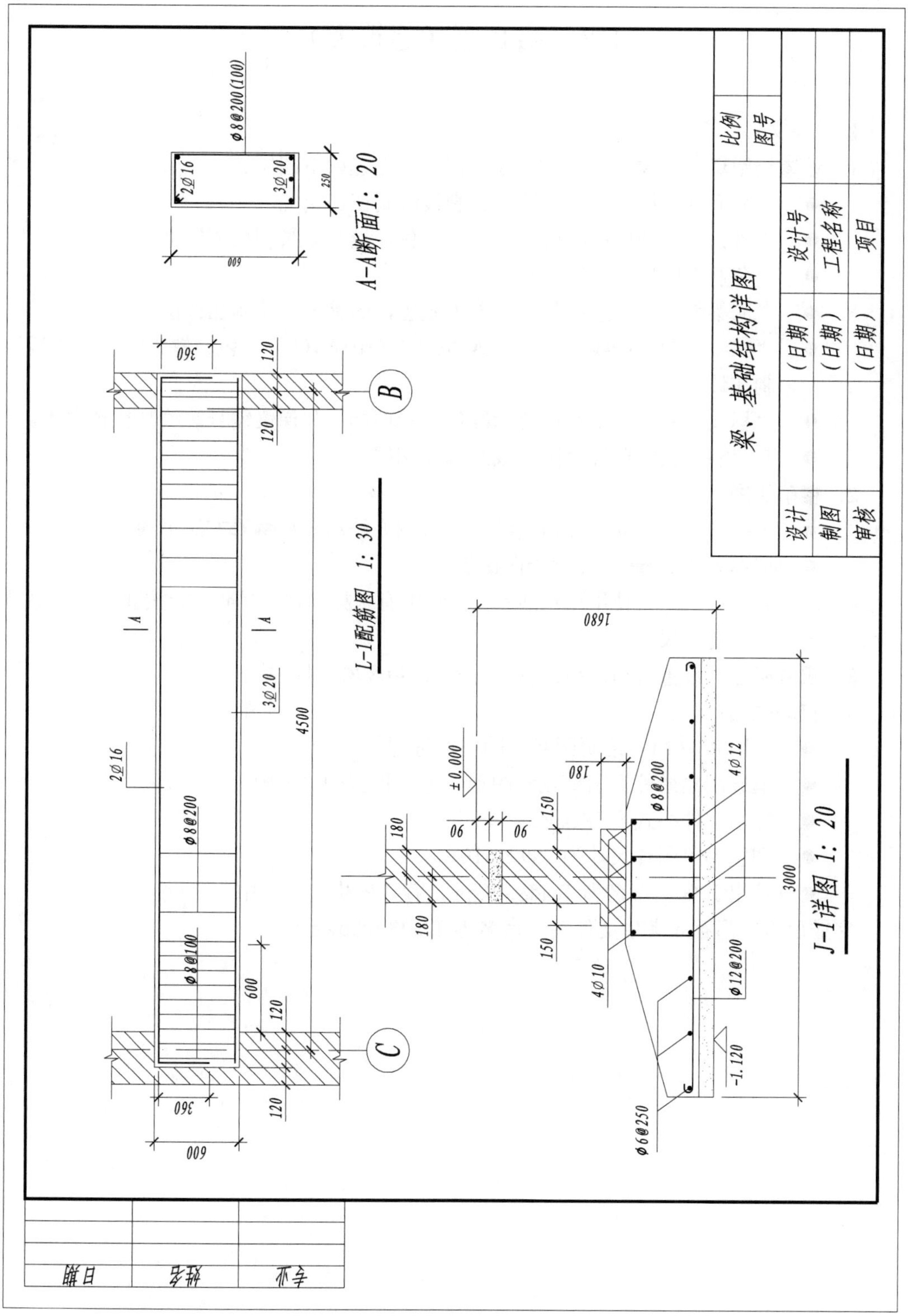
L-1配筋图 1:30
A-A断面图 1:20
J-1详图 1:20
梁、基础结构详图
比例
图号
设计号
工程名称
项目
设计
制图
审核
（日期）
（日期）
（日期）
专业
姓名
日期

图 8-07　完成后的图形

8.8　第 8 题（建筑类）

建立新文件，完成以下操作。

1．**设置绘图环境**：建立合适的图限及栅格，创建如下图层。

- “墙面分割线”图层：墙面分割线绘制在该层上。
- “受力筋”图层：颜色设置为洋红色，受力筋绘制在该层上。
- “负筋”图层：负筋绘制在该层上。
- “圈梁编号”图层：颜色设置为蓝色，圈梁编号绘制在该层上。
- “轴线”图层：线型设置为 ACAD_ISO10W100，颜色设置为红色，轴线绘制在该层上。
- “标注”图层：颜色设置为绿色，钢筋标注和梯梁编号等绘制在该层上。
- 其余图形按需要设置图层或绘制在图层 0 上。

2．**精确绘图**：

- 根据试题注释的尺寸精确绘图，绘图方法和图形编辑方法不限。
- 墙厚为 240 mm，注意绘图比例。
- 未明确线宽处使用默认线宽。图示中有未标注尺寸的地方，按建筑有关规范自行定义尺寸。

3．**尺寸标注**：设置合适的标注样式，按图 8-08 所示标注图形。

4．**打印输出**：

- 按图 8-08 所示绘制图名、图框和标题栏。
- 框选图框最外侧图框输出图形，方向设置为“横向”。
- 输出文件格式为 JPG.pc3。
- 调整输出图片尺寸为 789×610。
- 输出 JPG 文件名为 Tcad8-08.jpg，存入考生文件夹中。

完成后将图形存入考生文件夹，命名为 Tcad8-08.dwg。

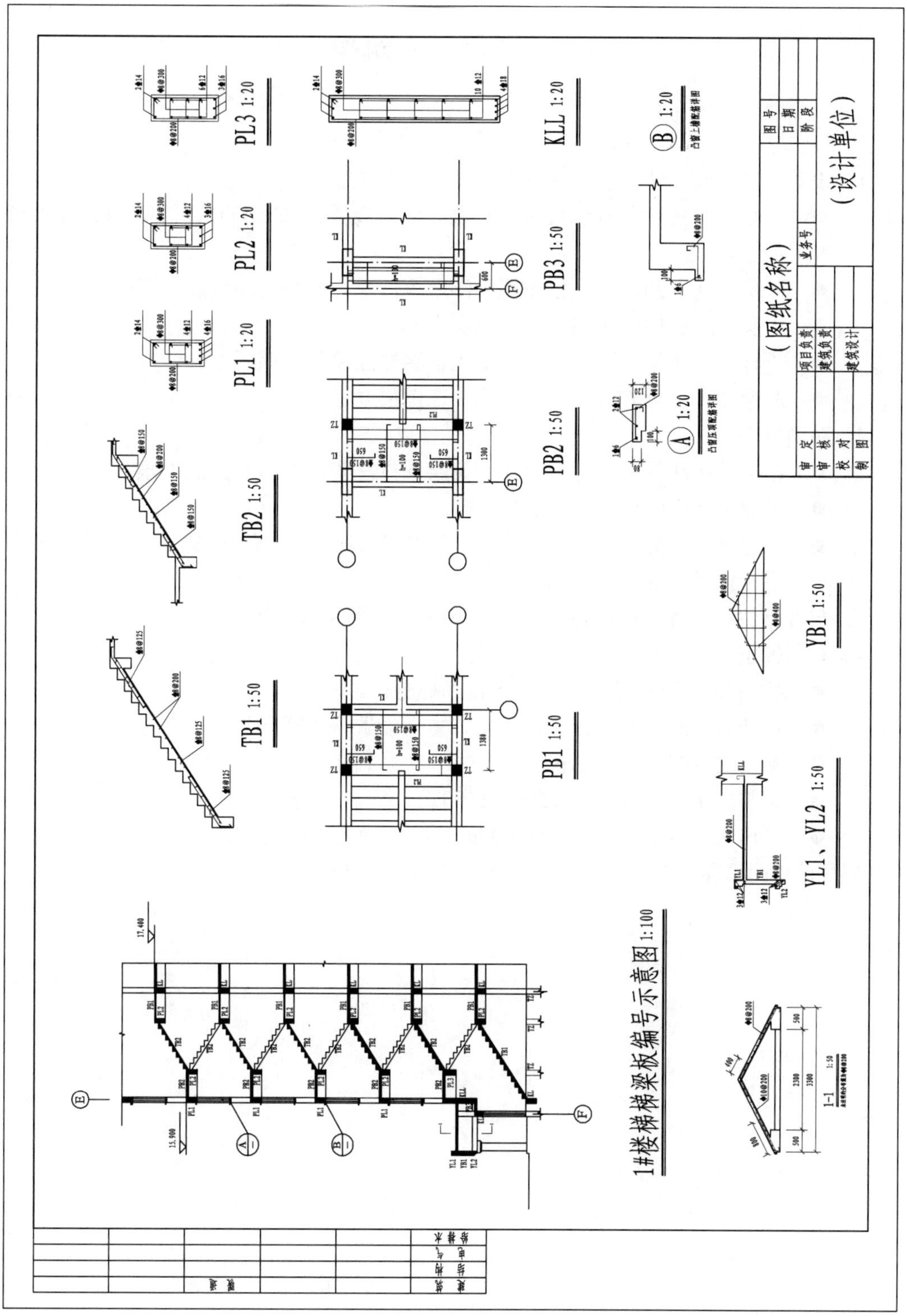
PL3 1:20
PL2 1:20
PL1 1:20
TB2 1:50
TB1 1:50
KLL 1:20
PB3 1:50
PB2 1:50
PB1 1:50
B 1:20
A 1:20
YB1 1:50
YL1、YL2 1:50
1#楼梯梁板编号示意图 1:100
(图纸名称)
(设计单位)
图号
日期
阶段
业务号
项目负责
建筑负责
建筑设计
审定
审核
校对
制图

图 8-08　完成后的图形

8.9 第 9 题（建筑类）

建立新文件，完成以下操作。

1. **设置绘图环境**：建立合适的图限及栅格，创建如下图层。
   - “轴线”图层：颜色设置为红色，线型设置为 CENTER，将轴线绘制在该层上。
   - “受力筋”图层：颜色设置为洋红色，受力筋和附加箍筋绘制在该层上。
   - “负筋”图层：负筋绘制在该层上。
   - “标注”图层：颜色设置为绿色，将标注绘制在该层上。
   - 其余图形按需要设置图层或绘制在图层 0 上。
2. **精确绘图**：
   - 根据试题注释的尺寸精确绘图，绘图方法和图形编辑方法不限。
   - 墙厚为 240 mm，注意绘图比例。
   - 未明确线宽处使用默认线宽。图示中有未标注尺寸的地方，按建筑有关规范自行定义尺寸。
3. **尺寸标注**：设置合适的标注样式，按图 8-09 所示标注图形。
4. **打印输出**：
   - 按图 8-09 所示绘制图名、图框和标题栏。
   - 框选图框最外侧图框输出图形，方向设置为“横向”。
   - 输出文件格式为 JPG.pc3。
   - 调整输出图片尺寸为 1200×1600。
   - 输出 JPG 文件名为 Tcad8-09.jpg，存入考生文件夹中。

完成后将图形存入考生文件夹，命名为 Tcad8-09.dwg。

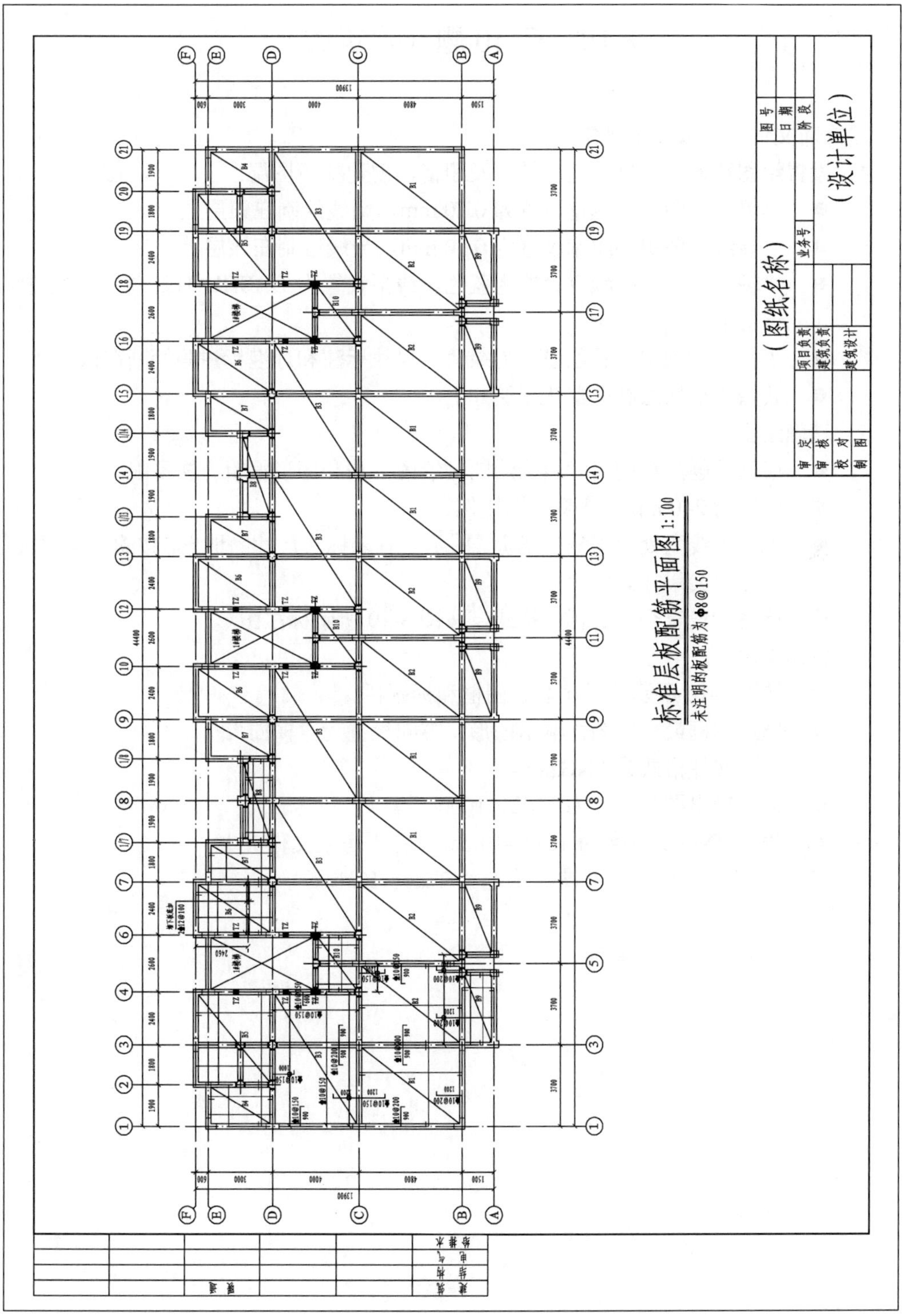

图 8-09　完成后的图形

8.10 第 10 题（建筑类）

建立新文件，完成以下操作。

1. **设置绘图环境**：建立合适的图限及栅格，创建如下图层。
   - “墙线”图层：线宽设置为 0.70 mm，墙线绘制在该层上。
   - “导线”图层：线宽设置为 0.50 mm，导线绘制在该层上。
   - “轴线”图层：颜色设置为蓝色，线型设置为 DASHDOT2，将轴线绘制在该层上。
   - “标注”图层：颜色设置为绿色，尺寸标注和灯泡标注等绘制在该层上。
   - 其余图形均绘制在默认图层 0 上。
2. **精确绘图**：
   - 根据试题注释的尺寸精确绘图，绘图方法和图形编辑方法不限。
   - 墙厚为 240 mm，注意绘图比例。
   - 未明确线宽处使用默认线宽。图示中有未标注尺寸的地方，按建筑有关规范自行定义尺寸。
3. **尺寸标注**：设置合适的标注样式，按图 8-10 所示标注图形。
4. **打印输出**：
   - 按图 8-10 所示绘制图名、图框和标题栏。
   - 框选图框最外侧图框输出图形，方向设置为“横向”。
   - 输出文件格式为 PNG.pc3。
   - 调整输出图片尺寸为 1302×1006。
   - 输出 PNG 文件名为 Tcad8-10.png，存入考生文件夹中。

完成后将图形存入考生文件夹，命名为 Tcad8-10.dwg。

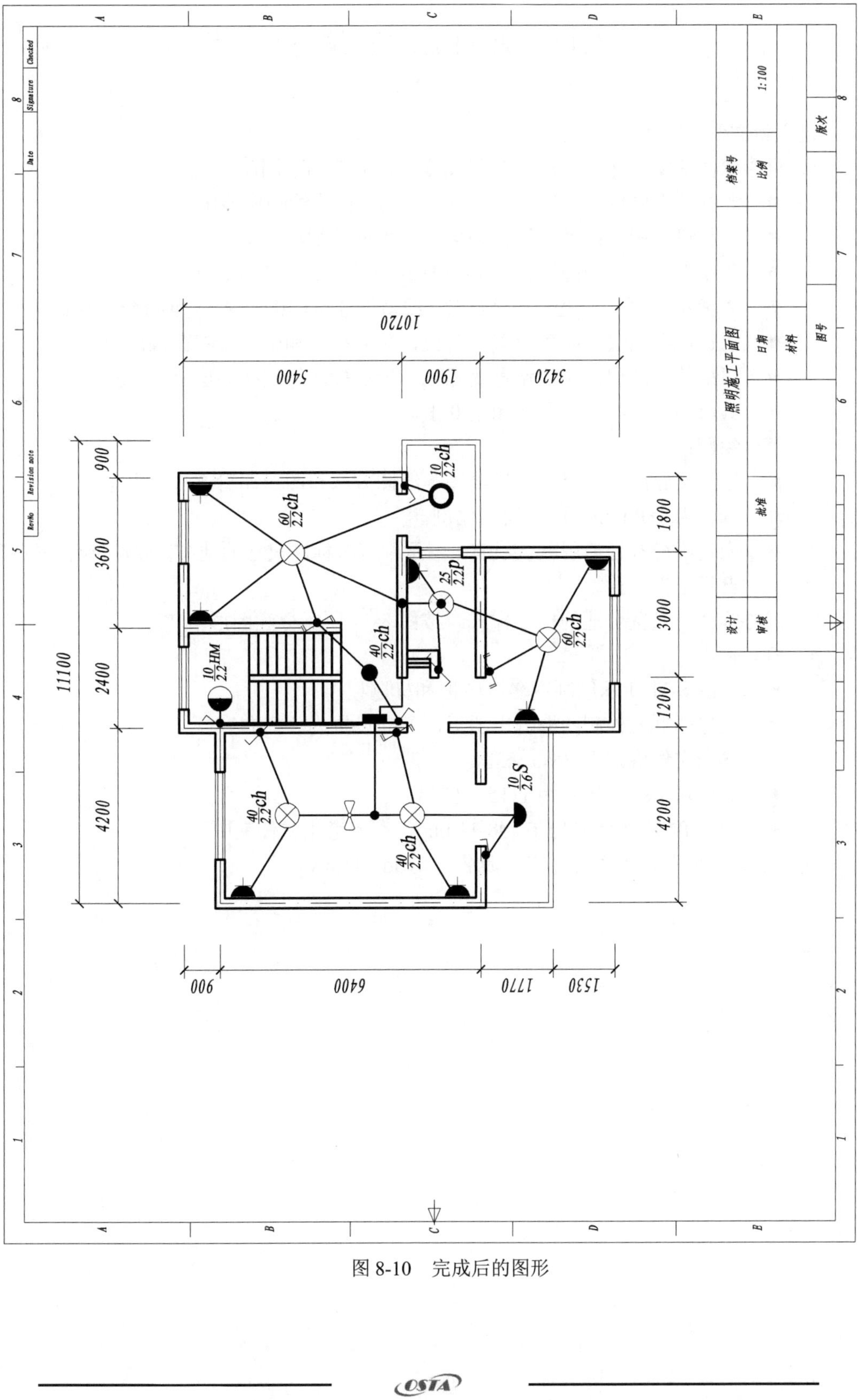
照明施工平面图
档案号
比例
1:100
日期
材料
图号
版次
设计
审核
批准
RevNo
Revision note
Date
Signature
Checked
10720
5400
1900
3420
11100
900
3600
2400
4200
1800
3000
1200
4200
900
6400
1770
1530
10/2.2ch
60/2.2ch
25/2.2p
40/2.2ch
60/2.2ch
10/2.2HM
10/2.6S
40/2.2ch
40/2.2ch

图 8-10　完成后的图形

8.11　第 11 题（建筑类）

建立新文件，完成以下操作。

1．**设置绘图环境**：建立合适的图限及栅格，创建如下图层。

- “柱子”图层：线宽设置为 0.70 mm，柱线绘制在该层上。
- “吊筋”图层：颜色设置为青色，吊筋绘制在该层上。
- “梁”图层：线型设置为 DASHED，梁线绘制在该层上。
- “轴线”图层：颜色设置为红色，线型设置为 CENTER，将轴线绘制在该层上。
- “标注”图层：颜色设置为蓝色，尺寸标注和轴号绘制在该层上。
- “配筋”图层：颜色设置为绿色，配筋标注绘制在该层上。
- 其余图形均绘制在默认图层 0 上。

2．**精确绘图**：

- 根据试题注释的尺寸精确绘图，绘图方法和图形编辑方法不限。
- 墙厚为 180 mm，注意绘图比例。
- 未明确线宽处使用默认线宽。图示中有未标注尺寸的地方，按建筑有关规范自行定义尺寸。

3．**尺寸标注**：设置合适的标注样式，按图 8-11 所示标注图形。

4．**打印输出**：

- 按图 8-11 所示绘制图名、图框和标题栏。
- 框选图框最外侧图框输出图形，方向设置为“横向”。
- 输出文件格式为 PNG.pc3。
- 调整输出图片尺寸为 1115×1723。
- 输出 PNG 文件名为 Tcad8-11.png，存入考生文件夹中。

完成后将图形存入考生文件夹，命名为 Tcad8-11.dwg。

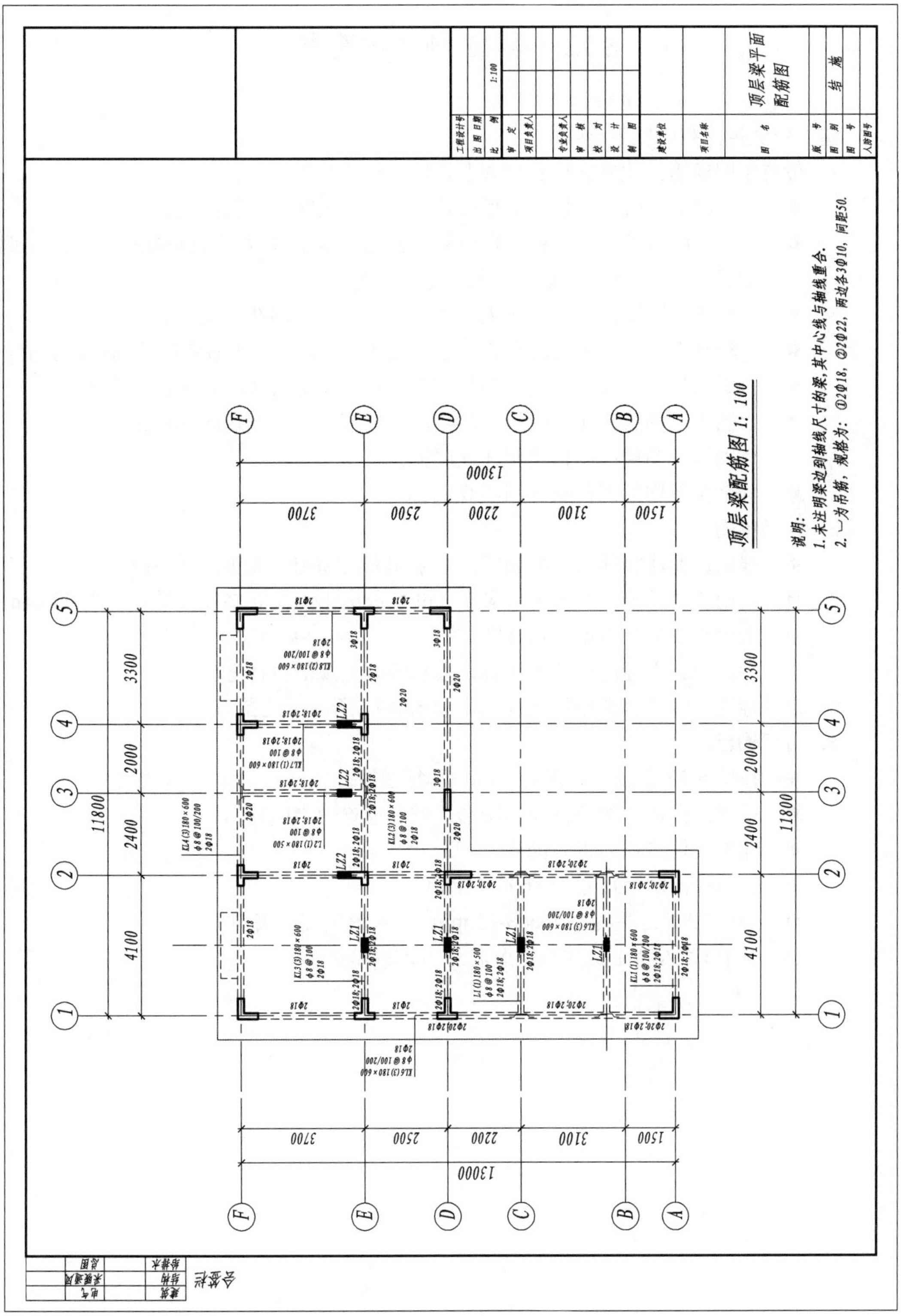
顶层梁平面配筋图
结施
顶层梁配筋图 1: 100
说明：
1.未注明梁边到轴线尺寸的梁，其中心线与轴线重合。
2.一为吊筋，规格为：①2Φ18，②2Φ22，两边各3Φ10，间距50.

图 8-11　完成后的图形

8.12　第 12 题（建筑类）

建立新文件，完成以下操作。

1．**设置绘图环境**：建立合适的图限及栅格，创建如下图层。

- “采暖给水管”图层：颜色设置为红色，采暖给水管线绘制在该层上。
- “采暖回水管”图层：颜色设置为蓝色，线型设置为 DASHED，全局比例因子设置为 20，采暖回水管线绘制在该层上。
- “标注”图层：颜色设置为绿色，尺寸标注绘制在该层上。
- “标高”图层：颜色设置为“索引颜色 8”灰色，表格图形绘制在该层上。
- “暖气片和开关”图层：颜色设置为青色，暖气片和开关绘制在该层上。
- “图块”图层：颜色设置为洋红，其余管道部件图块绘制在该层上。
- “图框”图层：图框绘制在该层上。
- 其余图形均绘制在默认图层 0 上。

2．**精确绘图**：

- 根据试题注释的尺寸精确绘图，绘图方法和图形编辑方法不限。
- 使用多段线绘制“采暖给水管”和“采暖回水管”，多段线的宽度为 50 mm。
- 未明确线宽处使用默认线宽。
- 图示中有未标注尺寸的地方，按建筑有关规范自行定义尺寸。

3．**尺寸标注**：设置合适的标注样式，按图 8-12 所示标注图形。

4．**打印输出**：

- 按图 8-12 所示绘制图名、图框和标题栏。
- 框选图框最外侧图框输出图形，方向设置为“横向”。
- 输出文件格式为 JPG.pc3。
- 调整输出图片尺寸为 1600×1200。
- 输出 JPG 文件名为 Tcad8-12.jpg，存入考生文件夹中。

完成后将图形存入考生文件夹，命名为 Tcad8-12.dwg。

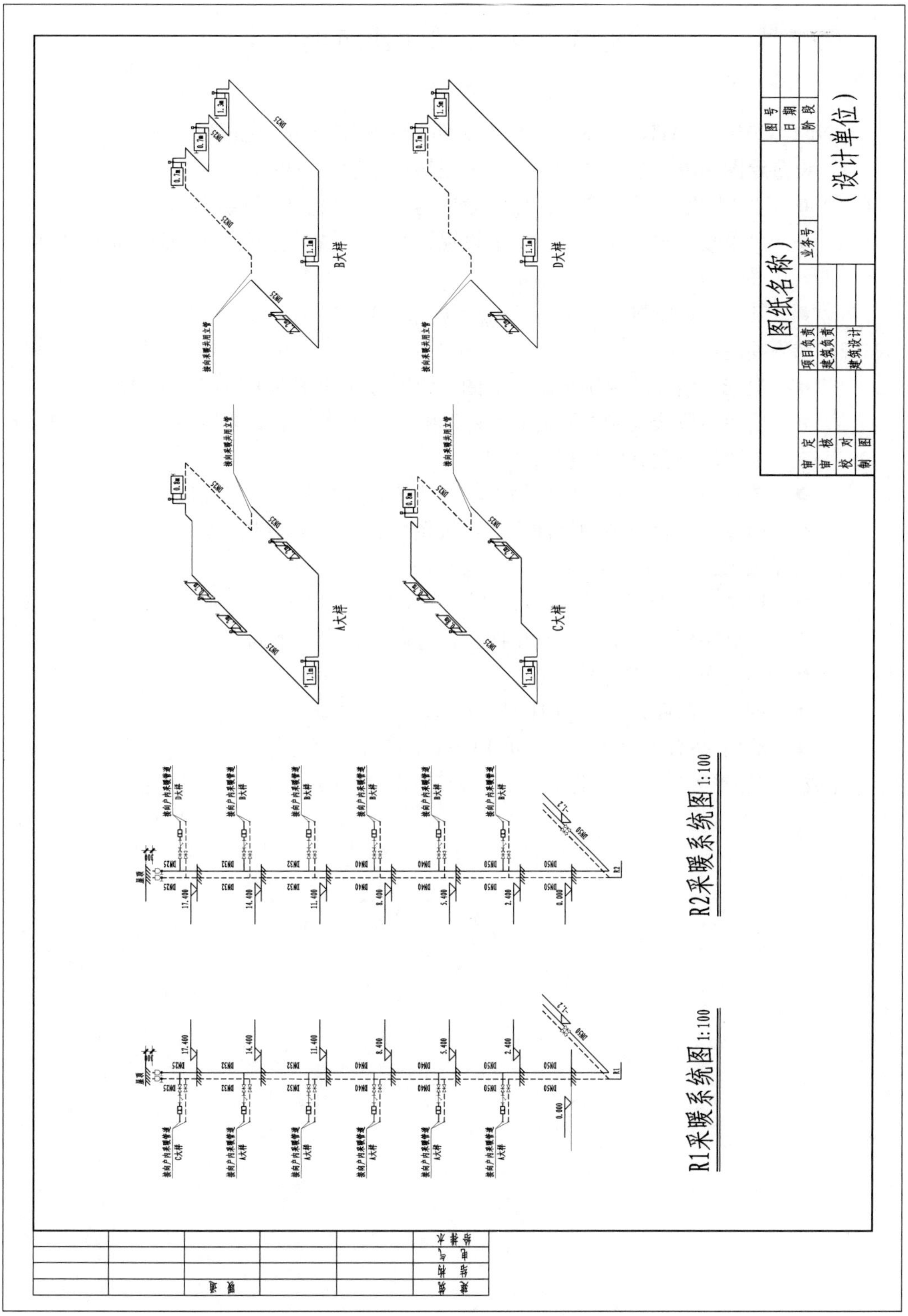

图 8-12　完成后的图形

8.13　第 13 题（建筑类）

打开 C:\2010CADTK\Unit8 中的图形文件 Scad8-13.dwg，完成以下操作。

1. **设置绘图环境**：建立合适的图限及栅格，创建如下图层。
   - “采暖给水管”图层：颜色设置为红色，采暖给水管线绘制在该层上。
   - “采暖回水管”图层：颜色设置为蓝色，线型设置为 ACAD_ISO02W100，采暖回水管线绘制在该层上。
   - 其余图形绘制在对应图层或默认图层 0 上。
2. **精确绘图**：
   - 根据试题注释绘制采暖平面图，绘图方法和图形编辑方法不限。
   - 使用多段线绘制“采暖给水管”和“采暖回水管”，多段线的宽度为 50 mm。未明确线宽处使用默认线宽。
   - 图示中有未标注尺寸的地方，按建筑有关规范自行定义尺寸。
3. **尺寸标注**：设置合适的标注样式，按图 8-13 所示标注图形。
4. **打印输出**：
   - 按图 8-13 所示绘制图名、图框和标题栏。
   - 框选图框最外侧图框输出图形，方向设置为“横向”。
   - 输出文件格式为 PNG.pc3。
   - 调整输出图片尺寸为 1009×780。
   - 输出 PNG 文件名为 Tcad8-13.png，存入考生文件夹中。

完成后将图形存入考生文件夹，命名为 Tcad8-13.dwg。

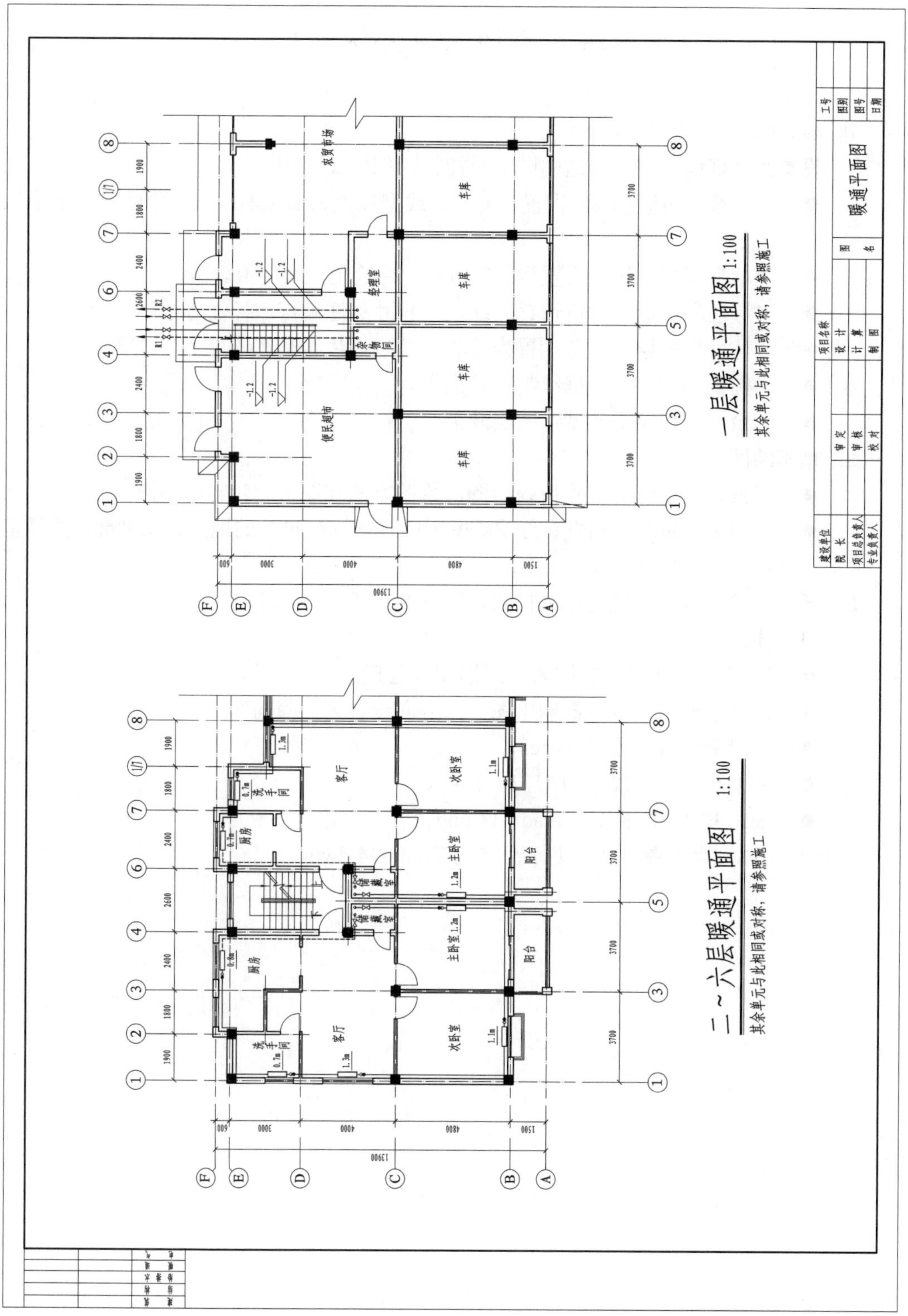
一层暖通平面图 1:100
其余单元与此相同或对称，请参照施工
二～六层暖通平面图 1:100
其余单元与此相同或对称，请参照施工
暖通平面图

图 8-13　完成后的图形

8.14　第 14 题（建筑类）

建立新文件，完成以下操作。

1．**设置绘图环境**：建立合适的图限及栅格，创建如下图层。

- “轴线”图层：颜色设置为红色，线型设置为 DASHDOT，将轴线绘制在该层上。
- “柱”图层：线宽设置为 0.70 mm，柱绘制在该层上。
- “标注”图层：颜色设置为绿色，尺寸标注和灯泡标注等绘制在该层上。
- “柱号”图层：颜色设置为蓝色，柱号标注绘制在该层上。
- “图框”图层：图框绘制在该层上。
- 其余图形均绘制在默认图层 0 上。

2．**精确绘图**：

- 根据试题注释的尺寸精确绘图，绘图方法和图形编辑方法不限。
- 未明确线宽处使用默认线宽。图示中有未标注尺寸的地方，按建筑有关规范自行定义尺寸。

3．**尺寸标注**：设置合适的标注样式，按图 8-14 所示标注图形。

4．**打印输出**：

- 按图 8-14 所示绘制图名、图框和标题栏。
- 框选图框最外侧图框输出图形，方向设置为“横向”。
- 输出文件格式为 PNG.pc3。
- 调整输出图片尺寸为 1131×1697。
- 输出 PNG 文件名为 Tcad8-14.png，存入考生文件夹中。

完成后将图形存入考生文件夹，命名为 Tcad8-14.dwg。

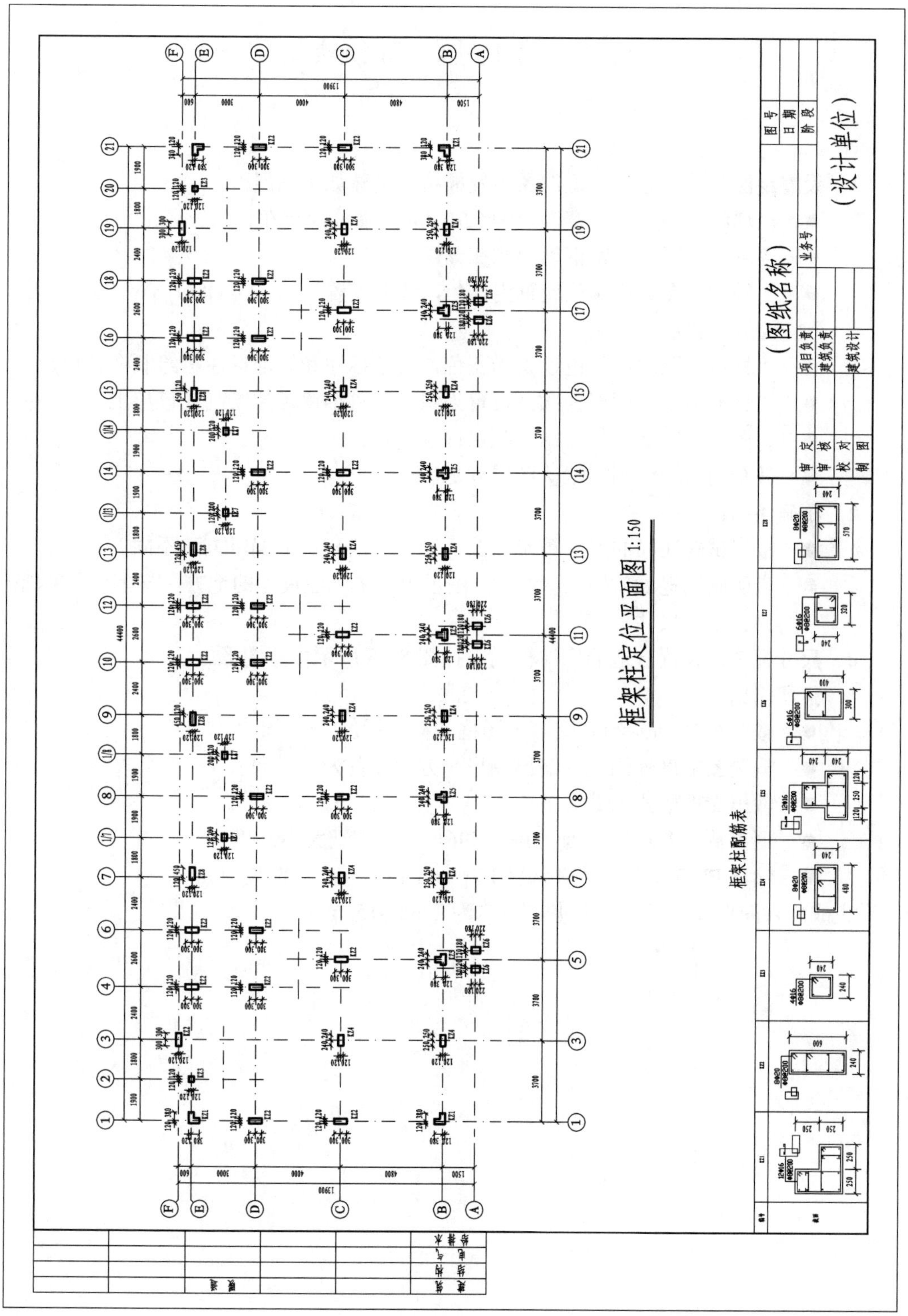

图 8-14　完成后的图形

8.15 第 15 题（建筑类）

建立新文件，完成以下操作。

1. **设置绘图环境**：建立合适的图限及栅格，创建如下图层。
   - “墙线”图层：线宽设置为 0.70 mm，墙线绘制在该层上。
   - “钢筋”图层：将钢筋绘制在该层上。
   - “轴线”图层：颜色设置为红色，线型设置为 ACAD_ISO10W100，将轴线绘制在该层上。
   - “标注”图层：颜色设置为蓝色，尺寸标注和灯泡标注等绘制在该层上。
   - “钢筋标注”图层：颜色设置为绿色，将钢筋标注绘制在该层上。
   - “图框”图层：将图框绘制在该层上。
   - 其余图形均绘制在默认图层 0 上。
2. **精确绘图**：
   - 根据试题注释的尺寸精确绘图，绘图方法和图形编辑方法不限。
   - 未明确线宽处使用默认线宽。图示中有未标注尺寸的地方，按建筑有关规范自行定义尺寸。
3. **尺寸标注**：设置合适的标注样式，按图 8-15 所示标注图形。
4. **打印输出**：
   - 按图 8-15 所示绘制图名、图框和标题栏。
   - 框选图框最外侧图框输出图形，方向设置为“横向”。
   - 输出文件格式为 PNG.pc3。
   - 调整输出图片尺寸为 3508×4961（A3 图纸大小）。
   - 输出 PNG 文件名为 Tcad8-15.png，存入考生文件夹中。

完成后将图形存入考生文件夹，命名为 Tcad8-15.dwg。

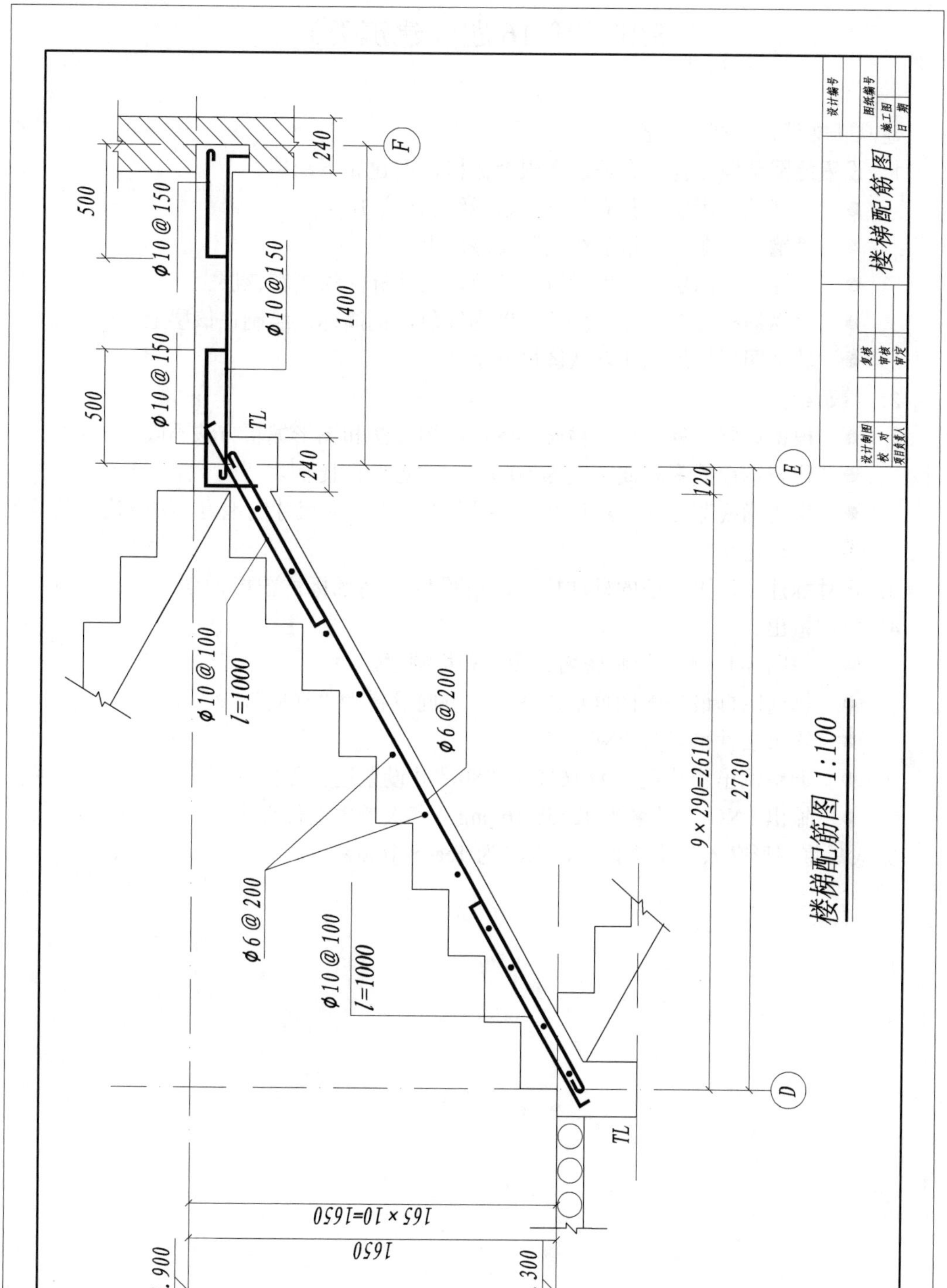
楼梯配筋图 1:100
楼梯配筋图
φ10@150
φ10@100
l=1000
φ6@200
9×290=2610
2730
165×10=1650
1650
1400
500
240
120
TL
4.900
3.300

图 8-15　完成后的图形

8.16 第 16 题（建筑类）

建立新文件，完成以下操作。

1．**设置绘图环境**：建立合适的图限及栅格，创建如下图层。
- “基础”图层：独立基础外边线绘制在该层上。
- “钢筋”图层：钢筋线绘制在该层上。
- “标注”图层：颜色设置为蓝色，尺寸标注绘制在该层上。
- “钢筋标注”图层：颜色设置为绿色，钢筋标注绘制在该层上。
- 其余图形均绘制在默认图层 0 上。

2．**精确绘图**：
- 根据试题注释的尺寸精确绘图，绘图方法和图形编辑方法不限。
- 代表钢筋的多段线宽度为 50 mm，注意绘图比例。
- 未明确线宽处使用默认线宽。图示中有未标注尺寸的地方，按建筑有关规范自行定义尺寸。

3．**尺寸标注**：设置合适的标注样式，按图 8-16 所示标注图形。

4．**打印输出**：
- 按图 8-16 所示绘制图名、图框和标题栏。
- 框选图框最外侧图框输出图形，方向设置为“横向”。
- 输出文件格式为 PNG.pc3。
- 调整输出图片尺寸为 1600×1280，并设置进行黑白打印。
- 输出 PNG 文件名为 Tcad8-16.png，存入考生文件夹中。

完成后将图形存入考生文件夹，命名为 Tcad8-16.dwg。

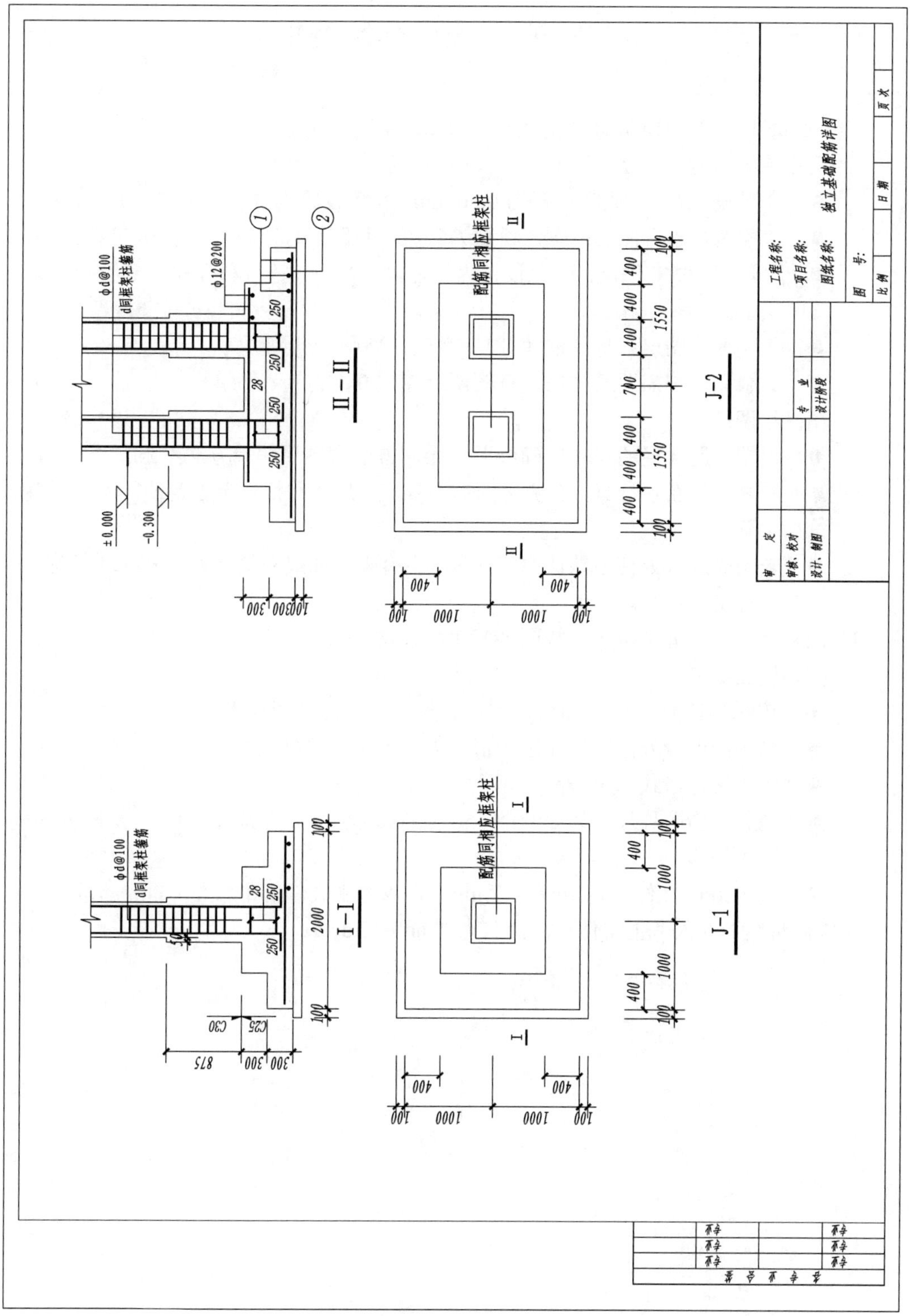
独立基础配筋详图
工程名称:
项目名称:
图纸名称:
II－II
I－I
J-2
J-1
配筋同相应框架柱
φd@100
d同框架柱箍筋
φ12@200
±0.000
-0.300
C30
C25

图 8-16　完成后的图形

8.17　第 17 题（建筑类）

打开 C:\2010CADTK\Unit8 中的图形文件 Scad8-17.dwg，完成以下操作。

1．**设置绘图环境**：建立合适的图限及栅格，创建如下图层。
- “导线”图层：线宽设置为 0.60 mm，颜色设置为青色，导线绘制在该层上。
- “配线标志”图层：颜色设置为青色，将配线标志符号绘制在该层上。
- “灯和开关”图层：颜色设置为绿色，将各种灯符号和开关符号绘制在该图层上。
- “图框”图层：将图框和灯具明细表绘制在该层上。
- 其余图形按需要绘制在已有图层或图层 0 上。

2．**精确绘图**：
- 根据试题注释的尺寸精确绘图，绘图方法和图形编辑方法不限。
- 左侧房间布置灯具，右侧房间布置插座，灯具和插座单独走线，注意布置的位置。
- 未明确线宽处使用默认线宽。图示中有未标注尺寸的地方，按建筑有关规范自行定义尺寸。

3．**尺寸标注**：在适当位置，按图 8-17 所示标注图形。

4．**打印输出**：
- 按图 8-17 所示绘制图名、图框、标题栏和灯具明细表。
- 框选图框最外侧图框输出图形，方向设置为“横向”。
- 输出文件格式为 JPG.pc3。
- 调整输出图片尺寸为 2480×3507（A4 大小的自定义尺寸），分辨率为 300，彩色打印。
- 输出 JPG 文件名为 Tcad8-17.jpg，存入考生文件夹中。

完成后将图形存入考生文件夹，命名为 Tcad8-17.dwg。

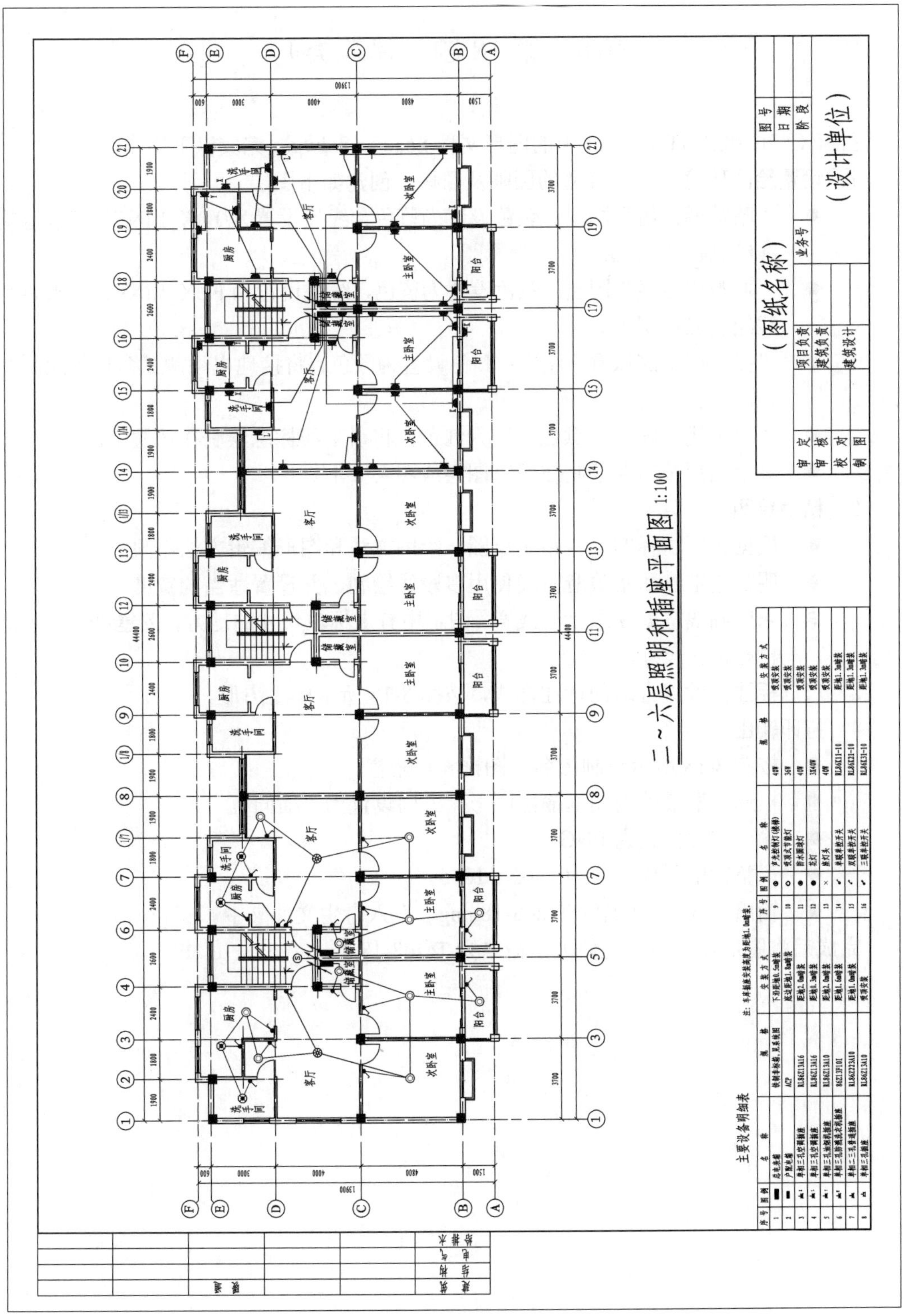

图 8-17　完成后的图形

8.18 第 18 题（建筑类）

打开 C:\2010CADTK\Unit8 中的图形文件 Scad8-18.dwg，完成以下操作。

1．**设置绘图环境**：建立合适的图限及栅格，创建如下图层。

- “暗敷避雷线”图层：颜色设置为蓝色，线型设置为 JDX_LINE，暗敷避雷线绘制在该层上。
- “明敷避雷线”图层：颜色设置为蓝色，线型设置为 FLX_LINE，明敷避雷线绘制在该层上。
- “接地电阻测试盒”图层：颜色设置为绿色，将接地电阻测试盒标志绘制在该层上。
- “引下线”图层：颜色设置为红色，将引下线标志绘制在该层上。
- 其余图形按需要绘制在已有图层或图层 0 上。

2．**精确绘图**：

- 根据试题注释的尺寸精确绘图，绘图方法和图形编辑方法不限。
- 明敷避雷线和暗敷避雷线使用多段线绘制，并设置适当的宽度。
- 未明确线宽处使用默认线宽。图示中有未标注尺寸的地方，按建筑有关规范自行定义尺寸。

3．**尺寸标注**：设置合适的标注样式，按图 8-18 所示标注图形。

4．**打印输出**：

- 按图 8-18 所示绘制图名、图框和标题栏。
- 框选图框最外侧图框输出图形，方向设置为“横向”。
- 输出文件格式为 PNG.pc3。
- 调整输出图片尺寸为 1302×1006。
- 输出 PNG 文件名为 Tcad8-18.png，存入考生文件夹中。

完成后将图形存入考生文件夹，命名为 Tcad8-18.dwg。

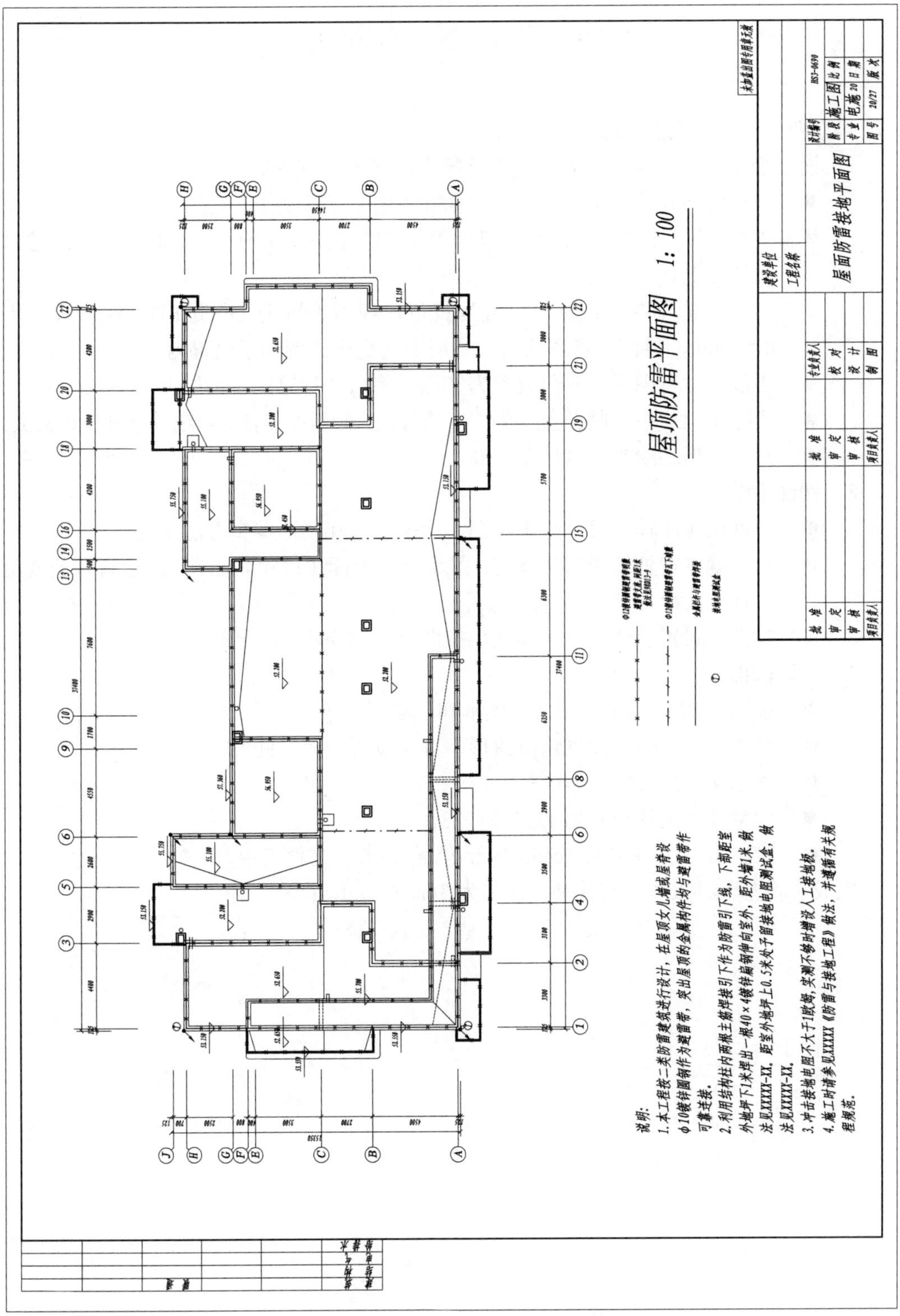
屋顶防雷平面图　1: 100
屋面防雷接地平面图
说明：
1.本工程按二类防雷建筑进行设计，在屋顶女儿墙或屋脊设φ10镀锌圆钢作为避雷带，突出屋顶的金属构件均与避雷带作可靠连接。
2.利用结构柱内两根主筋焊接引下作为防雷引下线，下部距室外地坪下1米焊出一根40×4镀锌扁钢伸向室外，距外墙1米，做法见XXXXX-XX，距室外地坪上0.5米处子留接地电阻测试盒，做法见XXXXX-XX。
3.冲击接地电阻不大于1欧姆，实测不够时增设人工接地极。
4.施工时请参见XXXXX《防雷与接地工程》做法，并遵循有关规程规范。

图 8-18　完成后的图形

8.19 第 19 题（建筑类）

建立新文件，完成以下操作。

1. **设置绘图环境**：建立合适的图限及栅格，创建如下图层。
   - “阀门和开关”图层：将阀门和开关绘制在该层上。
   - “热水管”图层：颜色设置为蓝色，线宽设置为 0.50 mm，将热水管线绘制在该层上。
   - “回水管”图层：颜色设置为黄色，线型设置为 DASHED，线宽设置为 0.50 mm，将回水管线绘制在该层上（全局比例因子设置为 50）。
   - “散热片”图层：颜色设置为红色，将散热片绘制在该层上。
   - “标注”图层：颜色设置为绿色，将标高、倾斜度和管道粗细等绘制在该层上。
   - 其余图形均绘制在默认图层 0 上。
2. **精确绘图**：
   - 根据试题注释的尺寸精确绘图，绘图方法和图形编辑方法不限。
   - 未明确线宽处使用默认线宽。图示中有未标注尺寸的地方，按建筑有关规范自行定义尺寸。
3. **尺寸标注**：设置合适的标注样式，按图 8-19 所示标注图形。
4. **打印输出**：
   - 按图 8-19 所示绘制图名、图框和标题栏。
   - 框选图框最外侧图框输出图形，方向设置为“横向”。
   - 输出文件格式为 JPG.pc3。
   - 调整输出图片尺寸为 1115×1723。
   - 输出 JPG 文件名为 Tcad8-19.jpg，存入考生文件夹中。

完成后将图形存入考生文件夹，命名为 Tcad8-19.dwg。

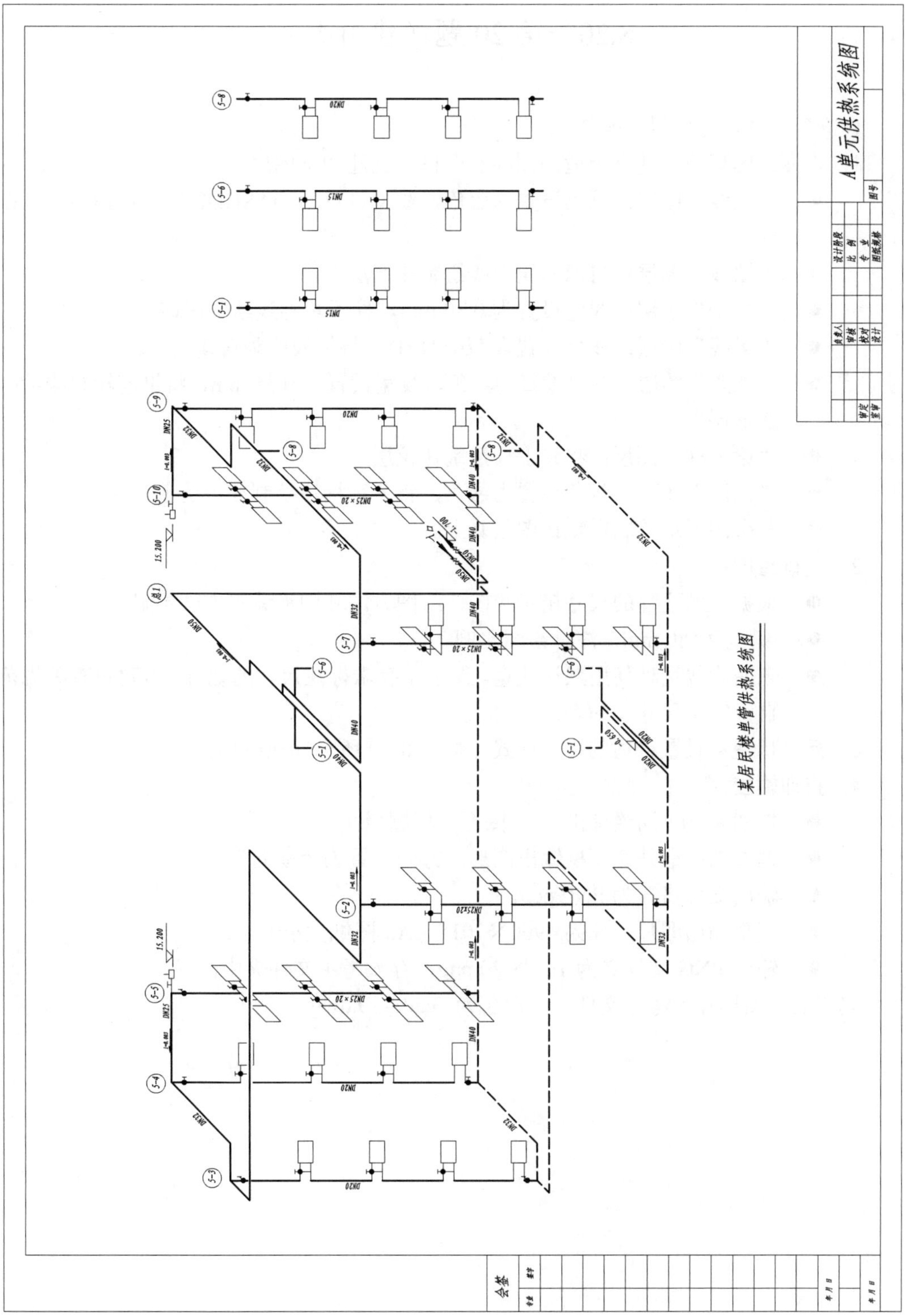

图 8-19　完成后的图形

8.20 第 20 题（建筑类）

建立新文件，完成以下操作。

1. **设置绘图环境**：建立合适的图限及栅格，创建如下图层。
   - “轴线”图层：颜色设置为蓝色，线型设置为 DASHDOT2，将轴线绘制在该层上。
   - “墙线”图层：将墙面轮廓线绘制在该层上。
   - “柱子”图层：线宽设置为 0.30 mm，柱子轮廓线绘制在该层上。
   - “梁线”图层：线型设置为 DASHED，将梁线绘制在该层上。
   - “钢筋”图层：颜色设置为红色，线宽设置为 0.35 mm，将钢筋轮廓线绘制在该层上。
   - “梁上柱”图层：将梁上柱绘制在该层上。
   - “标注”图层：颜色设置为绿色，将各种标注绘制在该层上。
   - 其余图形均绘制在默认图层 0 上。
2. **精确绘图**：
   - 根据试题注释的尺寸精确绘图，绘图方法和图形编辑方法不限。
   - 墙厚为 180 mm，注意绘图比例。
   - 未明确线宽处使用默认线宽。图示中有未标注尺寸的地方，按建筑有关规范自行定义尺寸。
3. **尺寸标注**：设置合适的标注样式，按图 8-20 所示标注图形。
4. **打印输出**：
   - 按图 8-20 所示绘制图名、图框和标题栏。
   - 框选图框最外侧图框输出图形，方向设置为“横向”。
   - 输出文件格式为 PNG.pc3。
   - 调整输出图片尺寸为 4960×7015（A3 图纸大小）。
   - 输出 PNG 文件名为 Tcad8-20.png，存入考生文件夹中。

完成后将图形存入考生文件夹，命名为 Tcad8-20.dwg。

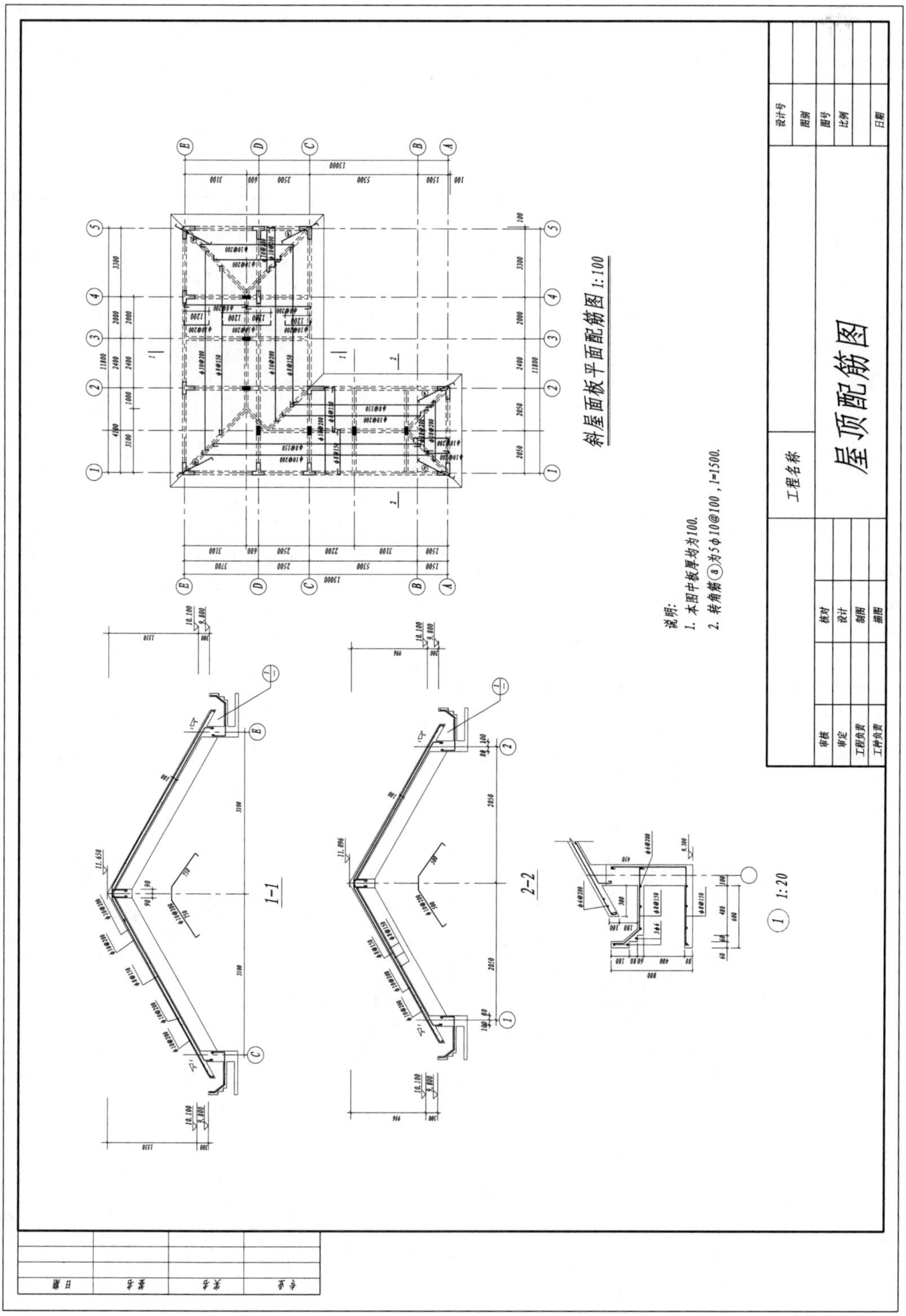
斜屋面板平面配筋图 1:100
说明:
1. 本图中板厚均为100.
2. 转角筋⑧为5φ10@100，l=1500.
工程名称
屋顶配筋图
1-1
2-2
① 1:20

图 8-20　完成后的图形